Josef H. Reichholf

# STADT, LAND, FUCHS

 aufbau

JOSEF H. REICHHOLF

# STADT, LAND, FUCHS

## Das Leben der heimischen Säugetiere

Mit Illustrationen von
Johann Brandstetter

 aufbau

Mit 30 Illustrationen

ISBN 978-3-351-03856-4

Aufbau ist eine Marke der Aufbau Verlage GmbH & Co. KG

1. Auflage 2022
© Aufbau Verlage GmbH & Co. KG, Berlin 2022
Einbandgestaltung Anzinger und Rasp, München
Satz LVD GmbH, Berlin
Druck und Binden CPI books GmbH, Leck, Germany
Printed in Germany

www.aufbau-verlage.de

# INHALT

Vorwort .................................... 7

Unsere Säugetiere ........................... 9
Wolf *(Canis lupus)* ........................... 33
Waldkatze / Wildkatze *(Felis silvestris)* ............... 51
Igel / Westigel *(Erinaceus europaeus)* ............... 65
Spitzmäuse *(Soricidae)* ......................... 77
Hausmaus *(Mus musculus)* ...................... 85
Ratten *(Rattus)* ............................. 91
Eichhörnchen *(Sciurus vulgaris)* .................. 99
Siebenschläfer *(Glis glis)* ........................ 107
Haselmaus *(Muscardinus avellanarius)* ............. 111
Kaninchen *(Oryctolagus cuniculus)* ................ 115
Rotfuchs *(Vulpes vulpes)* ......................... 125
Feldhase *(Lepus europaeus)* ...................... 135
Feldmaus *(Microtus arvalis)* ...................... 143
Ziesel *(Citellus citellus)* und Feldhamster *(Cricetus cricetus)* .. 151
Murmeltier *(Marmota marmota)* .................. 161
Hermelin *(Mustela erminea)* und
Mauswiesel *(Mustela nivalis)* .................... 165
Marder *(Martes sp.)* .......................... 175
Reh *(Capreolus capreolus)* ....................... 185
Rothirsch *(Cervus elaphus)* ...................... 199
Wildschwein *(Sus scrofa)* ........................ 213
Dachs *(Meles meles)* ........................... 225

Maulwurf *(Talpa europaea)* . . . . . . . . . . . . . . . . . . . . . . 231

Biber *(Castor fiber)* . . . . . . . . . . . . . . . . . . . . . . . . . . . 239

Bisamratte *(Ondatra zibethicus)* . . . . . . . . . . . . . . . . . . . . 255

Fischotter *(Lutra lutra)* . . . . . . . . . . . . . . . . . . . . . . . . . 261

Nerz *(Mustela lutreola)* . . . . . . . . . . . . . . . . . . . . . . . . . 266

Gämse *(Rupicapra rupicapra)* . . . . . . . . . . . . . . . . . . . . . 269

Steinbock *(Capra ibex)* . . . . . . . . . . . . . . . . . . . . . . . . . 273

Abendsegler *(Nyctalus noctula)* . . . . . . . . . . . . . . . . . . . . 277

Braunes Langohr *(Plecotus auritus)* . . . . . . . . . . . . . . . . 283

Zur Lage unserer Säugetiere – Eine Schlussbemerkung . . . 291


Literaturhinweise . . . . . . . . . . . . . . . . . . . . . . . . . . . . . . 295

Dank, wem wirklich viel Dank gebührt . . . . . . . . . . . . . 301

# VORWORT

Unsere Säugetiere verdienen mehr Beachtung; viel mehr, als ihnen gegenwärtig zuteilwird. Sie brauchen neue Freunde! Solche zu gewinnen, ist das Hauptanliegen dieses Buches. Es soll zeigen, dass sich viel Spannendes und Aufschlussreiches an ihnen beobachten lässt, ohne dass komplizierte wissenschaftliche Untersuchungen dazu nötig sind. Das geht in der Stadt. Sogar oft besser als auf dem Land, denn dort sind die meisten Säugetiere sehr scheu. Die kleinen Arten sind es, weil sie immer und überall auf der Hut vor Gefahren sein müssen, die größeren und großen, weil sie bejagt werden. Die Stadt bietet ihnen ungleich mehr Sicherheit. Wie auch den Vögeln. Das ist längst bekannt und wird bei der Vogelbeobachtung ganz selbstverständlich genutzt. Säugetiere machen es uns allerdings nicht so leicht wie die Stadtvögel, weil viele von ihnen erst in der Dämmerung aktiv werden und nachts umherstreifen. Die Stadtfüchse sind eine Ausnahme – erfreulicherweise. Denn ihnen zuzusehen, ist in aller Regel spannender, als Katzen zu beobachten. Diese erwecken eher den Eindruck, dass sie unsere Menschenwelt gar nicht interessiert. Der Fuchs dagegen erkundet sie. Und uns Menschen dazu. Das tut er auch am Tag, nicht klammheimlich in der Nacht. Dies bewog uns, das Buch »Stadt, Land, Fuchs« zu betiteln. Darin soll zum Ausdruck kommen, dass es nicht um eine Art Bestimmungsbuch für Säugetiere geht, sondern um ihr Leben in unserer Welt. Deshalb enthalten manche der Texte zu den verschiedenen Arten Schilderungen von Erlebnissen oder individuellen Besonderheiten und nicht bloß die Aneinanderreihung der »biologischen Fakten«. Davon gibt es so viele über unsere Säugetiere, dass sie schon dicke Handbücher gefüllt haben; Werke, die inzwischen veraltet sind, weil eine Fülle neuer Forschungsergebnisse hinzugekommen ist. Für den Anfang wäre dies zu viel und eher verwirrend. Motivierend, selbst zu beobachten und möglichst auch aufzuzeichnen, was man gesehen hat, wäre das nicht. Beim Beobachten sollte Stimmung mitschwingen und Begeisterung aufkommen. Wenn das Buch dazu anregt, erfüllt es seinen Zweck.

*Josef H. Reichholf* im November 2021, gerade zurück von einem Gang ans Flussufer, wo sich Biber für den Winter vorbereiten

# UNSERE SÄUGETIERE ...

... leben nicht nur draußen in Wald und Flur, im Gebirge und am Wasser, sondern in großer Zahl und erstaunlicher Artenvielfalt auch in den Städten. Wir können in der Großstadt Füchsen und Mardern begegnen, mitunter sogar Wildschweinen, und dass Eichhörnchen an Gebäuden herumklettern, ist uns längst vertraut. Bereits im alten Märchen von der Stadtmaus und der Landmaus kommt zum Ausdruck, dass es Säugetiere durchaus in die städtische Menschenwelt zieht – allen Gefahren zum Trotz, denen sie darin ausgesetzt sind. Fallen und Gift, der Straßenverkehr, der viele Opfer fordert, und auch die Jagd, die auf sie gemacht wird, setzen ihnen zu. Doch sie lassen sich nicht unterkriegen, die Säugetiere, unsere tierische Verwandtschaft. Denn auch wir Menschen gehören zu ihnen, zur Tierklasse der Mammalia, benannt nach den »Mammae«, den Brüsten, die Milch geben. Sie ist die Anfangsnahrung aller Säugetiere und wesentliche Voraussetzung für ihre besondere Vielseitigkeit und Anpassungsfähigkeit. Denn die ersten Tage und Wochen oder Monate sind die entscheidenden für das Überleben der Neugeborenen. Wie lange sie Muttermilch brauchen, hängt davon ab, wovon sie sich später ernähren werden und wie groß sie werden müssen, bis sie ausgewachsen und selbstständig lebensfähig sind. In dieser Zeit der Abhängigkeit lernt der Nachwuchs viel. Lernen macht vielseitig, vermittelt es doch schon früh Lebenserfahrung, die nicht selbst gemacht werden muss. Es verblüfft mitunter, was Säugetiere so alles können und wie sie die von Natur aus nicht vorhandenen Herausforderungen meistern, die ihnen der Mensch mit seinen vielfältigen Veränderungen der Lebensbedingungen stellt.

Meistens bekommen wir aber nur indirekt mit, wozu Säugetiere fähig sind. Etwa dann, wenn ein Fuchs in der Großstadt offensichtlich die Verkehrslage studiert, bevor er die Straße überquert. Oder wenn in ähnlicher Situation ein Wildschwein die kleinen Jungen mit der gebotenen Vorsicht hinüberführt. Gerade so, als ob es die Wirkungsweise von Ampeln verstünde. Ist es nicht erstaunlich genug, dass sogenannte Wildbrücken über Autobahnen und stark befahrene Schnellstraßen von Hirschen, Rehen, Mardern, Dachsen und anderen Säugetieren, sogar von Mäusen, angenommen werden, obgleich unter ihnen die motorisierten Ungetüme dahinsausen? Die sonst so scheuen Rehe lernen schnell, dass die Ränder von Autobahnen für sie nicht gefährlich sind, solange sie auf einer Seite bleiben. Die sichersten Lebensorte finden sie jedoch wie alle Säugetiere auf den militärischen Übungsplätzen. Das dortige Donnern, Knallen, Panzergetöse und Umherhasten von seltsam verkleideten Menschen lernen sie als für sie ungefährlich kennen. Kriegsübungen, die sie nicht betreffen, stören sie auch nicht mehr. In dieser Hinsicht erweisen sich die allermeisten Säugetiere als außerordentlich tolerant: Was uns Menschen massiv stört, ja, nervt bis zum Wahnsinn, halten sie aus, so ihnen direkt nichts geschieht. Daher kommt es nicht von ungefähr, dass die Anzahl und der Artenreichtum der Säugetiere, die in Großstädten leben, auf die Fläche bezogen, also pro Quadratkilometer zum Beispiel, weit höher liegen als draußen auf den Fluren oder in den Forsten. Sogar besondere Spezialisten wie die Fledermäuse finden in der Stadt vielfach bessere Lebensbedingungen als auf dem Land. Es lohnt sich, die Hintergründe zu betrachten, auch weil sie für uns von Bedeutung sind, etwa wenn es um unsere eigene Lebensqualität geht. Denn auch wir sind Säugetiere, um das einmal mehr zu betonen. Unser »Innenleben« läuft ganz ähnlich, in vielerlei Hinsicht sogar gleichartig ab wie bei anderen Säugetieren. Vorkommen, Häufigkeit und Lebensbedingungen der Säugetiere spiegeln also auch unsere Umwelt, deren Zustand uns nicht selten erst dann klar wird, wenn sie schon massiv geschädigt ist.

Sehen wir sie uns also etwas genauer an, »unsere Säugetiere«, und machen wir einen Streifzug durch ihre Lebenswelt. Einzelne Arten werden stellvertretend für ihre jeweils engere Verwandtschaft herausgegriffen, über die es Interessantes und Aufschlussreiches zu berichten gibt. Dabei geht es vornehmlich um die Lebensweise und nicht darum, wie man die verschiedenen, mitunter tatsächlich schwierig voneinander zu unterscheidenden Arten erkennt. Dies ist die Aufgabe von Bestimmungsbüchern. Solche gibt es genug und in hoher Qualität für alle in Europa vorkommenden Säugetiere. Die Beschränkung auf »unsere« meint die Arten, die in Mitteleuropa leben, in Deutschland und seiner unmittelbaren Umgebung. Nicht berücksichtigt werden Meeressäugetiere, also Robben und Wale, auch wenn mehrere Arten davon zu den deutschen Küsten kommen. Da sie sich aber mit dem Meer in einer so andersartigen Umwelt befinden, dass der Rahmen des Buches gesprengt werden würde, beschränken wir uns hier auf die Säugetiervielfalt an Land. Sie reicht von Spitz- und Fledermäusen über Maulwurf und Igel, Mäuse und Marder bis hin zu Biber, Hirsch und Wolf.

Nachfolgend werden die ausgewählten Säugetiere nicht so gegliedert, wie in einem Bestimmungsbuch üblich. Ein solches soll es auch nicht ersetzen. Vielmehr geht es darum, Anregungen dafür zu bieten, unseren Säugetieren mehr Beachtung zu schenken. Insbesondere auch, um die tiefe Spaltung zu überwinden, die sich aus »jagdbar« und »nicht jagdbar« ergeben hat. Diese Aufteilung entzieht uns weitgehend die attraktiven, weil großen Arten, die die Jäger für sich beanspruchen. Die Bejagung hat diese sehr scheu gemacht. Was »nicht jagdbar« ist, scheint wenig bis nichts wert zu sein. In diesem »Kleinzeug« stecken die Schädlinge, die zu bekämpfen sind, wie »die Mäuse«. Über die Zukunft der Säugetiere sollten aber nicht allein Jäger und Schädlingsbekämpfer entscheiden. Als frei lebende Tiere gehören sie uns allen und niemandem persönlich. Dass diese Forderung hochaktuell ist, zeigen die Kontroversen um die Rückkehr von »Raub«tieren wie Wolf und Luchs, die anhaltend heftige Bekämpfung von Füchsen und Mardern, die nur in Großstädten weitgehend normal leben können, und die Problematik von Wildschäden. Immer noch nicht beendet ist auch der Giftkrieg gegen Säugetiere.

Unsere Kenntnisse zur Lebensweise der Säugetiere sind bei den wenigsten Arten umfassend genug, aber bei den meisten ausreichend, um ihre Lage mit Vernunft und Augenmaß beurteilen zu können, bevor Vernichtungsmaßnahmen ergriffen werden bzw. »in gewohnter Weise« weiterlaufen sollten. Der Vogelwelt kam sehr zugute, dass Tausende und Abertausende Ornithologen und Bird Watcher als Amateure, als Bürgerwissenschaftler oder Citizen Scientists, wie sie international genannt werden, ein so riesiges Faktenmaterial zusammengetragen haben, dass sich dieses nicht mehr missachten lässt. Für die Säugetiere steht das noch aus, von den wenigen Arten abgesehen, die aus besonderen Gründen Interesse erweckt haben. Der Igel ist so ein Fall. Der Biber auf seine Weise auch. Er gehört zu den spektakulären Erfolgen des Artenschutzes. Es lohnt, näher darauf einzugehen, warum sein Comeback so gut gelungen ist.

Unser Buch behandelt eine Auswahl aus dem Spektrum der rund hundert Säugetierarten, die in Deutschland und seiner näheren Umgebung frei lebend vorkommen. Manche Art steht stellvertretend für mehrere andere, die mit ihr enger verwandt sind. Die verschiedenen Lebensstile unserer Säugetiere sind mit den gewählten Arten ziemlich gut erfasst. Da die Lebensweise im Vordergrund steht, werden sie nach Lebensräumen gruppiert. Den Anfang sollen die Wildformen zweier Arten machen, die als Haustiere in Millionenbeständen bei uns leben: Wolf und Wildkatze. Die nächste Gruppierung umfasst Säugetiere, die von sich aus in unsere Menschenwelt gekommen sind und darin mit uns leben, sei es in Gärten und Parks oder direkt an und in Häusern. Sie erhielten mit »synanthrop« eine hochwissenschaftlich klingende Bezeichnung, die aber nur »mit Menschen (lebend)« bedeutet. Die nächsten Gruppierungen umfassen Vertreter von Säugetieren der Fluren, der Wälder und der Gewässer. Die Gebirgsbewohner und die Fledermäuse bilden die letzten beiden Gruppen.

Verzichtet wird auf die Behandlung der Haus- und Heimtiere, da die mit ihnen verbundene Problematik zu sehr von den frei und von Menschen weitestgehend unabhängig lebenden Säugetieren ablenken würde. Denn sie sind tatsächlich mehr als nur ein Problem, in Form der Massentierhaltung sogar ein zentrales und globales Zukunftsproblem. Um welche Mengen es sich allein in Deutschland handelt und welche Folgen diese zeitigen, wird von den großen Naturschutzverbänden viel zu wenig thematisiert. Dabei übersteigen die im Jahreslauf mehr als 30 Millionen Schweine und die 14 Millionen Rinder sowohl an Lebendgewicht, das mit Nahrung versorgt werden muss, als auch mit dem Abwasser, der Gülle, die sie erzeugen, unser eigenes Lebendgewicht und unsere Ausscheidungen um ein Vielfaches. Im Zuge dieser Massentierhaltung wird das ganze Land überdüngt, werden global unentbehrliche Tropenwälder zur Erzeugung von Futtermitteln für das Stallvieh vernichtet und bei uns Biodiversität zerstört. Um es verkürzt auszudrücken: Den Schweinen und Rindern in den Ställen der Massenviehhaltung fällt die Artenvielfalt auf den Fluren zum Opfer. Der Massenanbau von Mais kommt jedoch den Wildschweinen und ihrer Vermehrung zugute. Auch das sogenannte Schalenwildproblem, die aus Sicht von Forst- und Landwirtschaft zu hohen Bestände von Rehen, Hirschen und eben auch die zunehmenden der Wildschweine, hängen mit der Überdüngung zusammen. Die intensive Bewirtschaftung der Forste nimmt vielen Säugetieren die Lebensmöglichkeiten; die Fluren sind ohnehin seit Jahrzehnten weithin tierleer geworden. Mit diesen Hinweisen kommen wir wieder zurück zum Titel »Stadt, Land, Fuchs«. Er drückt in seinen Verästelungen tatsächlich das aus, worum es geht – und auch welch besondere Bedeutung der Stadtbevölkerung für die Erhaltung unserer Säugetiere zukommt. Sie stellt die große Mehrheit, und sie sollte entsprechend das Sagen haben. Das Anrecht dazu hat sie längst erworben mit den Milliardensubventionen, die seit Jahrzehnten aus öffentlichen Steuermitteln in die Land- und Forstwirtschaft geflossen sind.

Bevor wir uns der Vielfalt der heimischen Säugetiere zuwenden, wollen wir zunächst klären, welche Merkmale sie auszeichnen und auch mit uns Menschen verbinden.

## WAS UNSERE SÄUGETIERE AUSMACHT

Die Haare ihres Fells machen viele Säugetiere »kuschelig«. Manche sind das so sehr, dass wir unserem uralten Trieb zu kraulen nicht widerstehen und kaum aufhören können, etwa die Katze zu streicheln oder dem Hund das Fell an Kopf und Hals mit unseren Fingerspitzen zu massieren. Mit angedeutetem Biss oder leicht ausgefahrenen Krallen muss die Katzc mitunter mitteilen, dass es nun wirklich genug ist. Fast alle Säugetiere mögen es, gekrault zu werden. Nicht nur die kleinen, nein, auch große, wie Kühe und Pferde. Sogar der Igel, der mit seinen zu Stacheln umgebildeten Haaren nicht gerade nach einem Streicheltier aussieht, mag am Bauch gekrault werden, wenn er völlig zahm geworden ist.

Haare kennzeichnen die Säugetiere fast so sehr wie Federn die Vögel. Als die »Haarigen« könnte man sie den »Gefiederten« gegenüberstellen, jedoch beide zu einer Gruppe zusammenfassen, die sich als Warmblüter durch geregelt hohe Körperinnentemperaturen auszeichnet. Ähnlich wie die Federn werden die Haare von der Haut gebildet. Sie wachsen aus der unteren Hautschicht namens Lederhaut, die, wenn gegerbt, zu Leder wird. In dieser Haut sitzen die Bildungsstätten der Haare wie winzige Zwiebeln, deren »Wurzeln« Blutgefäße sind. Diese transportieren die Eiweißstoffe heran, aus denen die Haare aufgebaut werden. Der Stoff, aus dem sie bestehen, heißt Keratin. Es ist das gleiche Material wie bei den Federn, wenn auch in anderer Feinstruktur. Im Haar ist sie lang gestreckt röhrenförmig, so dass diese seidig fein oder auch grob borstig werden können. Niemals bilden Haare Seitenäste, wie die Federn, die sich zu luftdichten Flächen ausbreiten können. Allerdings gibt es spezielle Federn in haarartiger Form, wie etwa beim seltsamen Kiwi von Neuseeland. Doch auch andere Vögel tragen solche »Feder-Haare« in Form von Borsten am Schnabel. Sie wirken als Tasthaare wie bei manchen Säugetieren die Schnurrhaare um Mund und Nase.

Wozu die Haare gut sind, ist offensichtlich. Schon unsere fernen Vorfahren in der Steinzeit erkannten dies und fertigten Pelze aus den Fellen der von ihnen erjagten Tiere, um sich damit zu kleiden und warmzuhalten. Pelze von »unseren« Säugetieren wurden bis in die jüngere Vergangenheit sehr geschätzt, und zwar nicht nur die von Fuchs und Marder, sondern auch solche von Kaninchen und sogar von Maulwürfen. Hermelinmäntel waren Herrschern vorbehalten, so dass Pelze also auch Rangpositionen hervorhoben. In Afrika zum Beispiel drückten Leopardenmantel oder Löwenfell-Umhang die persönliche Macht des Trägers aus. Der Brauch und das Sprichwort, sich mit fremden Federn zu schmücken, griffen auch auf fremde Haare über, zumal in Zeiten, in denen es besser war, sich die eigenen kurz zu scheren, um den Läusen das Leben zu erschweren. Wir werden auf einige unserer Säugetiere, die speziell für Kleidung ihr Fell lassen mussten, noch zurückkommen. Halten wir hier nur fest, dass wir Felle ganz allgemein und vergleichend in »Kleidereinheiten« bewerten. »Dreifache Kleidereinheit« bedeutet, dass das Fell so gut wärmt, wie es drei Schichten Normalkleidung tun würden. Anders als Felle wurden Federn als Bekleidung nur höchst selten verwendet, etwa um Straffällige öffentlich anzuprangern (»geteert und gefedert«) oder im Karneval.

Ein Fell aus Haaren zu tragen, wäre nicht sonderlich hilfreich, gäbe es darunter nichts, was warm gehalten werden muss. Wärmebedürftigen Vierfüßern, wie es zum Beispiel Schildkröten sind oder auch die in der freien Natur Mitteleuropas vorkommenden Eidechsen, würde ein Haarkleid wenig bringen. Begeben sie sich zum Aufwärmen in die Sonne, würde es die Wärmeaufnahme des Körpers verzögern. Und da ihr Stoffwechsel außer bei Bewegung der Muskulatur keine zusätzliche Wärme erzeugt, ließe sich auch nichts speichern. Innere Wärmeerzeugung und Isolationswirkung der Haare gehören wie bei Vögeln und ihren Federn zusammen. Säugetiere erzeugen Wärme im Körper, auch wenn sie ruhen. Sie halten ihre Körpertemperatur auf hohem Niveau, das meistens zwischen 38 und 40 Grad Celsius liegt. Manche

Säugetiere können ihre Temperatur aber auch stark absenken, damit viel Energie sparen und sich an schwierige Außenbedingungen anpassen. Die Überwinterung ist eine solche. Im Kapitel zu Igel und Siebenschläfer wird sie behandelt. Im Regelfall aber arbeitet der Säugetierkörper wie unserer: Wärme wird in dem Umfang innerlich erzeugt, wie sie nötig ist, um die hohe Körpertemperatur konstant zu halten. Mit unseren 37 Grad Celsius liegen wir Menschen jedoch deutlich unter dem für Säugetiere außertropischer Lebensräume üblichen Niveau. Diese Gegebenheit weist darauf hin, dass wir als biologische Art aus den Tropen stammen. Die ursprünglich thermische Umwelt haben wir durch das Tragen von Kleidung mitgenommen in kältere Regionen und wechselnde Jahreszeiten. Körpernah halten wir uns nach Möglichkeit »tropisch«, nämlich bei etwa 27 Grad. Bei dieser Temperatur sind wir »thermoneutral«. Das bedeutet, dass die laufende innere Wärmeerzeugung genau richtig liegt. Wir müssen nicht schwitzen, um zu kühlen, weil der Körper zu warm geworden ist, und auch nicht im Stoffwechsel nachheizen, weil wir zu viel Wärme nach außen verlieren. Bekleidet, wie wir zu sein pflegen, senken wir die ideale Temperatur auf etwas über 20 Grad Celsius und nennen sie dann die optimale Raumtemperatur.

Diese ersten Hinweise sollen zeigen, dass für Säugetiere, ähnlich wie für uns Menschen, die Temperatur der Umwelt und die im Tages- und Jahreslauf auftretenden Veränderungen lebenswichtig sind. Der Wärmehaushalt bestimmt den Energiehaushalt. Wir werden Fälle finden, die sogar Anklänge an unseren Aufwand für Heizkosten zeigen. Auch die Art der Nahrung und ihr Wechsel im Jahreslauf hängen mit dem Wärmehaushalt des Säugetierkörpers maßgeblich zusammen. In enger Verbindung damit stehen die Gebisse und ihre besonderen Formen, die es Kennern ermöglichen, anhand fossiler Zähne recht zutreffend

Aussehen und Lebensweise längst ausgestorbener Säugetiere zu rekonstruieren.

Drei Besonderheiten charakterisieren Zähne und Gebiss der Säugetiere: Erstens gibt es ein »Milchgebiss« als erste Zahngeneration, das mehr oder weniger schnell ausfällt und vom permanenten Gebiss ersetzt wird. Zweitens sind die Zähne der Säugetiere funktionell klar gegliedert in Schneidezähne, Eckzähne, Vorbacken- und Backenzähne. Diese Unterschiedlichkeit ermöglichte die Entstehung sehr spezieller Gebisse zur Verwertung von Nahrung, die geschnitten, zermahlen oder intensiv durchgekaut werden muss, bevor sie den Weg in die Verdauung nehmen kann. Als dritte Besonderheit kommt für manche Säugetiere hinzu, dass die Zähne permanent nachwachsen. Dies ist gewiss die eleganteste Methode, ihre Abnutzung auszugleichen, doch uns steht sie leider nicht zur Verfügung. Nicht in jeder Hinsicht sind wir die fortschrittlichsten Säugetiere.

Die Bezeichnung Säuge-Tier und, noch viel schöner, das wissenschaftliche Mammalia drücken aus, was diese Tiergruppe ganz besonders auszeichnet. Mamma, die Brust, ist es, die Milch spendende Mutterbrust. Auf überraschende Weise steht sie in uralter Verbindung mit den Haaren, nämlich über den Ursprung der Milchdrüsen. Das nachgeburtliche Ernähren der Jungen mit Muttermilch ist das zentrale Kennzeichen der Säugetiere. Auch Wale und Delfine sind trotz perfekter Fischform keine Fische, sondern echte Säugetiere, deren Junge Muttermilch trinken. Auch das im Beutel des Kängurus heranwachsende Junge tut dies. Muttermilch hält den Nachwuchs in seiner nachgeburtlichen Lebens- und Entwicklungsphase mehr oder weniger lange Zeit unabhängig von der später typischen Nahrung. Diese kann von Gras, das intensiv zerkaut werden muss, bis zum Fleisch anderer Säugetiere reichen, also je nach Lebensstil verschieden sein und ein extrem breites Spektrum umfassen. Erst wenn die Jungen von der Muttermilch entwöhnt sind, wechseln sie auf die für ihre Art spezifische Nahrung.

Muttermilch ist als Babynahrung schlicht das Beste. In ihrer Zusammensetzung ist sie auf die jeweiligen Bedürfnisse der Säugetierart eingestellt, und wir finden je nach Lebensweise unterschiedliche Kombinationen von Protein-, Fett- und Milchzuckergehalten. Bei hohem Eiweißgehalt beispielsweise wachsen die Jungtiere schnell. Viel schneller als wir Menschenkinder, die wir mit der Muttermilch wenig Eiweiß mitbekommen. So liegen Eiweiß- und Fettgehalt der Muttermilch bei Meeressäugetieren besonders hoch, der Milchzuckergehalt ist aber niedrig. Das bedeutet, dass die Jungen schnell wachsen und mit dem Fettgehalt viel innere Wärme erzeugen können, aber dank des geringen Zuckergehaltes kaum die Notwendigkeit verspüren, sich zu bewegen. Dagegen ist bei den Jungen der an Land lebenden Säugetiere der Bewegungsdrang groß, denn der hohe Gehalt an Milchzucker fördert das Bedürfnis zu spielen. Es lohnt, bei der Betrachtung der verschiedenen Arten von Säugetieren gelegentlich auf die Zusammensetzung der Muttermilch zu achten. Und natürlich auch darauf, was ihre Bereitstellung für die Mutter bedeutet. Die Milch fließt ja nicht einfach so.

Während die Vorteile dieser hochwertigen Anfangsversorgung offensichtlich sind, werden ihre Nachteile weniger beachtet. Denn die Kinder zehren an ihren Müttern. Die Milch spendende Mutter wird bei den Säugetieren sehr viel stärker in Anspruch genommen als der Vater. Eine der Folgen, die wir an uns selbst erleben, ist die Notwendigkeit, ein entsprechend differenziertes Sozialverhalten zu entwickeln, das beides garantiert: das erfolgreiche Aufwachsen des Nachwuchses und das Überleben der Mutter in hinreichend gutem Zustand. Bei den verschiedenen

Säugetieren Mitteleuropas gibt es Verhaltensformen, die in direktem Zusammenhang mit Versorgung und Betreuung der Jungtiere stehen.

Wie schon angedeutet, gibt es eine weit in der Vergangenheit zurückliegende Verbindung zwischen der Bildung der Haare und der Entwicklung von Milchdrüsen. Diese entstanden ursprünglich, vor mehr als hundert Millionen Jahren, als sogenannte Milchleiste im Brustfell, über die eine zunächst milchartige Flüssigkeit abgesondert wurde, die die Neugeborenen ableckten. Die Drüsen, die Milch erzeugen, ähneln jenen, die Schweiß absondern und aus denen die Haare hervorgehen. Die Absonderungen enthalten Proteine, die zu Keratin, der Hornsubstanz von Haaren, Nägeln und Krallen, verdichtet werden. Dass diese Abscheidung immer noch stattfindet, riechen wir. Aus unseren Schweißdrüsen sondern wir Eiweißbausteine, Aminosäuren, ab. Bakterien auf unserer Haut verwerten sie und erzeugen dabei Abfallstoffe, die den Schweiß so anrüchig machen. Würden die Schweißdrüsen nur Wasser und etwas Salz abgeben, wäre unser Schweiß geruchlos. Schwitzen kühlt zwar sehr wirkungsvoll, verklebt jedoch auch das Fell, wenn dieses dicht ist und wärmend wirken soll. Die meisten Säugetiere tragen Schweißdrüsen daher nur an wenigen begrenzten Körperstellen und nicht wie wir auf nahezu der ganzen Körperoberfläche. Hund, Wolf und Fuchs haben sie zum Beispiel auf der Pfotenunterseite, was aber bei Weitem nicht zur Regulierung des Wärmehaushalts ausreicht. Hecheln mit heraushängender Zunge ist ihre Alternative bei Wärmeüberschuss. Ihr Fell wird mit der Absonderung von Talgdrüsen eingefettet. Das macht es wasserdicht oder zumindest schwerer benetzbar. Haare, Schweißdrüsen und Milchdrüsen bilden also einen Komplex, der maßgeblich den Entwicklungsweg der Säugetiere bestimmt hat und ihre Lebensweise weiter beeinflusst.

Die vierte Besonderheit der Säugetiere kennen meistens nur Spezialisten, obwohl sie immens wichtig ist – auch für uns Menschen. Es ist das Zwerchfell. Hand aufs Herz – wer weiß und spürt, dass der Bauchraum vom Brustraum mit einem Gebilde getrennt ist, auf das wir gelegentlich reflexartig reagieren, zum Beispiel wenn wir Schluckauf oder einen Schlag in die »Magengrube« bekommen haben? Das Zwerchfell als Sonderbildung ermöglicht den Säugetieren zwei unterschiedliche Formen der Atmung, die Brustkorb- und die Bauchatmung. Bei der Brustkorbatmung werden die Rippen von speziellen Muskeln angehoben. Das erweitert den Brustraum und saugt Luft in die Lunge. Mit Zusammendrücken des Brustkorbes wird sie wieder ausgepresst; recht unvollständig allerdings. Was verbleibt, also nicht ausgewechselt wurde, nennen wir Restluftvolumen. Dass dieses nicht zu groß und damit zu $CO_2$-haltig wird, dafür sorgt das Zwerchfell. Durch Anspannung drückt es die Lunge nach vorn, durch Entspannung gibt es dieser mehr Raum. Wir können, wenn wir wollen, eine reine Zwerchfellatmung durchführen. Und dabei die Rippen gar nicht bewegen. Das machen wir automatisch in bestimmten Schlafstellungen, die den Rippen keine Bewegungen zulassen. Autonomes Atmen ist Teil der Zwerchfellfunktion. Anhaltend regelmäßige Atmung ist notwendig, weil Säugetiere auch im Schlaf ihre hohe Körperwärme aufrechterhalten müssen. Das geht nur bei kontinuierlicher Sauerstoffzufuhr. Der andere Teil der Zwerchfellfunktion wirkt beim Laufen: Ein Hund wird nach einer Strecke schnellen Laufes nicht annähernd so bald schlapp wie ein in seiner Körpermasse etwa gleich großes Reptil, ein Waran zum Beispiel. Der Hund hat Ausdauer, wie wir es nennen, sehr große sogar. Nordische Hunde können in kalten Regionen durchaus Marathondistanzen und mehr laufen und mit uns Menschen konkurrieren, die wir eigentlich die ausdauerndsten

Läufer sind. In der Kälte reguliert unser Schwitzen den Energiehaushalt viel weniger als in der Hitze, in der wir dank umfassender Körperkühlung den Schlittenhunden haushoch überlegen sind. In der Kälte wie auch unter normalen Verhältnissen hierzulande vollzieht sich im laufenden Hund etwas, das wir nicht sehen können, was aber höchst wirksam ist: Er atmet passiv mit den Laufbewegungen. Die Eingeweide drücken über das Zwerchfell abwechselnd nach vorn und ziehen nach hinten, je nachdem, welche Phase der Bewegung gerade abläuft. Wie ein Kolben im Motor saugt dies den »Sprit« in Form von Sauerstoff in die Lunge und drückt die Abgase, das Kohlendioxid, mit dem Ausatmen hinaus. Der laufende Hund muss nicht zusätzlich Kraft aufwenden, um nicht außer Atem zu kommen. Bei uns Menschen ist dies anders, weil wir zweibeinig aufgerichtet laufen. Magen und Darm drücken nach unten aufs Becken, nicht rhythmisch aufs Zwerchfell. Der Brustkorb muss mitbewegt werden. Dafür tun wir mit den Armen so, als ob wir noch wie in fernen Vierfüßerzeiten laufen würden. Da dies beim Klettern viel weniger intensiv geschieht, ermüden kletternde Säugetiere schneller als laufende. Der Automatismus des Atmens kommt dabei einfach nicht so wirkungsvoll zustande.

Das Zwerchfell ist also eine höchst bedeutende Errungenschaft der Säugetiere. Es hat, zusammen mit der vorherrschenden Form vierbeiniger Fortbewegung, sogar Konsequenzen für den Bau der Lunge. Viele Säugetiere, jedenfalls alle, die viel laufen, haben eine gekammerte Lunge. Sie besteht aus drei Lappen rechterseits und vier linkerseits. Im Zusammenwirken mit dem Zwerchfell ergibt sich daraus eine erheblich bessere Ausnutzung der eingeatmeten Luft als in unserer simplen Sacklunge, die uns bei Überforderung das bekannte Seitenstechen einträgt. Die Zwerchfellbewegung beim Laufen presst zusammen mit elastischen Veränderungen des Brustkorbs die Restluft in Lungensäcke, in denen weiterer Gasaustausch stattfinden kann und sich dadurch insgesamt weniger Restluft ergibt. Natürlich verbessert dies die Leistung beim Dauerlauf, vor allem aber im Sprint. Dieser ist für viele Säugetiere extrem wichtig, um Feinden zu entkommen.

Und beim Klettern? Nicht wirklich und doch. Das hängt von der Art des Kletterns ab. Geht es bergauf, in Sprüngen, wie im Hochgebirge bei Steinbock und Gämse, dann ja, weil bei jedem Sprung die Lungen einen inneren Stoß mitbekommen. Wie sich das anfühlt, spüren wir beim erhöhten Absprung von einem Felsblock oder wenn wir uns von einem Baumast zu Boden fallen lassen, nicht aber beim Versuch, uns an einem Ast hochzuziehen. Das drückt Brustkorb und Lunge zusammen. Klettern gelingt weit besser, wenn die Beine stärker seitlich am Körper ansetzen. Dann erzeugt die Bauchseite viel Widerstand gegen das Abrutschen. Reibung spart Kraft. Aber sie macht langsamer am Boden. Gute Kletterer sind nicht ausdauernd, sie kommen schnell außer Atem. Die wichtigste Kletterhilfe sind die Krallen an den Zehen der vier Beine. Krallen müssen es sein, keine Klauen oder flache Zehen-/Fingernägel wie bei uns. Klauen sind gespaltene Hufe, die überhaupt nicht taugen zum Klettern an mehr oder weniger senkrechten Baumstämmen. Etwas schräg müssen diese schon sein, damit zum Beispiel die sehr gewandten Ziegen mit ihren Klauen hinaufkommen. Ihr an sich bewundernswertes Herumklettern im Geäst ausladender Bäume zeigt gleichzeitig die Grenzen auf, die den Paarhufern beim Klettern gesetzt sind. Das Gewicht kommt »erschwerend« hinzu. Je schwerer ein Körper, desto mehr Kraft ist nötig, ihn in die Höhe zu wuchten. Bei kleinen Säugetieren hingegen nimmt die Bedeutung des Gewichts rascher ab als die Größe. Ein Eichhörnchen kann den Stamm fast genauso schnell hinaufflitzen wie von Stamm zu Stamm über den Boden. Dass es dazu Sprünge benutzt, verdeutlicht, dass diese ab einem bestimmten Verhältnis von Schrittlänge und Körpermasse energetisch günstiger werden als das vierfüßige Laufen im Kreuzgang. Rehe wechseln früher ins Springen als Wölfe oder Hunde, die hinter ihnen herjagen, weil sie mit 15 bis 25 Kilogramm Körpergewicht meistens leichter sind als die Verfolger. Hermeline und die Mäuse, die sie jagen, springen fast immer. Diese Hinweise mögen ausreichen, um zu verdeutlichen, dass die Fortbewegungsweise zwischen Körpergröße und Kraftaufwand optimiert wird. Zum Maximaleinsatz kommt es, wenn es um Leben oder Tod geht.

Grundsätzlich muss zuallererst der Reibungswiderstand überwunden werden. Wer eine entsprechende Verbrauchsanzeige im Auto hat, kann sehen, wie die Werte des Spritverbrauchs beim Anfahren hochschnellen, obwohl die Geschwindigkeit noch sehr gering ist. Über 30 Liter pro 100 Kilometer erschrecken, bis man sich daran gewöhnt hat, dass dieser enorme Verbrauch rasch sinkt, wenn das Auto schneller fährt. Der günstigste Verbrauch wird dann bei irgendeiner mittleren Geschwindigkeit erreicht. Danach steigt er wieder an. Ganz ähnlich verhält es sich bei der Fortbewegung der Säugetiere. Langsames Umherschleichen kann aufwändiger sein als ein flotter Dauerlauf. Das für uns so hektisch wirkende Verhalten der Mäuse erklärt sich großenteils daraus. Schnell eine Serie von Hüpfern, dann verharren, weitere Hüpfer, anhalten, und so fort. Das strengt die Maus nicht so an. Große Tiere, wie Rinder, ziehen ruhig und gleichmäßig dahin, wenn sie nicht getrieben oder von leckeren Pflanzen am Wegrand abgelenkt werden. Doch wie auch immer, jede Bewegung kostet Energie, und diese benötigt auch der Grundstoffwechsel, der dafür sorgt, dass der Körper bei hoher Innentemperatur gleichmäßig warm bleibt.

Das hat Folgen für drei weitere Formen der Fortbewegung: Schwimmen und Tauchen sowie Wühlen und Graben und das Fliegen. Betrachten wir zunächst das Schwimmen. So gut wie jeder tierische Körper schwimmt, weil er leichter ist als die Wassermenge, die er verdrängt – Muscheln und Schnecken mit schwerer Schale natürlich ausgenommen, deren Weichkörper alleine aber auch schwimmen würden. Der Auftrieb ist jedoch nicht unbedingt günstig, speziell für Säugetiere, die ins Wasser wollen. Er bremst sie, und dies umso mehr, je weniger fischförmig ihr Körperbau ist. Ein Reh hat zu strampeln, um mit seinen dünnen Beinen voranzukommen, obwohl der Körper ziemlich rundlich ist und es Kopf und Hals hochreckt und damit den Wasserwiderstand vermindert. Ein Maulwurf dagegen schwimmt sichtlich besser. Tatsächlich bietet er ein eindrucksvolles Bild: Seine kurzen, schaufelförmigen Beine rudern effektiv, die Schnauze reckt er nach oben wie einen Schnorchel und sein von einem dichten, seidigen Fell umgebener, sehr rundlicher Körper gleitet geradezu elegant dahin. Dass er dabei, reichlich wirkungslos, mit seinem Schwänzchen hin und her wackelt, erinnert an uralte Zeiten, in denen Maulwürfe noch keine Maulwürfe, sondern so etwas Ähnliches wie Spitzmäuse gewesen sind. Aus der einfachen Schlängelbewegung entstanden die besonderen, viel effizienteren Fortbewegungsweisen.

Soll nun abgetaucht werden, wird der Auftrieb zum Gegendruck. Diesen gilt es, mit Krafteinsatz zu überwinden. Anders geht das Tauchen nicht. Soll dabei gar ein Fisch erbeutet werden, muss der Säugetierkörper mehr, viel mehr leisten als der des Fisches. Denn dieser hat, meist über eine Schwimmblase, seinen Körper so eingestellt, dass er unter Wasser auftriebsneutral ist. Also kann er alle Kraft in den Vortrieb einsetzen. Auftrieb und Widerstand des Wassers muss der Fischotter dagegen überwinden, und zwar nicht bloß ein wenig. Sonst entschwindet ihm die schuppig glitzernde Beute. Dass er dennoch nicht verhungert und ein Vorkommen von Fischottern nicht gerade mit Wohlwollen von Fischern und Teichwirten wahrgenommen wird, liegt an zwei Säugetier-spezifischen Eigenheiten: der hohen Innentemperatur seines Körpers und dem dichten Fell, das ihn einhüllt. Zusammen verschaffen sie dem Otter den entscheidenden Vorteil. Die Geschwindigkeit, die Fische erreichen können, hängt von der Wassertemperatur ab. Handelt es sich um einen kühlen Bach oder Fluss, so ist es darin 10 bis über 20 Grad kälter als im Fischotter. Sein dichtes Fell verhindert, dass er bei der Jagd unter Wasser zu schnell auskühlt. In dieser Hinsicht ist er jedem Hecht überlegen, der als Fischjäger vielleicht den gleichen Fisch erbeuten würde, aber eben auch von der Wassertemperatur in seiner Leistung begrenzt wird. Aus dem Fischotter-Beispiel geht hervor, dass global gesehen nicht warmtropische Gewässer und das Korallenmeer die Domänen von Säugetieren sind, die im Wasser nach Beute jagen, sondern die kalten Gewässer bis an die Eisränder der Pole. Die Ausbildung von Schwimmhäuten zwischen den Zehen, mindestens an den Hinterfüßen, stellt zusammen mit dichtem, das Wasser abweisendem Fell die entscheidende Spezialanpassung zum Eindringen in den Lebensraum Gewässer dar.

Doch lebt die attraktive Beute tiefer im Gewässer, presst der Wasserdruck das eigentlich isolierende Luftpolster aus dem Fell. Blasenartig perlt es nach oben. Dem tauchenden Säugetier wird alsbald kalt. Die Gegenmaßnahme ist die Ablagerung einer entsprechend dicken Fettschicht unter der Haut. Diese isoliert zwar, jedoch kaum ein Drittel so gut wie das Fell. Daher muss die Fettschicht etwa dreimal so dick werden wie das Fell, um gleichen Wärmeschutz zu liefern. Das macht Meeressäuger so »ölig« und kostete so viele von ihnen das Leben, weil man sie wie Bio-Öl-quellen nutzte. Wir vertiefen das hier nicht, weil Meeressäuger im Buch nicht behandelt werden. Fischotter könnten sich hingegen keine dicke Fettschicht unter der Haut leisten, weil diese ihre Beweglichkeit zu sehr einschränken würde. Bei ihrer Jagd geht es ja nicht nur vorwärts. Sie müssen wendiger sein als die Fische, hinter denen sie her sind. Ähnliches gilt für die kleine Wasserspitzmaus, die als unter Wasser jagendes Säugetier die untere Größengrenze repräsentiert. Noch kleinere könnten ihren Körper nicht mehr warm genug halten, denn das Wasser hat eine viel zu hohe Wärmeleitfähigkeit.

Dieser Zusammenhang leitet über zur nächsten Spezialform der Fortbewegung, dem Wühlen im Boden. Es sind gerade die kleinen Formen von Säugetieren, die das tun und mehr oder weniger unterirdisch leben. Der Wärmehaushalt erklärt, warum. Erde isoliert sehr gut. Sie leitet die Wärme nur langsam ab. Daher bleibt es schon wenige Handbreit unter der Erdoberfläche gleichmäßig kühl. Eine ungefähre Vorstellung von der Wärme oder Kühle im Boden vermittelt die Temperatur von Quellen der betreffenden Gegend. Sie entspricht ungefähr der mittleren Jahrestemperatur. Das ist zwar nicht warm in dem von uns präferierten Sinne, aber auch nicht kalt; nicht einmal kühlschrankkalt. Ein wühlendes Tier kann somit seine Körperwärme ziemlich gut halten. Das Wühlen und Graben setzt Wärme frei, die im Körper von Maulwurf und Wühlmäusen lange verbleibt und den Einsatz »reiner Heizenergie« mindert. Gibt es reichlich Nahrung im Boden, Regenwürmer und fette Insektenlarven zum Beispiel, passen die Umstände, auch wenn sie nicht die Welt wären, in der wir leben möchten. Lange Beine taugen dazu nicht. Kurze, schaufelförmige sind ideal. Der Maulwurf repräsentiert das unterirdische Leben in Perfektion. Viele Mäuse vermitteln Formen des

Übergangs vom Leben auf dem Boden, dem Durchstöbern der Auflageschichten aus Laub und Gras bis hin zum Eindringen in den Boden mit röhrenförmigen Gängen und der Anlage unterirdischer Wohnungen. Zählt man die Tierarten, leben in dieser »Schicht« mehr Säugetiere als in jedem anderen Lebensraum. Das ist kein Wunder, denn der Boden und das bodennahe Dickicht waren einst in ferner erdgeschichtlicher Vergangenheit die Hauptlebenswelt der Säugetiere und sind es für zahlreiche Arten immer noch. Viele ihrer Fähigkeiten erklären sich aus der Herkunft vom »Typ Spitzmaus«. Vertreter der verschiedensten Anpassungsrichtungen gibt es. Von ihrem Leben bekommen wir jedoch nicht viel mit, weit weniger als von dem der Vögel. Denn ein Großteil der Säugetiere lebt auch nachtaktiv oder ist durch anhaltende Verfolgung seitens der Menschen zu dieser Lebensweise gezwungen worden. Dank zweier Sinne können sie dies: dem sehr gut entwickelten Geruchssinn und ihrem Sehen, das auf die schwache Helligkeit eingestellt ist, wie sie nachts herrscht. Darin sind sie uns weit überlegen. Aber dafür ist ihre Welt weit weniger bunt als unsere: Sie verfügen nur über ein Zweifarbsehen.

Die allermeisten Säugetiere können Rot und Grün nicht als unterschiedliche Farben und Abstufungen dazwischen erkennen. Sie sind das, wovon ein kleiner Teil der Menschen betroffen ist: rot-grün-blind. Farben sagen ihnen daher ungleich weniger als uns oder auch den Vögeln, die uns im Farbensehen qualitativ sogar erheblich übertreffen. Aber wie wir (unter natürlichen Bedingungen) gehen Vögel abends schlafen und werden mit Tagesanbruch wieder munter. Bei vielen Säugetieren verläuft der Tagesrhythmus ihres Lebens genau umgekehrt. Sie sehen nachts so gut wie wir an düsteren Tagen. Ihr Gehör ist feiner, getrimmter auf die Geräusche der Nacht, und es reicht bei zahlreichen

Säugetieren in den Ultraschallbereich hinein. Katzen und Hunde hören das Mäusepiepsen auch in jenen hohen Tonlagen, die wir nicht mehr erfassen. Ihre Geruchswelt, zumal die der Hunde, entzieht sich ohnehin unserer Vorstellung. Trotz ihrer fortge-schrittenen Gehirnentwicklung sind uns die Säugetiere daher fremd geblieben, auch wenn wir uns mit ihnen, wie mit Hund und Katze, intensiv befassen. Ihre und unsere Welt kommen nur zum Teil zur Deckung. Das macht es umso spannender zu ver-suchen, in ihr Leben hineinzublicken. Die bei uns vorkommen-den Säugetiere bieten dazu sehr viel.

So auch das buchstäblich eigenhändige Fliegen. Ein artenrei-cher Zweig der Säugetiere, von uns etwas verwirrend »Fleder-mäuse« genannt, hat auf andere Weise als die Vögel die Flug-fähigkeit entwickelt. Ganz ohne Federn mit einer zwischen den stark verlängerten Fingern und den Körperseiten ausgespannten Flughaut. Diese ist dünn, durchblutet und sehr elastisch. In sie, blitzschnell ausgebreitet, lässt sich die mit dem Kopf nach unten hängende Fledermaus zum Abflug fallen. Fledermäuse brauchen daher erhöhte, möglichst auch Schutz bietende Stellen zum Ru-hen, speziell zum Übertagen und Überwintern. Ihre Domäne ist die Nacht. Das macht sie uns irgendwie unheimlich, zumal sie sich offenbar im Dunkeln bestens zurechtfinden und nirgends anstoßen. Dazu befähigen sie nicht etwa besonders gute Augen, die mit Restlicht arbeiten, sondern die Ohren, ihr Gehör. Aus den Lauten im Ultraschallbereich, die Fledermäuse im Flug zur Orientierung und auch zur Jagd nach Insekten ausstoßen, for-men sie etwas, das wir in Anlehnung an unser Sehen ein Hörbild der Umgebung nennen können. Es entspricht einem Radarbild, ist aber bei Fledermäusen viel präziser, allerdings je nach Art bzw. Gattungstyp verschieden. Grundsätzlich gilt, dass Fledermäuse mit dem Gehör »sehen«. Und sich damit den nächtlichen Luftraum für die Jagd nach Insekten, in den Tropen sogar nach Fröschen und Fischen, die an die Wasseroberfläche kommen, erschließen.

Die nächtliche Jagd auf Insekten geht zurück auf die fernen Ursprünge der Säugetiere im Erdmittelalter, in Zeiten, in denen die Dinosaurier dominierten. Damals entwickelten sich die frühen Säugetiere als Insektenfresser. Sie ähnelten Spitzmäusen, mehr noch den tropisch-südostasiatischen Spitzhörnchen. Den Insekten stellten sie in der Nacht und im Gestrüpp der Bodenoberfläche nach, wie dies unsere Spitzmäuse gleichfalls tun. Diese Spezialisierung war von Anfang an erfolgreich, weil nachts und an der Bodenoberfläche weit mehr Insekten und Gewürm aktiv sind, als wir am Tag sehen. Ganz besonders vielfältig und reichhaltig entwickelte sich aber das nächtliche Leben fliegender Insekten. Sogar bei uns in den klimatisch gemäßigten Breiten gibt es das Zwanzigfache der Tagfaltervielfalt an Schmetterlingsarten, die nachts umherfliegen. Bei anderen Insektengruppen, insbesondere bei solchen, deren Larven im Wasser leben, ist der allergrößte Teil des Bestandes nachts unterwegs. Das Mengenverhältnis von Tag- und Nachtinsekten liegt etwa bei 1 zu 100. In den Tropen ist der Unterschied noch viel größer. Als Nahrung sind Insekten zudem besonders attraktiv, weil sie die von den Säugetieren benötigten Inhaltsstoffe in vergleichsweise günstigem Verhältnis enthalten, nämlich Eiweiß (Proteine) und Fett; dieses als Lieferant der Energie, von der Säugetiere, wie ausgeführt, besonders viel benötigen, um ihren Körper dauerhaft warmzuhalten. Darin ähneln sie den Vögeln. Auch diese nutzen in der großen Mehrzahl der Arten die Insekten als Nahrung. Reine Pflanzenverwerter sind bei ihnen noch seltener als unter den Säugetieren. Da die Vögel, ausgestattet mit besonders gutem Sehvermögen, die am Tag zu findenden Insekten suchen und fangen, bilden sie für die Fledermäuse eine große Konkurrenz. Das Ausweichen in die Domäne der Nacht bedeutet also auch Konkurrenzvermeidung unter gleichzeitiger Erschließung einer weitaus ergiebigeren Nahrungsquelle.

Doch der Weg zu dieser Sonderform des Säugetierlebens war lang, Millionen Jahre lang. Aber höchst effizient, wie die Tatsache beweist, dass Fledermäuse global etwa ein Viertel aller Säugetierarten ausmachen. In Europa gibt es mehr als 30 verschiedene Arten, je nach geografischer Grenzziehung, bei rund 200 Säugetierarten in ganz Mittel- und Westeuropa. Hier in den klimatisch gemäßigten Breiten schränkt der Winter die Lebensmöglichkeiten der Fledermäuse ein. Wo und wie sie überwintern (können), wird daher bei der Behandlung der ausgewählten Arten näher erläutert. Hier ist im Hinblick auf die vorausgegangenen Ausführungen zu den energetischen Aspekten der Fortbewegung anzufügen, dass das Fliegen den Fledermäusen ähnlich viel Energie abverlangt wie Vögeln, also ein Vielfaches der bodengebundenen Fortbewegungsweise der Säugetiere. Entsprechend lohnend muss der Flug sein, ansonsten wäre die Bilanz negativ. Insektenreichtum ist die Vorbedingung für das Fledermausleben bei uns. Aber die Insekten schwinden, wie übereinstimmend alle entsprechenden Forschungen der letzten Jahrzehnte gezeigt haben. Daher sind auch alle Fledermäuse hierzulande bedroht; nicht gleichermaßen stark zwar, aber durchwegs, weil die Nahrung immer knapper wird, ebenso wie Tagesrastplätze und gute Überwinterungsquartiere. Dass sie alle, ausnahmslos und seit Jahrzehnten, unter Artenschutz stehen, hat ihnen genauso wenig gebracht wie vielen anderen Tieren auch, weil ihre Lebensgrundlagen uneingeschränkt vernichtet werden.

Nehmen wir uns nun typische Vertreter unserer Säugetiere vor. Die Reihung erfolgt, wie schon angeführt, anhand der großen Typen von Lebensräumen. Beginnen wollen wir aber mit Wolf und Wildkatze, weil sie unseren beiden Haustieren Hund und Katze sehr nahestehen. Das macht den Einstieg leichter.

*Canis lupus*

# WOLF

Wolf (Canis lupus)

Der Wolf war bis zum 19. Jahrhundert beinahe weltweit beinahe ausgerottet. Heute erlebt das Wolf in vielen Ländern einen Schutz. So viele Menschen no bezeichnet heute den Wolf als Jaggier sein Platz.

Der Wolf ist ein großer, frei lebender Hund. Diese Feststellung wird sogleich Widerspruch hervorrufen, verhält es sich doch wohl umgekehrt. Die Hunde, alle Hunde, sind Formen des Wolfes. Er ist ihre Stammart. Anders als noch vor wenigen Jahrzehnten können wir dank der Möglichkeiten des genetischen Vergleichs, den die Molekulargenetik eröffnet hat, ziemlich sicher sein, dass der Hund vom Wolf abstammt. Dennoch hat der einleitende Satz seine volle Berechtigung. Denn Wölfe und Hunde bilden Formen innerhalb einer einzigen ziemlich großen Art, und die Hunde sind so viel zahlreicher, dass Wölfe nur eine kleine Teilgruppe im Spektrum bilden. Aber »Hunde« umfasst die weit größere Gruppierung der Hunde/Wölfe als Gattung mit dem wissenschaftlichen Namen *Canis*. Und zu dieser gehören der Goldschakal *Canis aureus*, der gegenwärtig vom südöstlichen Balkan nach Mitteleuropa vordringt, weitere Schakalarten aus Afrika und Vorderasien sowie der nordamerikanische Kojote. Und natürlich alle Unterarten des Wolfes *Canis lupus*. In seinem Artnamen *lupus* steckt die altlateinische Bezeichnung für den Wolf. Er wird also tatsächlich den Hunden zugeordnet, wie im Eingangssatz formuliert. Verwirrend genug? Kein Wunder, denn genetisch stehen nicht nur Wolf und Hund einander sehr nahe – so nahe, dass es bei manchen Hundeformen schwerfällt, auf den bloßen Anblick hin zu entscheiden, ob Hund oder Wolf – sondern auch die anderen Arten der Gattung *Canis* sind wenig voneinander verschieden. Konrad Lorenz, Nobelpreisträger und wohl bekanntester Verhaltensforscher des 20. Jahrhunderts, war nicht grundlos fest davon überzeugt, dass der Hund vom Goldschakal und nicht vom Wolf abstammen müsse. Die Lorenz'sche Meinung deckt sich immer noch weitgehend mit dem Empfinden der Menschen, die Hunde halten. Der Hund, der beste Freund des Menschen, kann doch kein bloß gezähmter Wolf sein. Gerade wenn der Hund recht wolfsähnlich aussieht, wird der Kontrast im Verhalten umso klarer. Er gibt Pfote, schaut uns mit ergreifendem Hundeblick in die Augen und fordert uns mit wedelndem Schwanz zum Spaziergang auf. Das soll ein »Wolf« sein?! Das kann nicht sein, so das Empfinden. Wölfe sind Raubtiere, sagen die Jäger und die Schäfer. Wölfe sind lebensgefährlich, davon erzählen die Märchen seit Jahrhunderten. Wölfe haben ein zähnestarrendes Maul, Hunde Mundgeruch und daher mitunter den Zahnarzt nötig. Wölfe »reißen« (arme) Tiere, die von Jägern ordentlich »erlegt« werden würden. Wölfe verbreiten Angst und Schrecken in der Tierwelt. Und die Jäger? Ihr Wirken machte die Tiere zu Wild, also scheu. Und damit den Menschen zum schrecklichsten der Schrecken für die Tierwelt. So sehen es die Tierschützer.

Der Hund verbindet. Wer Kontakte zu anderen Menschen knüpfen möchte, sollte sich einen Hund zulegen. Das hilft bestimmt, wenn es nicht gerade ein psychisch schwer gestörter Hund ist. Der Wolf hingegen polarisiert wie kein anderes Tier. Grund genug also, um ihn genauer zu betrachten, zumal Deutschland seit einem Vierteljahrhundert wieder Wolfsland ist.

Nochmals, aber jetzt nur aus Vergleichsgründen: Der Wolf ist ein großer Hund, ein kräftiger und ziemlich hochbeiniger. Ausgewachsene Wölfe messen vom Kopf bis zum Schwanzansatz 100 bis etwa 140 Zentimeter. 30 bis knapp 50 Zentimeter Schwanzlänge kommen hinzu, und Wölfe werden 30 bis über 70 Kilogramm schwer. Das sind Messwerte, wie sie auch für mehrere Hunderassen, aber nur auf die wirklich großen zutreffen. Der Kopf der Wölfe wirkt breiter als bei Hunden ähnlicher Größe, die Pfoten sind größer. Die Fellfarbe ist grau mit bräunlichen Tönen in Schattierungen. Auch nahezu schwarze Wölfe kommen vor. Wie immer bei Schwärzlingen in der Tierwelt wird ihnen besondere Wildheit nachgesagt, was aber nur unsere Ängste vor dem Dunklen ausdrückt. Die Beine der Wölfe sind lang – deutlich länger als bei etwa gleich großen Schäferhunden. Ihr Hinterteil fällt nicht ab, wie es den Schäferhunden angezüchtet wurde, damit sie sich scheinbar immer in Habacht-Stellung befinden. Das verursacht aber häufig Hüftprobleme (Hüftdisplasie). Wölfe können hingegen ausgewogen laufen. Und zwar sehr anhaltend. Dutzende Kilometer in einer Nacht sind für einen halbwegs fitten Wolf kein Problem. Sein Lauf profitiert von der in der Einführung zu den Säugetieren geschilderten Wirkung der Laufimpulse auf Zwerchfell und Atmung.

Wölfe sind Läufer. Als Vierfüßer sogar die perfekten Läufer. Im Sprint werden sie zwar von zahlreichen anderen größeren Säugetieren übertroffen, nicht aber an Ausdauer. Der Gepard, das schnellste nach Beute jagende Säugetier, erreicht in wenigen Sekunden eine Spitzengeschwindigkeit von über 100 Kilometern pro Stunde, aber nicht »pro Stunde«, sondern nur ein paar Minuten lang. Dann ist er erschöpft. Hat er dann die sprintende Gazelle nicht eingeholt, die zwar etwas langsamer ist, aber einen Vorsprung hatte, ist seine Jagd gescheitert, und die hohe Energieausgabe geht in die Verlustbilanz ein. Der Wolf hingegen kann weitermachen, laufen und laufen, bis die Beute müde wird. Da kaum eines seiner Beutetiere die ideale Kombination aus Körpergewicht, entsprechender Muskulatur und Lauffähigkeit dank optimierter Beinstruktur hat, stehen die Chancen für ihn besser, zum Erfolg zu kommen. Sie sind aber nicht gut genug für einen allein jagenden Wolf, wenn Beutetiere der dafür idealen Größe, wie Rehe, knapp (geworden) sind. Denn anhaltend schneller Lauf kostet natürlich auch Energie. Die Bilanz muss stimmen, d. h. positiv ausfallen. Mehrere Gepardensprints mögen einer mehrere Kilometer langen Verfolgungsjagd entsprechen. Doch das, was zählt, ist der Jagderfolg. Dafür reicht ein kilometerweit verfolgter Hase nur im Ausnahme-, nicht aber im Regelfall. Und der schon altersgeschwächte Hirsch wehrt sich häufig erfolgreich genug, wenn der Wolf, der ihn gestellt hat, allein ist. Die Aussicht, zwei Wochen lang tagtäglich Fleisch nach Bedarf zu haben, verleiht nicht mehr Kräfte als die, die der Kampf ums Überleben beim Hirsch freisetzt. Aus dieser knappen Schilderung, worum es beim Wolf geht, wenn er jagt, ergeben sich zwei Schlussfolgerungen, die tatsächlich zutreffen und das Leben der Wölfe charakterisieren: Erstens sollte sich Kooperation mit Artgenossen lohnen, und zweitens müssen vorhandene Kadaver größerer Tiere für Wölfe attraktiv sein.

Die Kooperation lohnt, wenn die Beute größer als der Wolf ist, der sie jagt. Dann bringt der Erfolg genug ein, um mit anderen Wölfen zu teilen. Mit zunehmender Beutegröße sollte daher auch die Zahl der an der Jagd und an der Verwertung der Beute teilnehmenden Wölfe ansteigen. Das ist der Fall, wenn man die gegenwärtige Maximalgröße der Beute und ihre Häufigkeit im Streifgebiet von Wölfen betrachtet. Die Wolfsrudel sind nicht überall gleich groß, weil die Beuteverfügbarkeit variiert. Die Rudelgröße muss eher dem unteren Bereich entsprechen, der genügend Beute für alle Mitglieder über den größten Teil der Zeit im Jahreslauf garantiert, und nicht dem Höchstwert mit Beute im Überfluss. Einzelwölfe gibt es selten, und wenn doch, dann »auf Zeit«. Denn normalerweise sind solche, als Jungwölfe, auf der Suche nach einem geeigneten Partner zur Bildung eines Paares und eines neuen Rudels. Dieses umfasst die Jungwölfe des letzten Wurfes oder der letzten Würfe. Aber dem Rudel können sich auch fremde Wölfe anschließen, jedoch nur nach längerer Annäherungszeit und wenn das Streifgebiet beutereich genug ist.

Kadaver spielen für die Ernährung der Wölfe eine unter Umständen ganz beträchtliche Rolle: Großtiere können aus verschiedenen Gründen ums Leben kommen. Durch Verhungern, wenn Frost und Schnee zu lange dauern und ihnen die Nahrung unzugänglich machen, durch Unfälle, etwa durch Absturz in steilem Gelände, aber auch, und dies nicht selten, durch Krankheiten. Das Spektrum der Kadavernutzer reicht von Löwen und Wölfen über Schakale und Füchse bis hin zu von Aas lebenden Großvögeln wie Geiern, einigen Arten großer Störche sowie Raben. Dass Geier überhaupt entstehen konnten, beweist hinlänglich, dass Großtierkadaver in der Natur »natürlich« sind und eigentlich von Menschen nicht entsorgt werden sollten. Vielerorts beteiligen sich Hunde anstelle von Wölfen an der Verwertung toter Tiere. Straßenhunde, Streuner, Pariahunde werden sie genannt. Sie sind Wölfe ihrer Biologie nach, hündisch aber in ihrem Verhalten. Für die Wölfe war Aas meistens gefährlicher als die direkte jagdliche Verfolgung. Sie fraßen von ausgelegtem, vergiftetem Fleisch und wurden damit getötet. Das Verbot der Vergiftung von Wildtieren trug ganz wesentlich dazu bei, dass sich die letzten überlebenden Wolfsbestände wieder vermehren und ausbreiten konnten. Schlüssel zum Erfolg ist ihr Sozialverhalten.

Wölfe bilden Paare. Ihr Nachwuchs bleibt im Rudel, bis die Rüden und die Wölfinnen so weit erwachsen sind, dass sie mit anderen Wölfen eigene Familien gründen können. Rudel sind also Familienverbände. Dementsprechend ist die alte Vorstellung irreführend, es gäbe darin eine klare Dominanzhierarchie mit Leitwolf und Leitwölfin, denen die übrigen Wölfe in abgestufter Reihenfolge untergeordnet sind. Viel bedeutender ist die Kooperation im Rudel. Sie geht so weit, dass erwachsene Wölfe Fleisch zu Welpen bringen und ihnen dieses vorwürgen. Und sich auch sonst um die Jungen kümmern. Das schließt nicht aus, dass sie sich an der Beute oder zu anderen Anlässen gegenseitig anknurren und androhen, wie es bekanntlich auch Hunde tun. Wölfe, die nicht gut genug miteinander harmonieren, verlassen das Rudel. Da sie dies in Gehegen, selbst in Großgehegen nicht können, entstehen bei Gefangenschaftsuntersuchungen Effekte, die es im Freiland nicht gibt. Erst über umfangreiche, langjährige Studien frei lebender Wölfe wurde deren »richtiges« Verhalten bekannt. »Richtig« bedeutet, dass es kein normiertes Verhalten ist, sondern ein vielfältig flexibles. Wölfe leben nicht programmgemäß so, wie es sich nach »Wolfsart« geziemt. Sie passen sich den Verhältnissen an. Daher können sie in extrem unterschiedlichen Regionen leben, von der nordamerikanischen und der nordsibirischen Arktis bis in den subtropischen Süden beider Kontinente. Als Art hat der Wolf eines der größten geografischen Verbreitungsgebiete unter Landsäugetieren. Die Kooperation im Rudel macht es möglich. Insbesondere wegen ihrer Anpassungsfähigkeit waren die Wölfe auch nahezu einzigartig gut geeignet, Kontakt mit jenen Menschen aufzunehmen, die als Jäger und Sammler durchs eiszeitliche Eurasien zogen. Vieles spricht dafür, dass sie den wesentlichen ersten Schritt der Annäherung selbst vollzogen haben.

Dies war aber ein Versuch mit Konfliktpotenzial. Denn es geschah sicherlich nicht, weil Eiszeitwölfe eine zu beschränkte Intelligenz hatten und deshalb versuchen mussten, sich mit den Menschen, den erfolgreichsten aller Jäger, zu arrangieren. Im Gegenteil: Wie wir am Hund sehen, ist der Wolf in der Lage, die Menschen sehr genau zu beobachten und ihr Verhalten zutreffend zu interpretieren. Wölfe haben ein verhältnismäßig großes Gehirn; auf gleiche Körpermasse beider bezogen, ist es um mehr als zehn Prozent größer als beim Hund. Die Leistungen der Sinnesorgane, insbesondere auch die der Augen, verschaffen Wolf wie Hund ein sehr differenziertes Gesamtbild von uns Menschen und von ihrer Umwelt ganz allgemein. Denn abgesehen von der Beschränkung, dass sie Rot und Grün nicht als eigene Farben unterscheiden können, sind ihre Augen vorzüglich geeignet, auch weiter Entferntes wahrzunehmen. Ihr Gehör ist besser als unseres, und ihr Geruchssinn übersteigt an Leistung unsere Vorstellungskraft. Damit analysieren uns Wolf und Hund erheblich mehr, als wir sie zu erforschen vermögen. Wenn wir Schwierigkeiten haben, Wölfe auf einige Entfernung zu unterscheiden, so bedeutet dies nicht, dass sie es auch nicht können. Das gilt ebenso für ihre Stimmen. Dass es den Hunden so leichtfällt, unsere zu lernen und ungemein schnell den ihnen gegebenen Namen zu erkennen, liegt an der weit höheren Qualität ihrer akustischen Differenzierung. Zwei Schäferhunde, die auf den Namen »Rex« hören, zeigen mit ihren Reaktionen, dass sie problemlos unterscheiden, welcher Rex gerufen wird. Und umgekehrt auch, welcher Mensch sie ruft. Heulen die Wölfe, was sie zu gewissen Zeiten »schaurig schön« tun, ohne dass wir den Anlass erkennen, entnehmen andere Wölfe dieser akustischen Äußerung möglicherweise ganz Wesentliches. Die Fähigkeiten ihres Gehörsinnes eröffneten jenen Wölfen, die nach und nach zu Hunden wurden, den akustischen Zugang zu uns. Es kann sein, dass sie als Gegenreaktion zur menschlichen Unfähigkeit, ihre subtilen stimmlichen Äußerungen zu verstehen, nach und nach anfingen, das unter Wölfen selten benutzte Bellen zur Kommunikation mit den Menschen anzuwenden. Kurz: Der Hund bellt uns was vor, weil er sich (akustisch) anders nicht ausdrücken kann. Er merkt, dass wir nicht verstehen, wie Hunde und Wölfe kommunizieren. Entsprechendes gilt für Haltungen und Bewegungssignale des Körpers. Wölfe nutzen die Körpersprache ausgiebig, und von dem, was wir unbewusst mit unserer ausdrücken, lesen Hunde unsere Stimmungen und Absichten ab. Folglich können Wölfe sehr wohl auch in der Menschenwelt zurechtkommen, wenn sie die Chance dazu bekommen.

Genau dies geschah mit der Wende zu verstärktem Natur-
schutz vor rund einem halben Jahrhundert. Für uns wie für den
Wolf brachte den Umschwung das Europäische Naturschutzjahr
1971, das in Deutschland (in Bayern) auch die Bildung erster
Umweltministerien zur Folge hatte. Nach und nach griff der Artenschutz dann auf jene Regionen über, in denen letzte Vorkommen von Wölfen existierten. Die wahrscheinlich wichtigste Maß-
nahme war die Ächtung von Giftködern. Sie hat sich zwar noch
nicht überall in der EU durchgesetzt, nicht einmal in Österreich
und Deutschland, aber doch so weit, dass die Chancen zu überleben für die Wölfe stiegen. Das machte sich in einem langsamen
Anstieg ihrer Restbestände und ihrer Wiederausbreitung bemerk-
bar.

Für Deutschland und seine mitteleuropäische Umgebung gab
es zwei Wolfsgebiete, aus denen eine Zuwanderung möglich war:
im Südosten und Süden vom Balkan und von Italien her sowie
in Polen im (Nord-)Osten. Für die östlichen Wölfe war die Möglichkeit zur Wanderung nach Deutschland günstiger, denn Ostdeutschland ist viel dünner besiedelt als Westdeutschland, und
es gab und gibt dort riesige Truppenübungsplätze und Bergbau-
Folgelandschaften. Für die Wölfe aus Italien und dem Balkan
wirkt hingegen Österreich wie ein Sperrriegel, der sich nicht so
leicht überwinden lässt, weil die Almwirtschaft einer der stärksten Hinderungsgründe für ihre Wiederausbreitung ist. Bezeich-
nenderweise siedelten sich die ersten Wölfe Österreichs auf einem
Truppenübungsplatz nahe der Grenze zu Tschechien an. Ganz
allgemein erwies sich »der ehemalige Osten« als empfänglicher,
nicht nur für Wölfe. Der Artenschutz war in Ostdeutschland
während und nach der DDR-Zeit stärker verankert als in der
alten Bundesrepublik. Bei der Wiedervereinigung brachte der
Osten große naturnahe Flächen und gute Bestände geschützter

Arten ein. Diese Kluft zwischen »Ost und West« existiert noch immer sehr deutlich. Denn nicht allein aufgrund der geografischen Nähe zu den mittelosteuropäischen Vorkommen lebten in den ostdeutschen Bundesländern im Herbst 2020 über 100 der 128 Wolfsrudel und über 30 der 35 nachgewiesenen Einzelpaare – ebenso wie 346 der 431 Welpen. Der Gesamtbestand dürfte 2020 etwa 1 100 Wölfe in Deutschland umfasst haben. Nach Untersuchungen in der Lausitz machten Rehe 52 Prozent der Wolfsbeute aus. Hirsche folgten mit 21 Prozent, Wildschweine mit 18 Prozent, aber auf Vieh entfielen lediglich 0,75 Prozent. Die alten Bundesländer hätten zwar sehr hohe Bestände an Rehen als Hauptbeute der Wölfe zu bieten. Aber in diesen ist die Bevölkerung viel wolfsfeindlicher eingestellt. Die Wölfe sind auf den Schutz von Truppenübungsplätzen angewiesen, wie z. B. in Niedersachsen, wo die meisten der 23 Rudel und 13 Paare des Landesbestandes auf militärischem Übungsgelände leben. Naturschutzgebiete und Nationalparks reichen für einen festen Wolfsbestand in West- und Süddeutschland nicht aus. Zwischen »leben können« und »leben lassen« klafft ein großer Unterschied; auch für eine europaweit streng geschützte Art. So gab es in den drei Jahrzehnten zwischen 1990 und 2020 in Deutschland 505 Totfunde von Wölfen, davon 53 illegale Tötungen. Diese Zahl übertrifft die der 39 auf natürliche Weise Umgekommenen ganz erheblich. Den bei Weitem größten Anteil stellten aber die 380 Kollisionen mit Fahrzeugen. Sie machten 75 Prozente der Todesfälle aus. Hochrechnungen dazu, wie viele Wölfe es in zehn Jahren in Deutschland geben wird, sind daher sehr skeptisch zu betrachten: Die 505 toten Wölfe lassen sich weder den im Herbst 2020 in Deutschland lebenden hinzufügen noch als Todesrate in die weitere Bestandsentwicklung einrechnen. Gäbe es keine Verluste, würden 2021 die 128 Rudel und die 35 Einzelpaare den

Gesamtbestand um rund 500 Jungwölfe erhöhen und im Jahr darauf verdoppeln. Dies geschieht ganz sicher nicht. Denn auf die verschiedenen Altersgruppen wirkt eine unterschiedliche Sterblichkeit, und diese ist ganz besonders hoch bei den Welpen. Die Gründe stecken im hochgradigen Sozialverhalten der Wölfe.

Anders als beim Hund mit zwei gibt es bei den Wölfinnen nur eine Läufigkeit pro Jahr. Diese liegt meist im Winter. Nach einer Tragzeit von 63 Tagen werden die drei bis sechs Welpen im Frühjahr geboren. Häufig geschieht dies in einem geschützten Erdbau, selten in einem oberirdischen Versteck. Die Welpen sind klein und typische Lagerjunge. Lange sind sie von der Muttermilch abhängig und danach weiterhin vom Zutragen von Nahrung durch den Rüden oder die anderen Rudelwölfe. Je nach Situation kann das länger als ein halbes Jahr andauern. Wie junge Hunde spielen Wolfsjunge gern und ausdauernd. Die Abläufe bei Geburt und Aufwachsen gleichen weitgehend denen von Hundewelpen. Dass es für Hündinnen nicht unnatürlich ist, wenn sich Menschen um die Welpen kümmern, liegt daran, dass die Beteiligung von Helfern ihrer Abstammung vom Wolf entspricht. Die heranwachsenden Jungwölfe lernen das Sozialgefüge des Rudels kennen und passen ihr Verhalten daran an. Erwachsen in dem Sinne, dass sie auf sich allein gestellt eine Zeit lang überleben können, sind sie erst nach mehreren Jahren. Allerdings ist für einen einsamen Wolf das Leben sehr schwierig. Wenn es irgendwie geht, versuchen Einzelgänger, sich einem Rudel anzuschließen. Das kann lange dauern, aber gelingen. Dann geht es ihm allemal besser als ohne Rudelanschluss.

Eine Wurfzahl von um die fünf Welpen drückt aber auch aus, dass die Jungen von Natur aus hohen Verlusten ausgesetzt sind, wie auch die Jungwölfe auf ihrem weiteren Lebensweg. Wäre dem nicht so, würden bei einem Säugetier, das durchaus etwa zehn

Jahre alt werden kann und erwachsen keine natürlichen Feinde zu fürchten hat, viel weniger Junge pro Wurf genügen. Eine einfache Rechnung zeigt dies. Bringt die Wölfin eines Paares ab ihrem dritten oder vierten Lebensjahr durchschnittlich fünf Welpen pro Jahr zur Welt und hält dies an, bis sie neun Jahre geworden ist, ergibt sich eine Lebensleistung von 25 bis 30 Nachkommen. Um sich selbst und ihren Rüden zu ersetzen, würde ein Zehntel dieser Jungenzahl ausreichen. Liegt das jährliche Ergebnis anhaltend auch nur etwas über dem Ausgleichswert, wächst der Bestand zwangsläufig, und zwar exponenziell. Dies geschieht tatsächlich, wenn sich Wölfe in einem neuen und dafür günstigen, weil an Jagdbeute reichen Gebiet vermehren. Aber die Zunahme geht rasch zurück, wenn etwa die Hälfte der darin nutzbaren Nahrung verwertet ist. Verknappung lässt den Aufwand für die Jagd entsprechend ansteigen, bis der Bedarf nicht mehr gedeckt werden kann und immer weniger Nachwuchs produziert wird. Bei Arten mit ausgeprägtem Sozialverhalten, wie Wölfen oder Bibern, funktioniert diese automatische Regulation am besten, bei Arten wie Feldmäusen oder Kaninchen, die sich aus der momentan günstigen Situation maximal vermehren, am wenigsten.

Der Wolf nimmt in der Natur eine Spitzenposition in den Nahrungsketten ein. Von dieser hat ihn der Mensch entfernt oder stark abgedrängt. Wie sich ein Wolfsbestand entwickelt, bestimmen nun maßgeblich die von den Menschen gesetzten Rahmenbedingungen. Bei den Verlusten steht an erster Stelle der Verkehrstod auf den Straßen, gefolgt von den (derzeit weitgehend illegalen) Abschüssen. Bestandsfördernd wirkt vor allem die Verfügbarkeit von Nahrung. Da Rehe allein mehr als die Hälfte der Wolfsbeute ausmachen und sie es mit den anderen Arten des sogenannten Schalenwildes insgesamt auf 95 Prozent bringen, vermitteln bereits die Abschusszahlen dieser Wildarten in Deutschland die Größenordnung der Nahrungsverfügbarkeit. 1,2 Millionen Rehe werden jährlich geschossen, etwa 200 000 fallen dem Straßenverkehr zum Opfer. Zu den Rehen kommen knapp 80 000 Hirsche und über 880 000 Wildschweine als Jahresjagdstrecke an Schalenwild dazu. Diese hohe Abschussquote vermindert die Bestände dennoch nicht. Sie bleiben hoch und anhaltend hoch produktiv. Die heftigen Konflikte mit den Waldbesitzern und Förstern dauern an, die viel stärkere Bejagung fordern, um die Waldverjüngung und den Waldumbau im Hinblick auf den Klimawandel ohne Wildschutzzäune durchführen zu können. Aus den hohen, bei den Wildschweinen sogar stark steigenden Jagdstrecken geht also höchst deutlich hervor, warum Deutschland für Wölfe attraktiv ist. Eine so hohe Wildbestandsdichte gibt es in anderen Ländern kaum. Sie hat es hierzulande früher, vor der Mitte des 19. Jahrhunderts, die letzten tausend Jahre hindurch, niemals gegeben.

Zudem gibt es sehr viel Vieh. Pro Quadratkilometer landwirtschaftlicher Nutzfläche hat Deutschland im globalen Vergleich die höchste Nutztierdichte. Sie wird mit öffentlichem Steuergeld massiv unterstützt. Fleisch wird über den Bedarf produziert und geht in den Export. Milch ebenfalls. Aus Sicht der Gesundheit liegt unser Fleischverzehr zu hoch. Wildfleisch ist zwar im Prinzip gesünder, weil fettarm, aber der erzielte Wildbretertrag senkt den gesamten Fleischverzehr nicht. Im Hinblick auf den Wolf spielt zwar die Stallviehhaltung keine Rolle, wohl aber das Weidevieh. Es ist allein mit seiner Existenz draußen verlockend genug für Wölfe. Ganz besonders gilt dies für Schafe, die als Beutetiere geradezu Optimalgröße haben. Eineinhalb Millionen Schafe werden gegenwärtig in Deutschland gehalten. Die bedeutendsten Schafweidegebiete liegen in landwirtschaftlichen Grenzertragsbereichen und damit im Nahbereich bereits vorhandener oder möglicher Wolfsvorkommen, speziell im Bergland. Schafe können regional häufiger als Rehe sein, zumindest was ihre Auffälligkeit betrifft. Die Wölfe bekommen weit mehr als wir den Schafgeruch in die Nase, und auch das Blöken hören sie auf größere Entfernungen. Rehe sind in dieser Hinsicht weit weniger sinnfällig und sehr vorsichtig. Von Almen aus wirken die Schafe wahrscheinlich noch weiter als im Flachland. Die Befunde zu Verteilung und Häufigkeit getöteter Schafe und der Wolfsvorkommen, zum Beispiel in der Schweiz im Vergleich zu Ostdeutschland oder Niedersachsen, bestätigen dies. Die bloßen Zahlen liefern also nur eine grobe Bezugsbasis zur potenziellen Wolfsnahrung. Wie sie wählen, hängt von den örtlichen Verhältnissen ab.

Dabei spielt das jagdliche Reviersystem eine wichtige Rolle. Mit diesem verhalten sich die Jäger grundsätzlich ähnlich territorial wie Wölfe. Aber während sich Letztere nach ökologischen Kriterien für Revierwahl und Größe richten, ist dies bei den Jagdrevieren nicht der Fall. Diese werden in relativ einheitlichen Flächengrößen festgelegt und von den Jägern strikt »verteidigt«, da ihre Pacht viel Geld kostet, außer sie ergeben sich aus Großgrundbesitz. Im Revier entscheiden die Jäger im Rahmen der Jagd- und Schonzeiten über Leben und Tod der jagdbaren Wildtiere. Ihre Ziele sind dabei erheblich anders ausgerichtet als die der Wölfe, die kein Interesse an den Knochengebilden haben, die Hirsche oder Rehböcke auf der Stirn tragen. Doch aus Sicht der Jäger sollen diese »Trophäenträger« möglichst nicht ins Nachbarrevier abwandern, wenn die Jagdzeit beginnt und Rehböcke oder große Hirsche als Lohn für die Hege abgeschossen werden dürfen. Bei den Wildschweinen verhält es sich anders. Ziehen sie zu den Nachbarn ab, müssen sie im eigenen Revier nicht mehr erlegt werden. Den Wölfen läge allerdings daran, dass die Wildschweine bleiben, während sie den »Kronenhirsch« als zu groß und zu wehrhaft ziehen lassen würden. Noch weniger könnten sich die Wölfe mit Schonzeiten arrangieren. Sie leben vom Beutemachen. Sie müssen kontinuierlich jagen.

Diese Kontrastierung verdeutlicht, weshalb der Anspruch der Jäger völlig unrealistisch ist, die Spitzenposition der Raubtiere übernehmen zu wollen, um den Wildbestand an ihrer Stelle zu regulieren. Dazu eignet sich unser (global zudem als Ausnahmefall zu bezeichnendes) Jagdsystem nicht. Die Revierjagd ist nicht auf die Größe der Wildtierpopulationen ausgerichtet, die davon reguliert werden sollen. Die Jagdmethoden, die Ferntötung per Schuss und der Fallenfang, sind auch alles andere als natürlich. Abschüsse lassen sich nicht mit der Jagdweise von Wölfen vergleichen. Die Betroffenen bzw. zu Treffenden haben keine Chance zu überleben, außer sich durch besonders vorsichtiges Verhalten so wenig sichtbar wie möglich zu machen. Die extreme Scheu von Rehen und Wildschweinen hat für die Wölfe zur Folge, dass sie die einfachere Erbeutung von Schafen vorziehen. Deren Bedrohung durch Wölfe steigt mit der Scheu der Wildtiere. Herdenschutzhunde sind deshalb die einzige realistische Möglichkeit, die Schafe vor Wolfsangriffen zu schützen. Verluste gibt es dabei zwar auch, aber diese bleiben im Rahmen des Verkraftbaren, auch für die Gesellschaft, die Schadenersatz (zusätzlich zur Subventionierung der Schafhaltung) bezahlt.

Wölfe sehen sich in der Konfrontation mit Herdenschutzhunden einer grundsätzlich ähnlichen Situation ausgesetzt, wie sie das bei der Verteidigung ihres Jagd- und Streifgebietes gegen andere Wolfsrudel sind. Über Territorialität kann ein Nebeneinander von Schafherden mit Herdenschutzhunden und den in der Umgebung lebenden Wolfsrudeln zustande kommen. Dass weniger Angriffe auf die Schafe kein Wunschbild von Wolfsschützern sind, beweist das seit vielen Jahrhunderten funktionierende Zusammenleben von Schafhaltern und Wölfen in Anatolien und in Regionen von Südosteuropa. Ähnliche Verhältnisse reichen bis weit nach Asien hinein. Mögen müssen Menschen und Wölfe einander deshalb nicht. Es geht darum, zu einem Verhältnis zu finden, das ein Leben nebeneinander möglich macht. Ein solches gibt es längst beim Hund. Früher wurde nahezu jeder frei laufende, vom verlockenden Duft einer Hündin angezogene Hund als »streunend« abgeschossen. Das geschieht nur noch selten. Der Jagd geschadet hat die weitgehende Schonung von Hunden nicht. Den Wildbeständen schadeten die streunenden Hunde ohnehin nie. Hunde sind, wie die Statistiken beweisen, ungleich (lebens-) gefährlicher für Menschen als Wölfe. Mit den Millionen Hunden hat sich die Gesellschaft leidlich gut bis bestens arrangiert. In jedem Hund steckt aber genetisch zu 99,99 Prozent der Wolf.

Ein toleranter, vernünftiger Umgang mit Wölfen kann dort zustande kommen, wo sie an der Peripherie von Städten leben und sich weitgehend von Abfällen ernähren, wie in der Umgebung von Rom. Die Nutzung von Tierkadavern stellt ja, wie bereits festgestellt, einen durchaus wesentlichen Teil der Wolfsnahrung dar. An den Abfalldeponien an Roms Rändern konkurrieren Wölfe mit streunenden Hunden. Dieses durchaus spannungsgeladene Verhältnis ist nicht nur in Bezug auf die heutige Lebensweise von Wölfen interessant, sondern aufschlussreich im Hinblick auf die Entstehung des Hundes aus dem Wolf. Wölfe, die zur Abfallverwertung neigen, entwickeln ein viel hundeähnlicheres Verhalten als solche, die große Beutetiere jagen. Trotz aller Ähnlichkeiten bleiben Kreuzungen mit Hunden trotzdem selten, können aber vorkommen. Wolfshunde werden ungleich häufiger durch Gefangenschaftsverpaarung von Wölfen und Hunden erzeugt, als sie in freier Natur vorkommen. Hund und Wolf unterscheiden sich letztlich doch stark genug in ihrem Bezug zueinander. Das macht die unterschiedliche Lebensweise aus.

Nehmen wir uns dazu abschließend nochmals einige Zahlen vor: Im Herbst 2020 lebten in Deutschland gut tausend Wölfe, vielleicht bis zu 1500, wenn wir Vorkommen in den Grenzregionen mit einrechnen. Hunde gab es etwa 10,8 Millionen. Auf jeden Wolf kamen also rein rechnerisch rund zehntausend Hunde. Tausende Hundebisse gibt es pro Jahr, immer wieder auch solche mit Todesfolge. Die Hundebisse werden nicht einmal genauer erfasst, außer wenn es in schweren Fällen um die Versicherung geht. Beim Wolf wird hingegen jeder »Riss« gezählt. Die von Wölfen getöteten Nutztiere werden aber keiner Zahl derer gegenübergestellt, die durch Unfälle und Erkrankungen ausfallen. Im Zusammenhang mit Wölfen wird vielmehr so getan, als ob es andere Verluste nicht gäbe. Diese Vorgehensweise übertreibt das Tun der Wölfe offenbar, weil dieses »wild« ist und schlimm sein muss. Gleiches Verhalten von Hunden wird hingegen verharmlost oder gar nicht erst beachtet, so zum Beispiel auch die Tatsache, dass unvermittelt auf Menschen zustürmende Hunde häufig großes Erschrecken auslösen, selbst wenn sie nicht beißen. Macht dies ein Wolf, ist er ein Problemwolf und wird zum Abschuss freigegeben.

Bei der Beurteilung von Wölfen und ihrer Ausbreitung stehen daher keineswegs die wohlbekannten Fakten an erster Stelle, sondern die Emotionen, die für oder gegen sie aufgebaut worden sind. Hieraus ergibt sich die absurde Lage, dass es den Wölfen dort am besten geht, wo Krieg gegen Menschen geübt wird und für die Tierwelt Frieden herrscht.

# WALDKATZE / WILDKATZE

Wildkatze erreicht Gelbhalsmaus
Felis silvestris — Apodemus flavicollis

Bei der Wildkatze liegen die Verhältnisse zwar etwas anders als beim Wolf, aber grundsätzlich ähnlich: Sie wurde in Mitteleuropa weithin ausgerottet und breitet sich gegenwärtig allmählich wieder aus. Es gibt spezielle Schutzprogramme für sie – und ungleich weniger Widerstände gegen ihre Wiederkehr. Dennoch verläuft ihre Ausbreitung langsam. Warum? Das liegt an Umständen, die deutlich anders als beim Wolf gelagert sind. Doch zunächst, wer oder was ist »die Wildkatze«?

Die Anführungsstriche sollen herausstellen, dass sie nicht die Wildform der Hauskatze ist. Und auch, dass es wissenschaftlich unterschiedliche Meinungen darüber gibt, ob es sich bei Wild- und Hauskatze um zwei verschiedene Arten handelt oder um Unterarten (Subspezies) einer Art. Dass sie genetisch verschieden sind und sich mit molekulargenetischen Methoden voneinander unterscheiden lassen, ist zwar eindeutig, klärt aber nicht, ob beiden der Status einer eigenständigen Art zugebilligt werden soll oder nicht. Die Art ist biologisch nicht so fest definiert, wie es den Anschein hat. Es gibt Argumente für wie auch gegen die Trennung von Haus- und Wildkatze in zwei Arten. Die Gründe ergeben sich aus ihrer Herkunft.

Die Wildkatze war ursprünglich in nahezu ganz Europa verbreitet. Sie kam überall dort vor, wo es Wald gab oder, auf offenem Gelände, zumindest Buschwerk und Baumgruppen. Klimatisch gesehen erstreckt sich ihr Areal vom mediterranen Buschland bis an den nördlichen Rand der nordischen Wälder und von den atlantischen Küstenbereichen bis hinein in die kontinentalen Steppen. An dieser natürlichen Verbreitung ist abzulesen, dass die gegenwärtigen Restvorkommen nicht klimatisch bedingt sein können, sondern anderweitig verursacht worden sein müssen.

Die Hauskatze hingegen stammt von einer nordostafrikanisch-vorderasiatischen Form der Steppenkatze ab, deren Artverbreitung fast ganz Afrika mit Ausnahme der Vollwüstenbereiche und des tropischen Regenwaldes umfasst. Mit *Felis catus* wissenschaftlich oft auch bezeichnet, wird die Hauskatze ähnlich eigenständig gewertet wie der Haushund *Canis familiaris.* Ihrer Herkunft nach ist die Hauskatze jedoch Afrikanerin; Nordostafrikanerin genauer und keine Europäerin, wie der vom Wolf abstammende Hund. Ob die Steppenkatze, oft auch Falbkatze genannt, *Felis lybica* oder *Felis silvestris lybica* wissenschaftlich heißen soll, ist umstritten. Gegenwärtig werden Unterarten (Subspezies, Rassen) weitverbreiteter Arten mit dem Artstatus »aufgewertet«. Das trennt die Steppen- von der Wildkatze und verstärkt die Eigenständigkeit der Hauskatze. Bereits vor gut hundert Jahren gab es schon diese Tendenz, die die Artenzahlen anschwellen ließ und damit die Unübersichtlichkeit steigerte. Sie soll »natürlicher« sein im Hinblick auf die Artbildung. Da jedoch niemand genau genug sagen kann, was eine Art »ist«, weil sich die Unterschiede, die genetisch festgestellt werden, dafür nicht einfach gewichten lassen, ist dieses Splitting nicht immer hilfreich und auch nicht unbedingt vernünftig. Es sei denn, die von den Unsicherheiten der Zuteilung betroffenen Tiere tragen mit ihrem Verhalten dazu bei, sich besser kategorisieren zu lassen. Da dies, wie sich zeigen wird, bei Katzen der Fall ist, vollziehen wir hier die klare Trennung zwischen Steppen- und Wildkatze: Die Wildkatze ist und bleibt wie vorher die Wildkatze *Felis silvestris.* Die Steppen- oder Falbkatze wird davon abgetrennt eine eigene Art *Felis lybica*, und die Hauskatze erhält mit *Felis catus* den Status einer eigenen Art. Daran, dass sie von der Falbkatze abstammt, ändert diese Einstufung nichts. An der Tatsache, dass es Hauskatzen gern warm haben, erkennen wir ihre einstige Herkunft. Allerdings kann es in Nordostafrika nachts und im Winter auch recht kalt werden. Dies wird betont, damit Unterschiede und Übereinstimmungen zwischen Wildkatze und Hauskatze verständlicher werden.

Diese klare Positionierung ist nötig, weil es bei der Betrachtung der Wildkatze und ihrer Aussichten, wieder häufiger zu werden, immer wieder auch um die Hauskatze geht. Zum Beispiel lassen sich wildfarbene Hauskatzen oft kaum von echten Wildkatzen unterscheiden. Sie können einander fast bis aufs Haar gleichen. Fast, weil es tatsächlich Unterschiede in den Haaren gibt, die zu beurteilen Kennern jedoch auch nicht immer leichtfallen. Daher sind zur sicheren Artbestimmung die Befunde genetischer Untersuchungen nötig. Äußerliche Merkmale der Wildkatze, wie zum Beispiel ihr zur Spitze hin kräftig schwarz geringelter und dichter behaarter Schwanz, geben zwar gute Anhaltspunkte, aber keine Sicherheit. Noch problematischer wird die Feststellung, ob es sich um einen Bastard zwischen Haus- und Wildkatze handelt. Denn solche gibt es, wenngleich selten.

Wildkatzen wirken häufig kräftiger als wildfarbene Hauskatzen, unterscheiden sich aber in Größe und Gewicht tatsächlich kaum von ihnen. Die Kater können bis zu 7,5 Kilogramm schwer werden, die Katzen um die 5 kg – aber das sind schon Ausnahmen. Die Durchschnittsgewichte liegen niedriger und ähnlich wie bei Hauskatzen. Viel hängt von Alter und Ernährungszustand ab. Wichtiger für die Lebensweise der Wildkatze ist die weitgehende Übereinstimmung ihres Gewichts mit dem der Füchse. Denn diese sind ebenso intensiv wie sie hinter Mäusen her, jagen aber ganz anders als die Katzen. Wildkatzen paaren sich im Februar und März, also etwa einen Monat später als die Füchse. Wie bei Hauskatzen ist die Ranzzeit mit »schaurigem« Geschrei rivalisierender Kater verbunden. Auch sonst sind die Lautäußerungen einander ähnlich, wenngleich Wildkatzen weniger schnurren. Aber das hängt auch bei Hauskatzen stark davon ab, wie sie bei den Menschen leben. Manche miauen sehr häufig, andere kaum. Die Tragzeit dauert zwischen 63 und 70 Tagen. Geboren werden zwei bis sechs, am häufigsten drei oder vier Kätzchen, die noch blind, aber behaart sind. Rund zwei Monate werden sie gesäugt. Die Wildkatzen sind also deutlich »langsamer« in ihrer Fötalentwicklung als die Füchse, bei denen die Tragzeit 50 bis 55 Tage dauert und deren Junge zudem bereits nach vier Wochen entwöhnt werden. Nach vier Monaten sind Wildkatzen ziemlich selbstständig und nach gut einem Dreivierteljahr geschlechtsreif. Da Mäuse die Hauptnahrung für Füchse und Wildkatzen darstellen, ist dieser Unterschied bei etwa gleicher Körpergröße auffällig. Allein daran, dass Fuchsrüden an der Versorgung der Jungen mitwirken, indem sie Beute zutragen, kann es nicht liegen. Denn der Unterschied pflanzt sich fort in die Lebenserwartung. Diese liegt bei der Katze fast doppelt so hoch wie beim Fuchs. Wer Hauskatze und Hund zusammen hält, weiß, dass die häufig sogar viel kleinere Katze im Normalfall den Hund leicht überlebt. 18 bis 20 Jahre sind nicht selten; für Wildkatzen wird ein Höchstalter von 21 Jahren angegeben. Auch wenn sie im Durchschnitt nur 13 oder 14 Jahre erreichen, übertreffen sie damit klar die Füchse sowie die größeren und großen Hunde. Eine längere Jugendentwicklungszeit führt bei Säugetieren in aller Regel zu einem höheren Lebensalter. Bei der Hauskatze hat man den Eindruck, dass sie sehr viel mehr ruht als der Hund und daher an Lebenszeit gewinnt.

Zwar ist dies vielleicht eine zu vordergründige Erklärung, dennoch ist es richtig, dass die Katze auf Beute lauert, während der Fuchs, der zur Familie der Hunde gehört, als Läufer unterwegs ist. Betrachtet man den jeweiligen Aufwand beim Jagen, wird der Unterschied klar: Pro Maus investiert die Katze wenig Energie, aber viel Zeit. Der Fuchs verfolgt die genau entgegengesetzte

Strategie, Beute zu machen. Füchse müssen daher nehmen, was kommt und zu überwältigen ist, die Katze kann wählerisch sein und viel länger hungern – wie das viele Katzenhalter mitunter erleben. Damit verbunden ist ein weiterer Unterschied: Füchse schlingen schnell in sich hinein, was sie gefunden und erbeutet haben. Wie die Hunde, es sei denn, man hat diese zum Warten und »sittsamen« Fressen erzogen. Die Katze wartet, legt sich die Maus zurecht, fasst sie in passender Weise mit den Zähnen und trägt sie zu ihrem Schlupfwinkel oder zu ihren Jungen. Eine Maus wird vor dem Verzehr ziemlich intensiv durchgekaut. Anverdaute Beute, wie sie Wölfe und Hunde ihren Welpen zutragen und für diese auswürgen, kann die Katze nicht bringen. Bis die Kleinen in der Lage sind, von der Mutter mitgebrachte Beute aufzunehmen, dauert es dementsprechend länger als bei Füchsen und Hunden. Deshalb müssen die Kätzchen auch länger gesäugt werden. Die längere Stillzeit wirkt sich auf ihre verhältnismäßig lange Lebenserwartung aus. Das Musterbeispiel für den Zusammenhang zwischen langer Stillzeit, langsamer Entwicklung in Kindheit und Jugend und dem langem Leben stellen wir Menschen dar.

Verglichen mit dem etwa gleich großen Fuchs ist das Sozialverhalten der Wildkatze allerdings wenig entwickelt. Sie tut meistens gut daran, ihre Jungen vor den Katern zu verbergen, da diese die Kleinen töten könnten. Als Alleinerziehende misstraut sie anderen Katzen, aber auch ohne Kätzchen leben die weiblichen Wildkatzen einzelgängerisch in ihren Streifgebieten. Hochgradig komplexe soziale Überlappungen mit ihren Artgenossen wie bei Hauskatzen kommen nicht vor oder bleiben schwach ausgeprägt. Das mag zwar an der geringen Häufigkeit liegen, in der die Wildkatzen vorkommen, aber diese ist auch eine Folge davon, dass sie den Artgenossen mit deutlich getrennten Streifgebieten aus dem

Weg gehen. Mäusejahre, in denen es ein Super-Angebot an Beute gibt, machen die Wildkatzen nicht sozialer, obwohl dadurch eigentlich genug für alle da wäre und es zu einer Annäherung zwischen den Nachbarn kommen könnte. Doch der Boom der Massenvermehrung von Mäusen hält nicht lange genug an, um eine Verhaltensänderung herbeizuführen. Anders ist das bei Hauskatzen, die ja überwiegend oder vollständig gefüttert werden und damit ein von Grund auf anderes Sozialverhalten entfalten können. Insbesondere deshalb kann man sie nicht zum direkten Vergleich heranziehen.

Sind Wildkatzen also aufgrund ihres Sozialverhaltens von Natur aus selten? Die Angaben zur Größe ihrer Reviere (besser: Streifgebiete, weil die Grenzen nicht aktiv verteidigt werden) weichen mit 30 bis 50 Hektar und drei Quadratkilometern sehr weit voneinander ab. Die Unterschiede hängen sicher wesentlich mit der Verfügbarkeit von Nahrung zusammen. Gute Wildkatzenreviere enthalten große Bestände an Kleinsäugern, vor allem Mäuse und Kaninchen als ihre Beute, ungünstige entsprechend geringe. Ob drei Quadratkilometer die Grenzgröße darstellen, ab der die Katze nicht mehr überlebt, weil die Fläche dann zu groß und doch zu unergiebig ist, wissen wir nicht. Eher wird die Katze vorher abwandern und ein günstigeres Gebiet suchen. Sozialverhalten und Ernährungsgrundlagen stehen sicher in Wechselwirkung zueinander. Doch wie sehr, wird sich erst zeigen, wenn die Wildkatzen wieder häufig genug geworden sind, dass sie große (Wald-)Gebiete flächendeckend besiedeln.

Doch welche sind überhaupt für die Wildkatze geeignet? Geht man von den Restvorkommen aus, in denen sie in Mitteleuropa überlebte, so waren und sind dies buschreiche Wälder in Mittelgebirgslagen. Solche Wälder bieten Deckung, und die hat die Wildkatze nötig, weil sie durchaus von anderen Arten gejagt und erbeutet wird. Wo Adler vorkommen, kann sie sich nicht nach Hauskatzenart stundenlang im Freien vor ein Mauseloch setzen. Auch Luchse töten Wildkatzen, wenn es diesen nicht schnell genug gelingt, einen Baum zu erklettern und auf dünnere Äste auszuweichen, die den Luchs nicht mehr tragen. Doch dass Wildkatzen natürlichen Feinden zum Opfer fallen können, besagt nicht automatisch, dass diese es sind, die ihr Vorkommen und ihre Häufigkeit bestimmen. Eher könnten die auch festgestellten Verluste kleiner Kätzchen an Hermeline eine Rolle spielen, wenn die Mutterkatze fort auf Mäusejagd ist und die Kleinen damit mehr oder minder lange alleine lassen muss. Wenn dem tatsächlich so ist, käme der seltene Fall zustande, dass eine viel kleinere Raubtierart die größere, rund zehnmal schwerere, reguliert. Dagegen lässt sich einwenden, dass Einzelfälle oft allzu schnell verallgemeinert werden, obgleich man nicht genug zu den Todesraten der Wildkatzen und ihres Nachwuchses weiß. Das liegt daran, dass sie so schwer zu beobachten sind und das Beobachten selbst zu Verlusten führen kann, weil es Störungen verursacht.

Zwei bekannte Verhaltensweisen von Hauskatzen, die Junge bekommen oder Kätzchen versorgen, bieten vielleicht brauchbare Hinweise: Viele Katzen versuchen, die Geburt »geheim« zu halten, und ziehen sich in unzugängliche Schlupfwinkel zurück. Werden die Jungen entdeckt, trägt sie die Mutter fort in ein anderes Versteck. Geburtsort und Versteck der Kätzchen sind also für die Hauskatze weitaus wichtiger als für die Hündin. Damit wird klar, weshalb felsiges, buschreiches Gelände auch für die Wildkatze so wichtig ist: Nicht etwa, weil dieser Waldtyp die beste Beutedichte bieten würde, sondern weil sich darin eher halbwegs sichere Plätze für den Nachwuchs finden lassen. Die Kater werden von dieser Wahl mitgezogen, weil es für sie nicht sinnvoll wäre, in einem Mäuseparadies fern der Weibchen zu leben. Sicherheit und günstige Nahrungsvorkommen decken sich selten. Wird davon ausgegangen, dass für die Wildkatze Erstere wichtiger ist, besagt die Nahrungsverfügbarkeit weit weniger. Und die unterschiedlichen Reviergrößen werden verständlich. Wiederum ist ein Hinweis auf die ganz andersartige Lage bei den Hauskatzen angebracht: Sie haben ihre sicheren Plätze, in denen sie buchstäblich »daheim« sind. Selbst wenn sie dort, wie auf Bauernhöfen früher vielfach üblich, nicht oder nicht regelmäßig mit Futter versorgt werden, können sie sich bei den Menschen sicher fühlen. Ihre Streifgebiete fallen daher viel kleiner aus als die der Wildkatzen. Sie werden umso kleiner, je besser die Hauskatzen gefüttert werden. Dann machen sie draußen gleichsam lediglich nach alter Katzensitte zwischendurch Beute, ohne sich davon ernähren zu müssen. Daraus ergibt sich das immer wieder heftig diskutierte Problem, dass frei laufende Hauskatzen enorme Mengen an Kleinvögeln und anderen Kleintieren im Siedlungsbereich und der unmittelbaren Umgebung erbeuten. Unnötig hohe Verluste, wie Vogelschützer anhand von Hochrechnungen meinen.

Bei der Wildkatze sieht das ganz anders aus. Eine Beeinträchtigung der Kleinvogelbestände in den Wäldern, in denen sie ihr Revier hat, ist äußerst unwahrscheinlich und niemals auch nur ansatzweise nachgewiesen worden. Deshalb geraten Ziele des Vogelschutzes auch nicht in Konflikt mit dem Wildkatzenschutz, so dass beides im selben Naturschutzverband durchgeführt wird, wenngleich Wildkatzen selbstverständlich den einen oder anderen Vogel erbeuten. Dabei handelt es sich vor allem um gerade ausgeflogene Jungvögel, die auf dem Boden gelandet sind. Wildkatzen können es sich nicht leisten, sich zu Spezialisten zu entwickeln, wie es sie unter Hauskatzen gibt. Etwa solchen, die sich auf einem Damm zwischen Teichen so hinlegen, dass sie einen auf Mückenjagd im Tiefflug daherschießenden Mauersegler aus der Luft greifen können. Derartige Spezialisten fallen auf und bringen die Hauskatze allgemein in Verruf – wie auch Katzen, die erfolgreich einen Hasen erbeuten. Das wird dann gleich allen Katzen angelastet, Haus- wie Wildkatzen gleichermaßen, und entsprechend »hochgerechnet«. In Deutschland leben fast 15 Millionen Hauskatzen. Die meisten haben Freilauf. Wenn nur jede Zehnte einmal im Jahr einen Hasen fängt, würde demnach der gesamte, auf 1,5 Millionen geschätzte Bestand ausgerottet. Im Jagdjahr 2019/20 wurden 230 000 Hasen abgeschossen. Dem Straßenverkehr zum Opfer fielen mehrere Zehntausend. Jäger und Autos dezimieren den Bestand jedoch nicht. Trotz rückläufiger Abschusszahlen bleiben die Hasenbestände produktiv genug, ansonsten müsste die Jagd längst eingestellt sein. Dann erst würden sich die Verluste durch Katzen und andere Beutegreifer zeigen. Mit Katzen und Niederwild gibt es also ein ähnliches Problem wie mit Wölfen, Schalenwild und Schafen – ähnlich aber nur im Sinne unserer Wahrnehmung. Denn während von Wölfen getötete Nutztiere real und klar zu bewerten sind, trifft dies für die Katzenbeute überhaupt nicht zu. Ihr »Schaden« wird einfach angenommen. Im Hintergrund steht das, was über Jahrhunderte an Feindseligkeit gegen Katzen aufgebaut worden ist. Die Jäger pflegen und praktizieren diese weiter mit ihren Abschüssen »streunender Katzen«. Rudolf Piechocki (1990) hat dazu Äußerungen aus der Jagdliteratur in seiner Monographie über die Wildkatze zusammengestellt. Sie erklären, wie es dazu kam, dass die Wildkatze fast ausgerottet wurde.

»Die absolut negative Grundeinstellung … ist sicherlich erst entstanden, als vor über 200 Jahren … das Nutzen-Schaden-Denken einsetzte. Nachdem die größeren Beutegreifer Bär, Wolf und Luchs so gut wie ausgerottet waren … und die gewohnten Jagdstrecken durch den zunehmenden Einsatz von Feuerwaffen stetig

zurückgingen, projizierte man alle möglichen Schäden auf das Vorkommen der Wildkatze«. Mit beteiligt bei der Hatz auf die Katz
war der Mitte des 19. Jahrhunderts sehr bekannte Vogelpastor
Christian Ludwig Brehm. Er hatte über »Die Gefahr, welche die
wilde Katze, dem Menschen droht« geschrieben und in diesem Ar-
tikel ausführlich über »Fälle« von Angriffen auf Menschen berich-
tet. Keiner ist verbürgt. Sicher erfunden waren Schilderungen aus
dem Elsass, zu denen 1871 zu lesen war: »Wenn der Jäger das Tier
(= die Wildkatze) nicht tötet, wirft es sich auf ihn mit überschäu-
mender Wut, schlägt ihre eisernen Krallen in seine Brust oder sein
Gesicht, beißt ihn an Hals und Händen, überhäuft ihn mit einem
Wirbel von verzweifelten Angriffen, unter denen man Jäger zusam-
menbrechen sah.« Armer Jäger, wie grausam, könnte man dazu nur
ironisch sagen, würden solche Veröffentlichungen nicht die Einstellung der Jäger ausdrücken, die sich als edle Waidmänner fühl-
ten. Denn in der Prachtausgabe von »Dietzels Niederjagd« von
1898, die als so etwas wie die Bibel der deutschen Jäger angesehen
wurde, ist der Wildkatze folgendes »Gedicht« gewidmet:

»Jetzt auf die Katz' die Birsch beginnt.
Doch die ist listig, wie ihr wisst,
drum was dem Blei des Rohrs entrinnt,
das pack' des Hundes scharfer Biß.«

Noch bis in die 1980er-Jahre machten in mitteldeutschen Wald-
gebieten die der Jagd zum Opfer gefallenen Wildkatzen 75 Prozent der Verluste aus, wie ebenfalls Piechocki zu entnehmen ist.
Wie viele Wildkatzen sich unter den als »streunend« abgeschos-
senen Katzen immer noch befinden, ist bis dato unbekannt, weil
die Abschüsse nicht registriert und eventuelle Zweifelsfälle kaum
jemals untersucht werden.

Aus diesen nur beispielhaft herausgegriffenen Befunden geht dreierlei hervor. Erstens die extrem starke Verfolgung, der die Wildkatze ausgesetzt war und möglicherweise immer noch ist. Es war leicht, eine auf den Baum geflüchtete Wildkatze herunterzuschießen. Zudem wurden viele Katzen mit Fallen gefangen. Die Fallenjagd wird weiterhin praktiziert. Zweitens heben diese Befunde die Bedeutung sicherer Schlupfwinkel für die Unterbringung und Aufzucht der Jungen hervor. Diese gingen mit der forstlichen Ausräumung der Wälder und ihrem Umbau zu Monokulturen großräumig verloren. Dass Kätzchen von Wildkatzen danach sogar in Jagdhütten und auf Hochsitzen gefunden wurden, drückt diesen Mangel höchst deutlich aus. Schließlich ergibt sich drittens, dass über die Jahrhunderte des Nebeneinanderlebens keine nennenswerte Vermischung mit Hauskatzen stattfand, die die Eigenständigkeit der Wildkatze gefährdete. Ein weiterer Abschuss von Hauskatzen »zum Schutz der Wildkatzen« stellt also nur eine vorgeschobene Begründung dar, die die eigentlichen Absichten verschleiern soll. Nach wie vor wird eine durch nichts zu rechtfertigende Vernichtung von Wildtieren vorgenommen, denen die Jäger den Stempel des Bösen mit der Bezeichnung »Raubtiere« aufgedrückt haben. Die Greifvögel (früher ganz entsprechend »Raubvögel« genannt) konnten der Bekämpfung durch die Jäger dank des Einsatzes so vieler Vogelschützer und Ornithologen in zähen Auseinandersetzungen, die sich über fast ein Jahrhundert hinzogen, schließlich weitgehend entzogen werden. Es ist höchste Zeit, dass dies auch bei den in ähnlicher Weise betroffenen Säugetieren geschieht. Es darf nicht sein, dass die Vorkommen von Wildkatzen hauptsächlich vom Wohlwollen der im Gebiet Jagdberechtigten abhängen. Die Wildtiere gehören den Jägern nicht.

Die Katzenabschüsse haben zudem eine sehr bedeutsame

Folge für die Haltung frei laufender Hauskatzen: Eine Sterilisierung der Katzen wird gerade dort nicht vorgenommen, wo sie auf Wald und Flur hinaus können, weil man Nachwuchs bekommen möchte, um die Katzenverluste auszugleichen. Dem Straßenverkehr fallen permanent sehr viele zum Opfer. Verfolgt man diese mit jahrzehntelangen Zählungen auf den gleichen Strecken, drückt die entstehende »Statistik« klar aus, dass keine Änderungstendenzen bestehen, aber auch, dass außerhalb der Ortschaften die Häufigkeit der überfahrenen Katzen den Mäusezyklen folgt. Die Katzenabschüsse auf den Fluren tragen somit dazu bei, den Hauskatzenbestand produktiv auf dauerhaft hohem Niveau zu halten, anstatt die von den Jägern befürchteten »Niederwildschäden« zu vermindern. Hingegen begünstigen die Abschüsse außen die innerorts aktiven Kleinvogeljäger, die sich tagsüber nicht an Mäuselöcher auf der Flur oder am Waldrand setzen. Zum Singvogelschutz tragen die Abschüsse daher gewiss nicht bei. Eher bewirken sie das Gegenteil.

Leben und Überleben der Wildkatze sind bei uns in Mitteleuropa sehr eng mit dem der Hauskatzen verbunden, obwohl sich beide getrennt genug halten, wie es sich für »gute Arten« gehört. An der Erhaltung und Förderung der Wildkatze muss unbedingt auch die Forstwirtschaft mitwirken. Die Wildkatze braucht sicheren Unterschlupf. Ihre Umbenennung in Waldkatze ist mehr als überfällig. Wissenschaftlich heißt sie *Felis silvestris* seit dreieinhalb Jahrhunderten. Zeit genug zum Umlernen auf Waldkatze wäre also verstrichen, auch für die Jäger.

*Erinaceus europaeus*

# IGEL / WESTIGEL

Der Igel ist allgemein bekannt. Dennoch ist gleich zu Beginn klarzustellen, dass es bei uns in Mitteleuropa zwei verschiedene Arten von Igeln gibt, den Westigel oder Braunbrustigel, der unter dem oben genannten wissenschaftlichen Namen geführt wird, und den Ostigel oder Weißbrustigel *Erinaceus concolor*. Ob sich die beiden Igelarten dessen bewusst sind, fragen wir lieber nicht. Denn die Paarung von Igeln ist problematisch genug, sodass man ihnen nur wünschen kann, nicht den falschen Partner gewählt zu haben. Dass dies kaum jemals geschieht, liegt an der Geografie, denn wie die Namen schon sagen, leben West- und Ostigel voneinander getrennt. Die Grenze verläuft etwa von der Mündung der Oder in die Ostsee südwärts fast geradlinig nach Tschechien und von dort weiter bis zur Adria. Der genaue Verlauf ist jedoch unzureichend bekannt, weil den Igeln zu selten auf den Bauch geschaut wird. Versucht man es, sind die Igel gar nicht kooperativ, sondern rollen sich zur Kugel zusammen und entziehen ihre Bauchseite der wissenschaftlichen Begutachtung. Dass ihnen nichts weiter geschehen würde, verstehen sie nicht, denn zeit ihrer langen Existenz über Millionen von Jahren trachteten ihre natürlichen Feinde stets danach, an ihre Bauchseite zu kommen. Gegenwärtig ist dies für die Igel beider Arten die weitaus geringere Gefahr. Das Einrollen funktioniert immer noch in gleich guter Weise zum Schutz gegen den Fuchs und meistens auch vor einem übereifrigen Hund. Dass dieser, in die Nase gestochen, heftig bellt, ist Sinn der Stachelabwehr und stört den Igel akustisch nicht, obwohl er ein feines Gehör hat. Der Uhu, der mit seinen großen Krallen die Igel auch am Rücken packt, ist zu selten, um als Todesursache für ein normales Igelleben in Betracht zu kommen. Der bei Weitem größte Feind ist das Auto.

Dieser Feind hat Eigenschaften, die überhaupt nicht zur Lebensweise der Igel, ja ganz und gar nicht zur Natur passen. Ein natürlicher Feind tötet nie grundlos. Das Auto immer. Ein natürlicher Feind greift an, um Konkurrenz zu vertreiben oder sich Nahrung zu sichern. Nichts dergleichen braucht das Auto. Rollt sich der Igel wie seit Urzeiten zur Stachelkugel zusammen, schützt ihn das nicht. Autoreifen sind auf ungleich härtere Inanspruchnahme ausgerichtet, als sie ein Kilogramm Igel, eingehüllt von ein paar Tausend Stacheln, aufbieten könnte. Selbst diese werden von den Reifen ziemlich schnell zerrieben, so dass bald nichts mehr zu sehen ist von Blut, Fleisch, Knochen und Stachelhaut auf den Straßen. Zu lernen, die Autos zu meiden, fällt dem Igel schwer. Wie soll es auch gehen, wenn jeder Kontakt mit dem Auto tödlich verläuft – ein anderer Igel ein paar Meter weiter bekommt schon zu wenig davon mit, als dass er seine Schlüsse daraus ziehen und die überlebenswichtige Erfahrung an seine Jungen weitergeben könnte. Zudem ist das Igelgehirn recht klein. Viel zu lernen hat ein Igel nicht. Wenn im bisherigen Leben nichts halbwegs Ähnliches zu meistern war, ist das Neue außerirdisch. Das Auto ist daher kein Feind, sondern eine kosmische Katastrophe. Ihr entgeht nur, wer außerhalb seines Einflussbereiches lebt. Da Autos ziemlich straßengebunden bleiben, sollten die Igel einfach die Straßen meiden. Wo es also keine gibt, sollte es ihnen gut gehen, möchte man daraus schlussfolgern.

Für einen Teil des Igelbestandes trifft dies durchaus zu. Aber dieser Teil ist verteilt auf eine Vielzahl kleiner und kleinster Inseln. Zum Beispiel auf ummauerte Stadtparks oder Gärten ohne Autoverkehr. Oder auf felsenreiche Höhenzüge im Mittelgebirge, die nicht einmal die für den Großstadtdschungel tauglich gedachten SUV befahren können, geschweige denn ein normaler Geländewagen. Karten, die die sogenannten unzerschnittenen Gebiete in Deutschland zeigen, täuschen ganz übel, was den Igel und viele andere Tiere betrifft. Selbst die Forste durchzieht ein engmaschiges Netzwerk an Straßen, auf denen Rallye gefahren wird. Nicht etwa von wild gewordenen Jugendlichen, sondern von denen, die zum Befahren der Forststraßen berechtigt sind. Vorsicht wird da nicht geübt, wäre aber umso mehr geboten. Auch in Bezug auf Waldspaziergänger. Für Schlangen, Kröten und anderes Kleingetier ohnehin, deren Kadaver den einen oder anderen Igel anlocken und so wiederum zur Gefahr werden. Im Wald lebt sich's für Igel längst nicht mehr gut, seit aus Wäldern intensiv bewirtschaftete Forste gemacht worden sind. Auf den Fluren noch weniger, denn dort ist fast alles vergiftet oder ausgerottet, wonach Igel suchen. Der für sie mit weitem Abstand beste Lebensraum ist die Stadt. Nicht gerade die City, sondern das, was sie in großer Ausdehnung umgibt und voller Gärten ist. Auch die Kleinstadt natürlich und das große Dorf. Das weiß man aus Igelzählungen: In den Wohngebieten der Städte und in Kleinstädten liegt die Igelhäufigkeit mehr als zehnmal so hoch wie im Wald. Sogar citynahe Igelvorkommen übertreffen die der offenen Fluren um rund das Doppelte. Das bedeutet, dass diese weithin igelfrei sind. Der Siedlungsraum bildet Inseln für die Igel, auf denen sie gut leben können. Doch dort hinzukommen, ist sehr schwer und meistens auf ihren kurzen Füßen gefährlicher, als über einen Fluss oder einen kleinen See zu schwimmen. Diese Befunde sind nicht *er*funden, sondern *ge*funden, und zwar in Form der dem Straßenverkehr zum Opfer gefallenen Igel. Die weitaus meisten Toten gibt es im Ortsrandbereich, fast keine hingegen auf den freien Überlandstrecken durchs Agrarland. Wenige auf Waldstrecken. Die Häufigkeiten überfahrener Igel pro Kilometer und Jahr drücken aus, wie es um die Igelvorkommen steht. Nimmt die Menge der Überfahrenen ab, so ist dies kein gutes Zeichen, sondern der ziemlich sichere Beweis dafür, dass es abwärts geht mit den Igelbeständen.

Es lässt sich solchen Todesstatistiken noch mehr entnehmen, so makaber es auch ist, sie zu führen. Sie spiegeln gewissermaßen das Wohl und Wehe der Igel. So ergeben die Jahresbilanzen Indexwerte für den örtlichen oder regionalen Bestand. Nach Jahrzehnten lässt sich aus ihnen die Bestandsentwicklung ablesen. Die Verteilung der Toten über die Monate des Jahres drückt die Dauer des Winterschlafs aus, und wann dieser im Spätherbst wieder begonnen wird. Daraus ist auch abzulesen, ob sich milde Winter günstig oder ungünstig auf die Igel auswirken. Dazu muss man natürlich wissen, ob der Bestand im Herbst davor hoch, normal oder niedrig war, sonst werden die Winterverluste auf keine solide Basis bezogen. Weiterhin lässt sich anhand der Größe der überfahrenen Igel die Nachwuchsrate ermitteln. Gab es viele Jungigel im Sommer, liegt deren Zahl und Anteil unter den im Herbst und im Frühjahr überfahrenen entsprechend höher. Oder umgekehrt niedriger, wenn es wenige Jungigel gegeben hat. Sogar das Verhalten der Igel lässt sich an diesen Statistiken bis zu einem gewissen Grad ablesen. Etwa, dass im Herbst mehr Jung- als Altigel über den Ortsrand hinauswandern und dabei unter die Räder kommen, denn in dieser Zeit suchen sie nach einem günstigen Platz zum Überwintern. Demgegenüber besetzen Altigel mehr die Plätze innerorts, die sie vom Sommer her schon kennen. Aus dem Gesamtanteil der Jungigel lässt sich über die Jahre ablesen, ob die Bestandsentwicklung mehr von der Nachwuchsproduktion oder aber von den Todesfällen abhängt. Da die meisten Igel im Siedlungsbereich leben, sind solche Erhebungen besonders aufschlussreich. Leider ergaben die letzten 50 Jahre solcher Untersuchungen in Südostbayern, dass die Igelbestände drastisch abnehmen und gegenwärtig bei nur noch etwa einem Fünftel der Häufigkeit der 1970er-Jahre liegen.

Dem Straßentod ist der Schwund der Igelhäufigkeit jedoch

nicht anzulasten. Die Straßenverkehrsverluste liefern – schlimm genug – nur die Indexwerte dazu. Was sie aussagen, bedeutet, dass die Gärten zu igelfeindlich gemacht worden sind. Extrem igelfeindlich. Weil sie zu sehr aufgeräumt werden. Es bleibt kein Laub liegen, unter dem sie überwintern oder ihre Tagesruhe halten könnten. Die Gärten werden nahezu klinisch sauber gehalten. Zudem gefährden Mähroboter die Igel. Schneckenkorn vergiftet ihre Nahrung. Der Zugang zu den Gärten ist ihnen durch dichte Zäunung erschwert. Für Katzen und Marder sind die modernen Umzäunungen kein Hindernis, sie klettern mühelos darüber hinweg, während die Igel nur versuchen können, sich hindurchzuzwängen, sollte es irgendwo eine Spalte geben. Igeldurchlässe ließen sich leicht machen; leichter als Katzentüren an Häusern. Aber man kümmert sich nicht darum. Igelschutz halten alle für gut. Praktiziert wird er eher immer weniger. Die Igel tun sich leichter, die Straße zu nehmen, um weiterzukommen, als sich durch igelsichere Zäune von Garten zu Garten zu zwängen. Allzu oft hat das tödliche Folgen. Wer den Garten igeldicht macht, wird daher mitschuldig an den Toten auf der Straße. Und wer im Garten keinen Laubhaufen lässt, sollte die armen Igel nicht beklagen, die umkommen. Wenigstens Igelhäuschen könnten als Ersatz aufgestellt werden, wenn man schon Laub für Dreck hält, der möglichst rasch entsorgt werden müsse. Die Krönung der Naturfeindlichkeit sind die Kiesgärten, die außer dem einen oder anderen Strauch nichts mehr wachsen und leben lassen. Manche Stadtverwaltungen gehen inzwischen gegen diesen Trend mit Verboten vor. Doch muss es dazu kommen?

Igelschützer bemühen sich seit Jahrzehnten um eine erfolgreiche Überwinterung zu kleiner Igel durch Aufnahme in die Pflege. Das sind Akte von Mitleid, gepaart mit Verzweiflung. Denn bei der schwindenden Anzahl noch igelfreundlicher Gärten überleben wohl wenige der über den Winter geretteten Igel nach ihrer Freisetzung. Sie »in die Natur« hinaus zu verbringen, heißt häufig, sie in den Tod zu schicken (Sollte dies ein überzogen kritisches Urteil sein, würde mich das freuen!). Das Problem beginnt schon im Herbst: Dass da so viele Jungigel noch nicht groß genug sind und nicht das für den Winterschlaf nötige Fett angesetzt haben, dürfte es bei der gegenwärtigen Erwärmung des Klimas eigentlich gar nicht geben, sind doch vor allem die Winter milder und kürzer geworden. Also könnten die Jungigel frühzeitig im Frühsommer geboren werden und sollten, dank des zeitlichen Vorsprungs, groß und fett in den Herbst gehen. Ihre schlechte Kondition zeigt jedoch, wie sehr es ihnen tatsächlich an Nahrung mangelt. Das ist auch der Grund dafür, warum immer noch zu viele Igel überfahren werden, denn sie begeben sich auf die Straßen hinaus, um nachts die bei feuchter Witterung dort umherkriechenden Regenwürmer zu verzehren. Die Igel flanieren nicht zu ihrem Vergnügen auf den Straßen – es ist schiere Notwendigkeit. Viele Jungigel, die im Sommer dem Straßentod entgehen, erreichen im Herbst dennoch nicht das für die Überwinterung nötige Gewicht. Übrigens liegt es an ihrer Kurzbeinigkeit, die keine weiten Wanderungen zulässt, dass es West- und Ostigel gibt. Die Eiszeit teilte die Vorfahren unserer Igel nämlich in zwei Gruppen auf. Eine überlebte im südwestlichen Refugium auf der Iberischen Halbinsel, die andere im südöstlichen Balkan und in Vorderasien. Als sich vor rund 15 000 Jahren das Klima erwärmte und sich die Wälder, speziell die Laubwälder, wieder ausbreiteten, rückten beide Igelformen mit und trafen in Mitteleuropa fast genau am Meridian von Prag zusammen. Ost und West verstanden sich dann offenbar nicht mehr besonders gut, so dass es kaum zu Vermischungen kam und die Grenze zwischen beiden Igelarten stabil blieb. Nachdem eine ähnliche, von

Menschen gezogene Grenze seit über 30 Jahren wieder offen und frei passierbar ist, sollte endlich auch nachgesehen werden, wie es um die Igel beider Seiten und ihre Geografie im Detail steht. Eigentlich eine reizvolle Aufgabe für Amateurforscher.

Sehen wir uns nun ein wenig die Biologie der Igel an: Grundsätzlich gehören sie zur gleichen Großverwandtschaft wie die Spitzmäuse und Maulwürfe – kaum zu glauben, aber so ist es. Ihr Gebiss weist sie wie diese als »Insektenfresser« aus. Das ist eine unglückliche Charakterisierung, aber als die Zoologen nach einer gemeinsamen Benennung dieser Säugetiere suchten, fiel ihnen nichts Besseres ein als *Insectivora*. Tatsächlich machen Insekten und deren Larven oft nur einen verhältnismäßig geringen Anteil an der Nahrung von Spitzmaus, Maulwurf und Igel aus. Sehr viel bedeutsamer sind die Regenwürmer. Sie bilden die Hauptnahrung für diese Säugetiere, aber auch für Amseln und andere Vögel, nebenbei bemerkt, weil die Würmer so viel »Boden-Biomasse« bilden.

Eine Faustregel besagt, dass das Lebendgewicht von Kühen, die dauerhaft von einer Viehweide ernährt werden, ziemlich genau dem entspricht, was es darunter in der Erde an Regenwürmern gibt. Wer also einen Garten sein Eigen nennt, auf dem theoretisch eine halbe Kuh leben könnte (und nicht der Rasenmäher fahren müsste), hat eine Vierteltonne Regenwürmer oder mehr im Boden. Man benötigt keinen Taschenrechner, um eine Vorstellung davon zu gewinnen, wie viele Ein-Kilogramm-Igel und 100-Gramm-Maulwürfe davon leben könnten, ohne den Wurmbestand zu dezimieren. Denn die Regenwürmer vermehren sich natürlich auch von Jahr zu Jahr. Sie ertragen hohe Nutzungsraten. Dass Zigtausende auf den Straßen zu Brei gefahren werden, wenn sie nach dem Regen, wie es ihr Name andeutet, herauskommen und umherkriechen, beeinträchtigt die Regenwurmbestände von Wiesen und Gärten nicht. Auch nicht die der Maulwürfe, weil diese unter der Erde bleiben und nicht versuchen, die Würmer auf dem Teer zu verzehren, wie es Igel tun.

Werden die Gärten aber sehr intensiv gemäht, alle paar Tage, damit der Rasen perfekt wie vollsynthetisch aussieht, kommt das unvermeidlich anfallende, klein gehäckselte Gras solchen Tieren zugute, die man überhaupt nicht haben will, den Nacktschnecken. Häufiges Rasenmähen ist Nacktschneckenfüttern. Diese müssen dank des Mähens nicht einmal mehr klein raspeln, was sie verzehren wollen. Das hat man schon für sie erledigt. Entsprechend gut vermehren sie sich. Der Zunahme der Nacktschnecken versucht man mit »Schneckenkorn« oder ziemlich »unschönen« mechanischen Methoden beizukommen. Dass Igel die schleimigen Schnecken den aus ihrer Sicht wohl eher würstchenähnlichen Regenwürmern nicht vorziehen, ist ihnen nicht zu verdenken. Immer häufiger bleibt ihnen aber nichts anderes übrig als die Nacktschnecken. Doch gegen diese geht man mit Schneckengift vor. Mähroboter halten den Rasen in immer mehr Gärten kurz. Manchmal, zu oft wahrscheinlich, rasieren sie die Igel gleich mit. Gäbe es Laub und Streu unter dem Buschwerk, fänden sie genug Nahrung. Besonders schwer tun sich die kleinen, der Muttermilch entwöhnten Igel in der modernen Gartenwelt, deren pflegeleichter Endzustand dann die Abdeckung mit einem Kunstrasen aus Plastik ist, der nie mehr gemäht werden muss.

Die Jungen werden, mit noch ganz weichen Stacheln selbstverständlich, nach einer Tragzeit von fünf bis sieben Wochen geboren. Pro Wurf sind es drei bis acht oder zehn zunächst noch blinde Junge. Sie wiegen bei der Geburt etwa 25 Gramm und werden in einem mit Laub und Gras ausgepolsterten, kuppelförmig überdachten Nest geboren. Knapp drei Wochen lang werden sie gesäugt. Dann folgen sie der Mutter, oft in reizendem »Gänsemarsch« bei der nächtlichen Nahrungssuche. Selbstständig sind sie nach eineinhalb Monaten, geschlechtsreif aber erst im nächsten Jahr. Was bedeuten solche Angaben nun konkret für das Igelleben? Zunächst, dass die Weibchen in der Lage wären, zweimal im Jahr Junge zur Welt zu bringen, nachdem sie im Frühjahr aus dem Winterschlaf erwacht sind. Offenbar geschieht dies nicht häufig genug, denn die Zahl der im Juni und Juli überfahren aufzufindenden Jungigel liegt sehr niedrig. Erst ab August nimmt deren Häufigkeit zu. Also kommt vielfach doch nur eine Jungenaufzucht pro Jahr zustande. Diese erfordert eine (sehr) gute Kondition der Igelin. Denn sechs Junge, der Mittelwert der Jungenzahl, ergeben ein Geburtsgewicht von 150 Gramm. Das sind 15 Prozent des Gewichts einer ein Kilogramm schweren Igelin. Ist sie leichter, steigt der Anteil der Jungen bei der Geburt entsprechend. Bei einer nur 600 Gramm schweren Igelmutter würden die Neugeborenen ein Viertel ihres Körpergewichts ausmachen. Da aber 400 bis 500 Gramm Gewicht dafür nötig sind, dass ein Jungigel erfolgreich den Winter übersteht, und das Gewicht der zukünftigen Mutter nach dem Winterschlaf stark abnimmt, müssen die Weibchen vor einer Paarung zuerst an Gewicht zulegen. Finden sie im Frühjahr wenig Nahrung in den aufgeräumten Gärten, zögert sich ihre Fortpflanzungszeit hinaus. Nicht so sehr bei den Männchen, die außer der Suche nach Weibchen nichts weiter zu leisten haben als die Paarung an sich.

Die Männchen stoßen ein Weibchen, das sie gefunden und für grundsätzlich paarungsbereit befunden haben, unter merkwürdig grunzenden Lauten immer wieder an, bis sich die in diesem Fall unüberwindbar stachelige Sprödigkeit buchstäblich legt, indem sie ihre Stacheln anlegt und sich die Igelin besteigen lässt. Geschieht dies im Juni, können die Jungen frühestens drei Monate später hinreichend selbstständig sein, also im September. Die Funde überfahrener Jungigel weisen auf diese relativ späte Fortpflanzung hin. Verschiebt sie sich noch um ein paar Wochen, geraten die Jungen in die Zeit zunehmender Verknappung der Nahrung im Herbst. Dann reicht ihr Körpergewicht meist nicht, um in den Winterschlaf zu gehen. Sie suchen und suchen umher, sichtlich zu klein, und gehen zugrunde, wenn sie nicht in Aufzuchtstationen aufgenommen werden. Der Winterschlaf setzt in Mitteleuropa je nach klimatischer Lage im Oktober oder Anfang November ein und dauert bis März/April. Dabei handelt es sich nicht etwa um ein »Schlafen«, sondern um eine starke Absenkung der Körpertemperatur bis auf wenige Grad über null. Winterschlafende Igel sind kalt und steif, als wären sie tot. Doch bleiben die inneren Vorgänge intakt, wenn auch auf sehr niedrigem Niveau. Der Herzschlag verlangsamt sich stark, ebenso wie das Atmen, bis fast zur Unmerklichkeit. Sinkt die Körpertemperatur weiter, weil es draußen sehr kalt ist, wird im nötigen Umfang durch Verbrennung von Fett nachgeheizt, was ähnlich regulierend wirkt wie der Thermostat in einem Kühlschrank. Zwischendurch wacht der Igel gelegentlich auf, insbesondere in Phasen milder Winterwitterung, und fährt den Stoffwechsel kurz hoch. Dann geht es wieder zurück in diese Hibernation, den echten, auf Sparflamme heruntergeregelten Winterschlaf.

Dass dafür ein Mindestgewicht notwendig ist, liegt auf der Hand. Zu kleine Igel verfügen nicht über die nötigen Reserven, und ihre Oberfläche ist im Verhältnis zur Körpermasse größer als bei großen Igeln, wodurch sie schneller Körperwärme verlieren. Ein schlechter, nicht genügend gegen Kälte isolierender Überwinterungsplatz kann aber auch großen Igeln zum Verhängnis werden. Ein kleiner Laubhaufen etwa reicht nicht aus. Daher liegt es tatsächlich ganz entscheidend am Zustand der Gärten, ob der wichtigste Lebensraum der Igel ihnen weiterhin das Überleben sichert. Dafür Sorge zu tragen, richtet sich nicht allein an die privaten Gartenbesitzer. Gefordert sind insbesondere auch die Stadtgartenverwaltungen, die viel zu viel aufräumen und entsorgen. Mit übermäßiger Gründlichkeit vermeiden sie es, den Eindruck zu erwecken, dass sie mit »Unordnung« schlechte Arbeit leisten. Doch Sauberkeit ist keineswegs immer auch »gut«.

Igel sind keine Streicheltiere, aber trotz ihrer Stacheln reizend genug, um Kinder zu erfreuen. Ein »Abendgespräch« mit einem Igel, der, weil menschenvertraut geworden, zum Hunde- oder Katzenfutter auf die Terrasse kommt, tut auch manchem Erwachsenen gut. Vielleicht führt es hin zu der Einsicht, dass der Garten mit weniger Aufräumaufwand deutlich natürlicher gestaltet werden könnte. Am besten ganz ohne Gift und mit »natürlicher Unordnung«. Wer Bedenken im Hinblick auf die Meinung der Nachbarn hat, kann mit einem Schild aufklären: »In diesem Garten leben Igel.«

*Soricidae*

# SPITZMÄUSE

Von den acht verschiedenen Arten der Spitzmäuse, die bei uns vorkommen, sehen wir wenig. Allenfalls bringt die Katze mal eine mit – und erwartet Lob, obgleich sie selbst nicht daran denkt, so etwas Stinkendes zu verzehren. Spitzmäuse verfügen über Drüsen, die ein Sekret absondern, das sie zu Mini-Stinktieren macht. Zumindest für verwöhnte Katzen, die sich ohnehin am Futter häufig zuerst symbolisch abschütteln. Bei Spitzmäusen ist ihre Zurückhaltung durchaus angebracht, denn ihr Biss kann sogar etwas giftig wirken. Dass diese bei ihrem so mäusischen Aussehen mit dem Igel weit näher verwandt sind, sehen wir an ihrem Gebiss. In Aufbau und Zahnform ähnelt es Igel und Maulwurf, aber überhaupt nicht dem einer Maus. Die äußerliche Ähnlichkeit täuscht nicht selten Verwandtschaft vor. Doch Spitzmäuse stehen sogar den Fledermäusen verwandtschaftlich näher als den echten Mäusen. Die Katze stellt dies offenbar erst nach erfolgreicher Jagd fest, wenn sie ihre Beute genauer inspiziert. Bringt sie eine Spitzmaus ins Haus, könnte dies ihre stumme Frage ausdrücken, was nun damit zu tun sei. Für uns Menschen: Gebiss und Zähne betrachten, zum Beispiel. Lebendig wäre keine Spitzmaus dazu bereit, uns Einblick in ihr zähnestarrendes Gebiss zu gewähren. Doch an diesem können wir unterscheiden, was für Spitzmäuse selbst sehr wichtig ist: Rotzahn oder Weißzahn. Daran erkennen wir die beiden Untergruppen, die Rotzahn- und die Weißzahnspitzmäuse. Eine seltsame Unterscheidung mit noch seltsamerem Grund: Die Weißzahnspitzmäuse sind hauptsächlich auf den Kontinenten der Südhalbkugel der Erde verbreitet, die Rotzahnspitzmäuse hingegen auf den Nordkontinenten. Die Rotfärbung verursachen eingelagerte Eisenverbindungen. Sie machen die Zahnkronen härter. Daher nutzen sie sich nicht so schnell ab, so dass die Rotzahnspitzmäuse etwas länger leben, sofern sie Glück haben und genug Nahrung finden. »Länger« kann Wochen oder einen Monat bedeuten, und das ist bei der Kurzlebigkeit von Spitzmäusen tatsächlich ein beträchtlicher Zeitgewinn. Davon gleich mehr.

Hat die Katze im Garten gejagt, ist es sehr wahrscheinlich, dass sie eine Weißzahnspitzmaus mitbringt. Denn diese bevorzugen die Nähe zum Menschen. Nicht wirklich unsere, sondern vielmehr die Strukturen und Lebensbedingungen, die sie in der Menschenwelt vorfinden. Die Rotzahnspitzmäuse halten sich mehr in bewaldetem Gelände auf. Eine häufige Art ihrer Gruppe heißt bezeichnend Waldspitzmaus. Umgekehrt weisen die Benennungen wie Feldspitzmaus, Gartenspitzmaus und Hausspitzmaus auf die zunehmende Annäherung der Weißzahnspitzmäuse an die Menschenwelt hin. Sie sind »Synanthropen« geworden – oder zumindest auf dem Weg dazu. Berechtigte Nachfrage: Was bieten wir den kleinen Stinkern, wenn wir sie gar nicht wollen? Und sie nicht einmal die Katze mag, außer zum Üben und Spielen?

Ein irgendwie irritierender Befund vorweg: Spitzmäuse leben noch hektischer als wir Menschen. Das zeigt zum Beispiel die Tatsache, dass ihr Umsatz an Energie Tag für Tag, die Nächte mit eingeschlossen, in denen sie es sich gar nicht leisten können zu schlafen, pro Gramm Körpergewicht unseren ganz erheblich übertrifft. Wir müssten schon Autofahren und Heizungskosten mit einbeziehen, um auf spitzmäusisches Verbrauchsniveau zu kommen. Allerdings sind sie so winzig, dass es nicht raucht, wo sie gerade aktiv sind. Denn sie wiegen lediglich zwischen drei und 23 Gramm. Die kleinste Art, die bei uns vorkommt, ist die Zwergspitzmaus, die größte die Wasserspitzmaus. Zwischen beiden liegt mit zehn bis 15 Gramm das Gewicht der meisten Arten. Noch kleiner als die Zwergspitzmaus ist die in Italien vorkommende Etruskerspitzmaus. Dieser Winzling wiegt nur um die zwei Gramm und gilt als das kleinste bodenlebende Säugetier. Wir haben es also mit der Mini-Gruppe der Säugetiere zu tun. Ihr Zwergenleben hat Maxi-Folgen. Als echte Säugetiere mit hoher Körperinnentemperatur um die 40 Grad Celsius und einem denkbar ungünstigen Verhältnis von Körperoberfläche zu Körpermasse benötigen sie tagtäglich geradezu exorbitante Energiemengen. Den weitaus größten Teil verschlingt die innere Heizung. Denn einmal ausgewachsen, was recht schnell geht, nehmen sie nicht mehr zu an Größe und Gewicht. Sie futtern sich keinen Winterspeck an, von dem sie über schlechte Zeiten und Kälte hinwegkommen könnten. Das geht deshalb nicht, weil Fett ihre Beweglichkeit beeinträchtigen würde. Bei Spitzmäusen heißt es, so könnte man den Antrieb aus ihrem Innern nennen, weiter, weiter, weiter … und fressen, fressen, fressen … Das halbe Körpergewicht oder mehr pro Tag.

Die fünf bis zehn Gramm Insekten oder Regenwürmer, die sie brauchen, sind jedoch keineswegs leicht zu sammeln. Wer das versucht, wird feststellen, wie wenig das Kleinzeug wiegt und wie selten man tagsüber im Freien einen großen Regenwurm sieht. Für ein Spitzmausleben sind sie und andere Würmer eminent wichtig. Sie stöbern nach ihnen in Laub und Gestrüpp, im lockeren Boden und in allen Ecken und Winkeln, an denen sie vorbeikommen. Ihre verlängerte, etwas rüsselartig wirkende Schnauze spürt mit Geruch- und Tastsinn nach Fressbarem. Den langen Tastborsten kommt dabei eine besondere Rolle zu, denn in der Enge, in der Spitzmäuse am Boden herumsuchen, hilft das Sehen wenig. Ertasten ist besser. Es lenkt den Tötungsbiss. Dieser muss so schnell erfolgen, wie die Beute entdeckt ist, damit sie sich nicht in den Boden zurückziehen oder davonspringen kann. Nicht überraschend sind Winter und Frühjahr die kritischen Zeiten für die Spitzmäuse, weil da die noch auffindbare Nahrung sehr knapp ist. Im Herbst gibt es normalerweise reichlich aus der Fülle des Sommers. Im Winter dagegen, insbesondere im Spätwinter, kann es geschehen, dass eine hungrige Spitzmaus sogar auf dem Schnee herumirrt. Die Spitzmausbestände schrumpfen in dieser Zeit der Nahrungsknappheit drastisch. Die Spitzmäuse selbst auch. Für Rotzahnspitzmäuse ist nachgewiesen, dass sie sich in der kritischen Winterzeit gleichsam selbst zum Teil aufessen. Ihre inneren Organe schrumpfen, das Gehirn auch und sogar das Skelett. Das Körpergewicht kann dabei auf etwa die Hälfte sinken. Die Minderung verringert den Nahrungsbedarf, bis die Abnahme im Frühjahr rasch wieder ausgeglichen wird. Die buchstäblich ausgehungerten Spitzmäuse fressen und fressen alles, was in sie hineingeht. In ihrem so hektischen Leben steht nun zudem die Vermehrung an. Diese verläuft so schnell, dass ihr Ergebnis mit Kindern und Kindeskindern zum Jahresende manche »normale Maus« auf die Plätze verweisen würde. Denn kaum sind die Weibchen im Frühjahr wieder einigermaßen bei Kräften, was bedeutet, dass sie ein oder zwei Gramm über Normalgewicht zugenommen haben, paaren sie sich und bekommen Junge. Und das nicht wenige. Bis zu zehn Winzlinge können es pro Wurf sein. Geburtsgewicht: ein halbes Gramm pro Spitzmäuschen, drei- bis viermal im Jahr. Ein Dutzend überlebender Weibchen bringt in einem örtlichen Spitzmausbestand, in einem größeren Garten zum Beispiel, aber insgesamt nicht etwa nur 60 Junge zur Welt, wenn wir eine mittlere Jungenzahl von fünf pro Wurf rechnen, sondern viel mehr. Denn die Jungen der ersten Würfe können sich nämlich bereits im selben Jahr auch vermehren, wenn sie nach etwa 40 Tagen selbstständig geworden sind. Rein rechnerisch würde somit jeder kleine Bestand an Spitzmäusen in einem Jahr geradezu explodieren.

Das geschieht natürlich nicht. Natürlich deshalb, weil natürliche Faktoren eine immense Sterblichkeit unter den Jungtieren verursachen. Am bedeutendsten ist auch hier wieder die Nahrungsknappheit. Die Spitzmausmutter, die ihre Kleinen zu säugen hat, braucht täglich mindestens ihr eigenes Körpergewicht als Nahrung und bis zu einem Viertel mehr. Erzielt sie dies bei ihrer rastlosen Suche nicht, sterben die Jungen und ihre Investition war vergeblich. Natürliche Feinde und Krankheiten wirken genauso dezimierend. Die extrem starke Vermehrungsrate muss die hohe Verlustrate kompensieren. Nur dann kommen die Spitzmäuse von Jahr zu Jahr über die Runden. Sollte einmal eine zwei Jahre alt geworden sein, würde sie Hundertjährigen in der Menschenwelt entsprechen. Wer stets im Überturbostil lebt, hält dies nur ganz kurze Zeit durch.

In der Nahrungswahl der Spitzmäuse kommt ein weiterer Aspekt ihres Lebensstils zum Ausdruck: Spitzmäuse müssen nicht nur sehr viel fressen, nahezu beständig und ohne größere Pausen, sondern auch sehr gehaltvolle Nahrung wählen. Wurzeln oder gar Gras taugen für sie überhaupt nicht. Regenwürmer und am Boden lebende Insekten sind deshalb günstig, weil sie sehr reich an Proteinen und, im Fall von Insekten, auch fetthaltig sind. Fett liefert pro Gramm am meisten Energie und dies »rückstandsfrei«. Im Stoffwechsel des Körpers wird es zu Kohlendioxid und

Wasser verbrannt. Nicht so die Eiweißstoffe, die Proteine. Bei ihrer Verwertung im Stoffwechsel entstehen Rückstände, die im günstigsten Fall bloß stinken, aber auch zur Selbstvergiftung führen können, wenn die Entsorgung aus dem Körper nicht wirkungsvoll genug geschieht. Der extreme Proteingehalt der Spitzmausnahrung bringt es mit sich, dass sie stinken und die besonders problematischen, weil eiweißhaltigen Abfallstoffe in Stinkdrüsen sammeln. Verzehren sehr hungrige Katzen doch mal eine Spitzmaus, so versuchen sie so viel wie möglich von den Stinkdrüsen und vom Fell zu meiden. Wahrscheinlich können sie irgendwie erkennen, wie hoch die Drüsendepots mit Stinksubstanz gefüllt sind. Jedenfalls wirken die natürlichen Feinde weit weniger stark auf die Bestände von Spitzmäusen und ihre Häufigkeitsdynamik ein als bei den echten Mäusen. Zwischen diesen und den Spitzmäusen liegen tatsächlich kleine Welten.

Die Kleinheit der Spitzmäuse erfordert enorm viel Energie. Größer zu werden, schiene eigentlich günstiger. Doch mit der Größenzunahme nimmt zwar der Bedarf pro Gramm Körpergewicht ab, dafür steigt aber die absolute Menge pro Tag. Größere Tiere brauchen einfach mehr Nahrung. Dieses Prinzip kommt sogar innerhalb der bei uns lebenden Spitzmausarten zum Ausdruck. Die größte Art ist die Wasserspitzmaus *Neomys fodiens*. Sie wird bis zu 23 Gramm schwer und damit etwa fünf Gramm schwerer als die anderen Spitzmausarten, was in ihrer Größenordnung ein nicht kleiner Unterschied ist. Erklären lässt er sich aus der Nahrungswahl. Wasserspitzmäuse leben an Kleingewässern wie Tümpeln und Bächen. Dank verlängerter Borsten an den Hinterbeinen und einem kielartigen Borstensaum am Schwanz können sie gut schwimmen und tauchen. Ihr Fell ist so dicht, dass bei den ohnehin nicht sehr tief ins Wasser hinabreichenden Tauchgängen die Luft nicht herausgepresst wird. So isoliert es ganz gut gegen das kalte Wasser, in dem die Wasserspitzmäuse kleine Fische, Wasserinsekten und Schnecken jagen. Solche Nahrung gibt es auch im Winter, und die Beute ist da temperaturbedingt sogar langsamer als im Sommer, so dass die Wasserspitzmäuse mit dieser ihrer Spezialanpassung besser durch den Engpass Winter kommen als die an Land lebenden Verwandten. Ihr geografisches Verbreitungsgebiet ist enorm. Es deckt fast ganz Europa ab und reicht ostwärts bis zum Baikalsee im zentralen Südsibirien. Besser kann der Erfolg einer so kleinen Säugetierart kaum zum Ausdruck kommen.

Übrigens gibt es auch bei den Spitzmäusen ein Artenpaar, das dem Ost- und dem Westigel vergleichbar ist und ebenfalls ein Ergebnis der eiszeitlichen Trennung und nacheiszeitlichen Wiederausbreitung sein dürfte: die Waldspitzmaus *Sorex araneus*, deren Areal von Osten her bis fast an den Rhein reicht, und die westliche, »französische« Schabrackenspitzmaus *Sorex coronatus* mit Vorkommen im Rheinland und in Hessen, die bis nach Thüringen hinüberreichen, wie wir aus Eulengewöllen wissen. Wie überhaupt Eulen sehr gute Datensammler zur Verbreitung und Häufigkeit von Spitzmäusen und anderen Kleinsäugern sind. Weniger wählerisch als die Katze, hinterlassen sie die Schädel in ihren Gewöllen, sogar schon sauber gereinigt und wie zum Bestimmen vorbereitet. Es ist sehr reizvoll nachzusehen, was darin enthalten ist. Den kleinen Säugetieren, die sich so versteckt halten, muss man auf indirekte Weise auf die Spur kommen.

*Mus musculus*
# HAUSMAUS

Die Spitzmäuse rückten von der Flur her über den Garten bis ans Haus vor. Gelegentlich gelangen sie in Keller, häufiger in Scheunen und Gartenhäuschen. Richtige Hausbewohner werden sie nicht. Selbst ein an Schaben und Wanzen reiches Gebäude, wie es sie in früheren Zeiten durchaus gegeben hat, böte ihnen nicht genug zum Leben. Wir horten einfach keine Regenwürmer und schmackhaften Insekten, noch dazu lebendige. Mit Getreide, Brot, Speck und Wurst sieht es anders aus. Vor der Erfindung der Supermärkte waren die Speisekammern voll davon oder sollten es sein, weil man nicht einfach alles gerade dann holen konnte, wann man es benötigte. Beim Einkauf am Markt hatte man die ganze nächste Woche im Blick – mindestens. Wurde geschlachtet, hatten Fleisch und Wurst monatelang, vor allem den Winter über, vorzuhalten. Auch Obst wurde im Herbst eingelagert. Gut gefüllte Keller und Speisekammern gehörten zum ordentlichen Haushalt. Auch und gerade in Zeiten von Not und Krieg. Vorräte erwecken aber auch anderswo Begehrlichkeiten, noch dazu, wenn sie so unwiderstehliche Düfte verströmen wie Speck

und Wurst, Brot und Käse. Die Menschen hatten mit Vorratskammern und Getreidespeichern etwas ganz Neues, noch nie
Dagewesenes geschaffen. Und die Ersten, die darauf reagierten,
waren Mäuse.

Mäuse des Urtyps gewissermaßen waren es, die sich heran-
wagten: Nagetiere. Der Körper etwa zehn Zentimeter lang, der
Schwanz ähnlich lang und unbehaart, und je nach Ernährungszustand mit einem Gewicht von zehn bis 30 Gramm. Fellfarbe:
mausgrau. Mäusisch waren sie auch in jeder sonstigen Hinsicht,
was mit einschließt, dass sie gut klettern, notfalls ein Stück
schwimmen und über Spalten springen können, stets neugierig
und sehr fruchtbar sind. Mäuse vermehren sich schneller als die
dafür sprichwörtlich gewordenen Kaninchen. Mit ihren großen
dunklen Augen sehen sie sehr herzig aus, sofern sie jemals die
Chance bekommen, tiefere Blicke mit uns zu tauschen. Das pas-
siert selten, denn direkte Zusammentreffen geschehen meist
»post mortem« – der Maus. Die tote Maus in der Mausefalle kann
dann ihren mäusischen Charme nicht mehr ausstrahlen. Die lebendige, die die Katze zum Spielen mitbringt, auch nicht. Verständlicherweise. Weiße Mäuse gibt es inzwischen jede Menge,
auch zum Kaufen in Zoohandlungen, aber diesen Mutanten fehlt
das Besondere einer richtig natürlichen Maus. Menschenvertraut
zahm geworden, sich noch schnell ganz intensiv das Gesicht put-
zend, bevor man sie vorführt, wird eine Maus zum gesellschaft-
lichen Joker. Oder zum Auslöser einer kurzen, heftigen Angstpsy-
chose. Wie zum Beispiel als sie dem an sich sehr braven Schüler
aus der Hosentasche sprang, weil die Lehrerin verlangt hatte, die
Hand herauszunehmen. Als ausgeprägter Rechtshänder benötigte er die linke Hand im Unterricht nicht, wohl aber hatte die
Maus diese nötig, weil sie sich darin zusammengekuschelt sehr
wohlfühlte. Der Schrecken war zu groß für die kleine Maus, als

sich ihr die warme, so vertraute Hand plötzlich entzog. Blitzartig entwich sie und flitzte auf die nichts ahnende Lehrerin zu. Diese war der Lage nicht gewachsen und floh, der Schuldirektor bezog nachher zum Glück das zoologische Interesse in die Betrachtung mit ein, so dass die prospektive Karriere des Schülers keinen jähen Knick bekam.

Es war keine Haus-, sondern eine Gelbhalsmaus *Apodemus flavicollis*, eine sehr nahe Verwandte der Waldmaus *Apodemus sylvaticus*, die diesem Schrecken ausgesetzt war, bis sie wieder zurück in die Hosentasche durfte, nachdem die Lehrerin geflüchtet war. Der Fall hat einen tiefer gehenden Hintergrund, gefasst im Märchen von der Stadtmaus und der Landmaus. Deshalb ist er hier an der richtigen Stelle. Denn die Hausmaus lebt schon so lange bei den Menschen, dass sie nicht mehr einfach in eine Lebendfalle schlüpft, weil diese ein Stückchen Erdnussbutter enthält. Das tat die unerfahrene »Landmaus«, im konkreten Fall die Gelbhalsmaus, die im Spätherbst von draußen gekommen und in die Falle gegangen war. Ihr fehlten die Erfahrungen, die Hunderte und Aberhunderte Generationen Hausmäuse während ihres Lebens bei den Menschen gemacht haben. Sie tapsen nicht in die erste Falle, die gestellt wird, auch dann nicht, wenn diese frühwissenschaftlichen Zwecken zu dienen hatte, nämlich eine Maus zu halten, die zahm ist und sich beobachten lässt. Und vielleicht zahm bleibt, wenn man sie nach einiger Zeit wieder normal frei leben lässt. Dass dies nicht klappte, lag an der Katze, die im Haus nicht nur schlief, wie sich herausstellte. Aber auch dies gehört zur Parabel von der Stadt- und der Landmaus.

Hausmäuse sind rar geworden in unserer Zeit. Es wird kaum noch etwas in Speisekammern so aufbewahrt, dass Mäuse mit ihrer Findigkeit hinzukommen könnten. Für die echte Hausmaus, die Haus-Hausmaus, um es präzise auszudrücken, wissenschaftlich so schön *Mus musculus domesticus* genannt, sind die Zeiten hart geworden. Es wird nicht mehr gespeichert für sie wie einst in den fernen Anfängen ihrer Lebensgemeinschaft mit dem Menschen. Damals mussten aus Sicht der Mäuse die Speicher und Vorratskammern wie für sie geschaffen wirken. Der erste schwere Rückschlag kam für sie mit jenem Untier, dessen Augen nachts leuchten und deren Pfoten brutale Krallen ausfahren. Die Vergesellschaftung der Katze mit dem Menschen verkomplizierte das Leben der Hausmäuse beträchtlich. Denn bei anwesender Katze nützte es den Mäusen nichts mehr, nachts aktiv zu sein, wenn die Menschen schliefen. Im Gegenteil: Die Nacht wurde viel gefährlicher. Den Menschen am Tag zu entwischen und im Mauseloch zu verschwinden, ist eine Kleinigkeit verglichen mit dem Jagdgeschick der Katze. Die Hausmaus überlebte dennoch, indem sie extrem vorsichtig wurde. Natürliche Selektion schuf in wenigen Jahrhunderten eine Maus, die es vorher nicht gegeben hatte: Sie unterscheidet sich deutlich genug von ihrem östlichen Zwilling (wieder einer!), der *Mus musculus musculus*. Diese Maus lebt tatsächlich mehr im Freien, im Sommerhalbjahr zumindest, und ist weniger abhängig von den Menschen. Bei München trafen sie irgendwann einmal aufeinander, die Ostmaus und die Westmaus. Wie auch andernorts in Bayern und weiter nach Norden, etwa entlang der Elbe und nach Schleswig-Holstein, wo ihre interne Grenze am Meeresstrand endet. Südwärts von München geht es quer durch die Alpen zur Adria. Diese Grenze, eigentlich eine Kontaktzone, erwies sich als so stabil, dass sich die Mäuseforscher keinen Reim darauf machen konnten, wie es möglich ist, dass der eine Bauernhof bei München die West-Hausmaus, der andere die Ost-Hausmaus beherbergt, obwohl vor Ort bei den Menschen nichts gegen gutnachbarschaftliche Verhältnisse sprach. Wie ein grober Reißverschluss zieht die Hausmausgrenze durchs Land und beide Seiten müssen irgendwie gleich stark sein, die Linie zu halten. Erst ein Forscher der Universität von Kalifornien fand Gründe: West- und Ostmaus tragen unterschiedliche Parasiten in ihren Körpern. Wo sie zusammentreffen und sich paaren, entsteht eine zu große Parasitenbelastung. So findet permanent Gegenselektion statt, und die Grenze verändert sich kaum – außer, wenn die Höfe ganz mäusefrei werden, was nicht auszuschließen ist. Was dann geschieht, wird die Zukunft zeigen. Eine Gefahr für die Gesundheit sind die Mäuse längst nicht mehr, denn unsere Hygiene wirkte sich auch bei ihnen aus. Eher könnten Krankheitserreger aus dem Wald zu uns gelangen, zum Beispiel durch die an Waldrändern häufigen Rötelmäuse *Clethrionomys glareolus*. Sie sind Träger von Hanta-Viren und daher als ins Haus gebrachte Katzenbeute mit Skepsis zu betrachten. Aber auf Probleme dieser Art kommen wir im nächsten Kapitel über Ratten noch einmal zu sprechen.

Noch ist die Hausmaus keine bei uns vom Aussterben bedrohte Art, und global wird sie dies gewiss auch auf absehbare Zeit nicht sein. Sie folgte den Menschen mit Warentransporten über Land und per Schiff über Kontinente und Meere so erfolgreich wie kaum ein anderes Tier. Dabei waren die Mäuse gewiss nie erwünscht. Und doch schafften sie es, Begleiter der Menschen zu bleiben, wohin sich diese auch wandten. Schließlich begriffen manche Menschen, die sich genauer mit ihnen befassten, welch einzigartige Tiere sie da vor sich hatten. Zu Millionen und Abermillionen werden sie seither für Forschungszwecke gezüchtet, genetisch normiert und zur Aufrecherhaltung oder Wiedergewinnung unserer Gesundheit in Dienst genommen. Wir verdanken ihr viel, sehr viel, der kleinen Hausmaus. Zudem kam über sie die Katze als Haustier zu uns, denn Katz und Maus gehören zusammen. Für das Schwinden der Hausmausbestände bezahlen wir inzwischen viel Geld beim Einkauf von Katzenfutter.

*Rattus*
# RATTEN

Ratten und Mäuse trennen Welten in unserer Wahrnehmung. »Süßes Mäuschen« ist ein Kosewort, das nicht missverstanden wird, auch nicht, sollte der Zusatz »süß« fehlen. »Rättchen« kommt hingegen in unserem Sprachschatz offiziell nicht vor. Eine kleine Ratte ist auch eine Ratte und im Haus nicht weniger unerwünscht als eine große. Zwei verschiedene Arten von Ratten gab es bis in die jüngere Vergangenheit bei uns, doch eine von beiden ist seit einem halben Jahrhundert im Aussterben begriffen, die Hausratte *Rattus rattus.* Ihr wissenschaftlicher Name besagt mit der Verdopplung, dass sie *die* Ratte schlechthin ist. So wurde sie wahrgenommen, als sie vor über 250 Jahren zusammen mit allen anderen damals bekannten Tierarten vom Schweden Carl von Linné benannt wurde. Linné verdanken wir auch unseren übertrieben positiven Namen *Homo sapiens,* der sich daraus erklärt, dass Linné aus einer Pastorenfamilie kam und an das

Gute im Menschen glaubte, das sich durchsetzen würde dank seiner naturgegebenen Weisheit (»sapiens«). Nach Überstehen des Dreißigjährigen Krieges, an dem die Schweden heftig beteiligt waren, war diese Hoffnung verständlich und irgendwie geboten.

Diese kleine Abschweifung hat einen guten Grund: Für Ratten sind Kriegszeiten stets gute Zeiten und Seuchenzeiten sogar die besten. Davon gab es in der europäischen Geschichte seit den guten Jahren des warmen Hochmittelalters einige ganz verheerende. 1342 begann die Seuchenzeit mit der Großen Pest. Sie raffte rund ein Drittel der mittel- und westeuropäischen Bevölkerung dahin. Auf die gegenwärtigen Verhältnisse und die Corona-Pandemie bezogen würde dies etwa hundert Millionen Tote bedeuten. Also eine noch ungleich größere Katastrophe; die größte tatsächlich, die Europa in den letzten tausend Jahren heimgesucht hat. Weitere Pestwellen folgten. Überwunden sind sie erst, seit Louis Pasteur den Erreger, das Pestbakterium *Yersinia pestis*, erkannte und antibiotisch wirkende Mittel dagegen entwickelt worden sind. Seitdem hat die Pest mit ihren beiden Formen, der Beulen- und der besonders ansteckenden Lungenpest, ihren Schrecken verloren. Da sie von einem Bakterium ausgelöst wird, entzieht sie sich der chemischen Bekämpfung nicht zu schnell wieder, wie es bei Viren geschieht. Global ausgerottet ist die Pest dennoch nicht. Der Grund schließt, wie ein Blick auf den Ursprung der Großen Pest zeigt, den Bogen zu den Ratten und ihrer Verwandtschaft.

Die erste große Welle der Pest von 1342 erreichte Europa nämlich per Schiff vom Schwarzen Meer her, wahrscheinlich aus dem Hafen Odessa. Von dort wurde Getreide für Westeuropa verschifft, das aufgrund von sehr ungünstiger Witterung Missernten erlitten hatte. Die Pesterreger leben dauerhaft (endemisch) in verschiedenen Nagetieren der zentralasiatischen Steppen. Hauptüberträger waren aller Wahrscheinlichkeit nach Ratten, die in den Schwarzmeerhäfen mit den Ladungen auf die Schiffe gelangten. Schiffsratten gab es damals auf Schiffen fast aller Größen, so dass eine Schiffskatze stets auch zur Mannschaft gehörte. Diese Ratten hatten Flöhe. Und die Larven der Flöhe fanden auf den Schiffen beste Überlebensmöglichkeiten in den vielen Ritzen und Fugen, die von der beflissensten Mannschaft nicht sauber genug zu halten waren. Flohlarven leben von Abfall. Das ist meistens keine sonderlich ergiebige Kost, so dass die fertig entwickelten Flöhe, vor allem die Weibchen, ihren Bedarf an Proteinen durch Blutsaugen ergänzen müssen. Dabei übertragen sie die Pestbakterien, so sie mit solchen infiziert sind, weil *Yersinia pestis* in Ratten und anderen Nagetieren leben kann, ohne dass die befallenen Tiere erkranken. Und da Menschenflöhe wahrscheinlich auch Pestbakterien aufnehmen und mit dem Stich übertragen, reichten wenige mit Pest Infizierte, die in den Häfen ausstiegen, um die Seuche an Land zu tragen. Über das ägyptische Alexandria ging es mit ihr weiter nach Genua und zu anderen Häfen im westlichen Mittelmeer und schließlich die Atlantikküsten hinauf bis nach England und Skandinavien. Flöhe waren damals so normal, dass Sprüche wie »wen juckt's« nicht vulgär gewirkt hätten. Das schlechte Wetter in jener Vorphase der Kleinen Eiszeit, mit dem die Bevölkerung im 14. Jahrhundert zu kämpfen hatte, begünstigte die Ausbreitung der Pest wie später auch bei den Nachfolgewellen, die in die Hauptphase der Kleinen Eiszeit fielen. Diese brachte insbesondere im 17. und 18. Jahrhundert bitterkalte Winter, in denen Flüsse und Seen zufroren und die Menschen durch Hunger geschwächt waren. Gute Zeiten waren dies für Ratten.

Eine zweite, größere Rattenart breitete sich in dieser Kleinen Eiszeit in Europa aus und wurde beherrschend in der Rattenwelt:

die Wanderratte *Rattus norvegicus*. Ihren Artnamen trägt sie zu Unrecht, denn mit Norwegen hat sie wenig zu tun, außer dass sie, wie nach ganz Skandinavien, auch dorthin gelangte. Im Englischen wird treffender unterschieden zwischen der ursprünglichen »schwarzen Ratte« (black rat) und der »braunen« (brown rat). Im Deutschen heißen sie Haus- und Wanderratte, wobei letztere Bezeichnung auf ihre Neigung Bezug nimmt, über Land umherzuwandern und sich auszubreiten. Denn Wanderratten brauchen zum Leben nicht unbedingt Gebäude wie die Hausratte. Sie besiedeln Kanalisationen, unterirdische Räume wie Keller und Bergwerksschächte, Mülldeponien und die Ufer von Bächen und Flüssen, in die Abwässer eingeleitet werden. »Kanalratte« ist eine ebenso charakterisierende Bezeichnung inoffizieller Art wie »Dachratte« für die Hausratte. Denn diese mag und braucht es ziemlich warm und trocken, während die erheblich größere Wanderratte mit einem feuchtkalten Milieu zurechtkommt. Hausratten liegen uns in Lebensweise und Ortswahl daher näher als Wanderratten. Doch weil wir alles daransetzten, unsere Wohnungen rattenfrei zu halten, geriet sie im Verlauf des letzten halben Jahrhunderts an den Rand des Aussterbens. Bei uns, nicht global. Gegenwärtig gilt die Hausratte als eine in Deutschland vom Aussterben bedrohte Art. Sie kommt nur noch sporadisch vor, in größeren alten Speichern in Seehäfen zum Beispiel. Weltweit ist sie alles andere als gefährdet. Bei Urlaubsreisen in tropische und subtropische Gebiete stehen die Chancen gut, zu nächtlicher Stunde Ratten sogar in noblen Hotels zu erleben. Dabei handelt es sich so gut wie immer um Hausratten.

Die Hausratte stammt aus dem subtropisch-tropischen Asien. Bereits in historischer Zeit verbreitete sie sich mit den Menschen, insbesondere mit dem zunehmenden Schiffsverkehr. Ihrer Herkunft gemäß braucht sie es auch heute noch wärmer als die aus kälteren Regionen Ostasiens stammende Wanderratte. In Europa war diese ökologische Sonderung beider Arten von Ratten im 19. und frühen 20. Jahrhundert so wirksam, dass beide Arten nebeneinander, besser übereinander, existieren konnten. Das änderte sich mit zunehmender Hygiene in den Wohnungen und vor allem mit der ratten- und mäusesicheren Verwahrung von Lebensmitteln. Als diese sowie das noch unverarbeitete Getreide nicht mehr in Speisekammern und Speichern aufbewahrt wurden, setzte der Niedergang der Hausratten durch Nahrungsverknappung ein. Die verbreitete Ansicht, die neu ins Land gekommene Wanderratte hätte die Hausratte verdrängt, mag für lokale Verhältnisse zutreffen, insgesamt war das aber sehr wahrscheinlich nicht der Grund für ihren Rückgang. Denn parallel zur Abnahme der Hausrattenbestände verlief der Niedergang der Hausmäuse, wie schon festgestellt, aus den gleichen Gründen. Die intensiv mit Gift und Fallen bekämpften und zudem im Freien von Katzen und Mardern gejagten Wanderratten hingegen gediehen dank der enormen Zunahme von unverwertet entsorgten Essensresten. Nachdem gut funktionierende Kanalisationen entwickelt und die allgemeine Müllabfuhr eingeführt war, servierten die Überfluss- und Wegwerfgesellschaften den Wanderratten paradiesische Zeiten in unterirdischen Kanälen und auf den Müllhalden. Auch die Rattenbekämpfer bekamen mehr zu tun. Denn alle ihre Erfolge währten stets nur eine gewisse Zeit, dann füllten die cleveren und immer vorsichtiger werdenden Ratten mit hohen Fortpflanzungserfolgen auf, was die Bekämpfer den Beständen an Verlusten zugefügt hatten. Dauerbeschäftigung war also garantiert, solange die häuslichen Abfälle auf offenen Müllhalden zugänglich waren und Nahrungsreste in die Kanalisation entsorgt wurden.

Um welche Mengen es sich dabei »dank« der spottbillig gewordenen Lebensmittel handelt, machen sich die wenigsten Menschen bewusst, wenn sie nach dem Mindesthaltbarkeitsdatum auf den im Supermarkt eingekauften Produkten schauen oder einfach wegspülen, was vom Essen übrig blieb: mehr als ein Drittel bis fast die Hälfte! Eine skandalöse Verschwendung. Positives abgewinnen können dieser nur die Ratten. Die für die Städte und Kommunen zwar nur grob zu schätzenden Rattenbestände halten uns mit ihrer Größe und ihrer Widerstandskraft gegen die Bekämpfungsmaßnahmen das Ausmaß der Verschwendung von Nahrungsmitteln in beschämender Deutlichkeit vor Augen: Auf jeden Menschen kommen zwei Ratten – mindestens. Unsere Gesellschaft ist zum Rattenhalter en gros geworden. Die zwei Ratten pro Mensch drücken nicht einmal zutreffend genug aus, wie die Verhältnisse tatsächlich liegen, denn viele Ratten erleben gar kein ganzes Jahr. Die Dynamik der Rattengesellschaft ist groß. Vier- bis sechsmal im Jahr werfen die Weibchen sechs bis neun Junge. Nach drei Wochen Säugen werden sie schon mit sechs bis sieben Wochen selbstständig und nach gut drei Monaten fortpflanzungsfähig.

Wanderratten bilden Verbände von Großfamilien, die man als Clans bezeichnen kann. Diese konkurrieren mit anderen Rattenclans und bekämpfen einander, wenn die Fremden in das eigene Territorium eindringen. Die Abläufe ähneln dem Verhalten von Menschengruppen sosehr, dass sich kaum vermeiden lässt, entsprechende »menschliche« Ausdrücke zu verwenden. Nachdenklich stimmen sollte uns das Rattenverhalten zumindest. Der Gruppenzusammenhalt hilft natürlich auch bei der Verteidigung gegen Feinde. Wanderraten springen, wenn sie in Bedrängnis geraten, sogar Menschen an und können dann dank dieser überraschenden »Frechheit« entkommen. Wie sehr direkte Konfrontationen von Menschen und Ratten in früheren Zeiten eine Rolle spielten, zeigt die Zucht von speziell auf Rattenfang ausgerichteten Hunden (»Rattler«).

Wanderratten übertreffen mit einem halben Kilogramm Gewicht und mehr die Hausratten um rund das Doppelte. Ihr Fell ist in unterschiedlicher Tönung oberseits überwiegend braun, während die Hausratten ziemlich einheitlich dunkelgrau bis schwärzlich sind. Beide tragen in rattentypischer Weise einen bis auf wenige Borsten nackten, knapp körperlangen Schwanz. Aus noch weitgehend ungeklärten Gründen geschah es gelegentlich zu Zeiten, in denen Hausratten häufig waren, dass sich mehrere, bis zu 32 konnten es sein, mit ihren Schwänzen regelrecht verknoteten und einen Rattenkreis bildeten, der »Rattenkönig« genannt wurde. Derartige Absonderlichkeiten sind wohl keine Erfindung, sondern es gab sie wirklich. Ein solcher »Rattenkönig« ist auf das Jahr 1784 datiert und im sehr gehaltvollen Säugetierbuch von Martin Görner und Hans Hackethal von 1987 als Zeichnung wiedergegeben.

Ratten spielen eine große Rolle in der Forschung; nicht nur vergleichbar den Abkömmlingen der Hausmaus in der medizinischen, sondern auch in der wissenschaftlichen Grundlagenforschung. Neuere Befunde belegen, dass Ratten zu Empathie fähig sind, wenn sie sehen, wie ein Angehöriger aus demselben Clan leidet. Sie sind sogar bereit, diesem Futter zu geben und selbst darauf zu verzichten. An Ratten ist die Wirkung von Hormonen und ihrer Folgen auf Aggressionen und soziales Verhalten beim Menschen erforscht worden. Die Annahme, dass eine größere Menge vom männlichen Sexualhormon Testosteron aggressiver macht, musste dank der Ratten korrigiert werden: Das geschieht bei solchen Menschen, die schon vor Erhöhung des Testosteronspiegels eine hohe Aggressionsbereitschaft hatten. Dann wird sie erhöht, nicht aber, wenn friedliches, prosoziales Verhalten die Basis gebildet hatte. In diesem Fall verstärkt Testosteron auch dieses. Die Auswirkungen dieser neuen Befunde reichen hinein bis in Strafprozesse und können die Urteile mit beeinflussen.

Ratten sind für viele Forschungen das Standard-Tiermodell. Ratten bei ihrem Leben im Freien zu beobachten, kann reizvoll sein, falls ein dafür passendes Gelände vorhanden ist. Da sie sehr ausgeprägt dämmerungs- und nachtaktiv sind, erfordern Rattenstudien jedoch gewisse technische Voraussetzungen, wie zum Beispiel Nachtsichtgeräte. Dass Rattenbeobachter günstigstenfalls bei anderen Menschen Stirnrunzeln auslösen, ist irgendwie nachzuvollziehen. Die örtliche Polizeidienststelle sollte in jedem Fall vorab informiert sein, um nicht allzu viele Blaulichteinsätze auszulösen. Mit ähnlichen Schwierigkeiten hatte sich in den 1980er-Jahren in München ein Igelforscher auseinanderzusetzen: Immer wieder wurde die Polizei gerufen, obwohl die Besitzer der Gärten, in denen er hinter Igeln her war, Bescheid wussten. Es waren wohlmeinende fremde Passanten, die nichts ahnend Alarm schlugen. Bei Freilandforschungen an Ratten kommt noch erschwerend hinzu, dass die hohen Sympathiewerte fehlen, die Igel genießen, was die Kooperation mit der Polizei nicht unbedingt einfacher macht.

*Sciurus vulgaris*
# EICHHÖRNCHEN

Sympathiewerte erster Güte genießen die Eichhörnchen. Sie sind zwar auch Nagetiere wie die ähnlich großen Ratten, aber diese zoologische Gegebenheit wirkt sich bei einer Begegnung mit ihnen auf die Empfindungen der meisten Menschen nicht aus: Dieses Köpfchen mit den großen dunklen Augen, die Öhrchen mit den frechen Haarbüscheln darauf, dazu der buschige Schwanz, den es über den Rücken bis zum Kopf hochdrehen kann. Und dann nimmt es auch noch die Nuss in die Händchen und knabbert daran – zum Hinschmelzen beim Zuschauen. Eichhörnchen besitzen so ziemlich alles, was uns an Tieren positiv anspricht. Zudem sind sie klein, kindlich-niedlich und wirken daher schutzbedürftig. Ihre flinken Bewegungen sehen spielerisch aus, aber nicht übertrieben, sondern einfach flott. Offenbar beobachten sie uns auch, um festzustellen, wer ihr Vertrauen verdient. Mit kaum zu täuschender Sicherheit unterscheiden sie die wenigen Menschen, die ihnen nicht wohlgesonnen sind, vom großen Rest der »Guten«. Sie sind also auch noch klug. Mehr Herzigkeit geht nicht.

Kein Wunder, dass sich Eichhörnchen in den Städten nicht nur viel vertrauter den Menschen gegenüber verhalten, sondern tatsächlich auch in weit größerer Häufigkeit vorkommen als im Wald, ihrem angestammten Lebensraum. Es geht ihnen in jeder Hinsicht besser in der Stadt. Sie bekommen Futter von den Menschen, erstklassiges sogar, was die Genießbarkeit der Nüsse betrifft, und exotische Erdnüsse gibt es noch dazu, die hervorragend schmecken. Sie finden Höhlen in alten Bäumen, die in der Stadt weiter existieren dürfen, während man sie draußen in den Wäldern bis auf (zu) wenige »Biotopbäume« entfernt. Überhaupt sind Stadtbäume aus Eichhörnchensicht viel besser, weil natürlicher entwickelt als die in Reih und Glied gepflanzten und im für Bäume jugendlichen Alter bereits wieder geernteten im Forst. Daher fruchten sie in der Stadt häufiger und stärker, entwickeln weit seitlich ausladende Äste, auf denen man als Eichhörnchen herumflitzen kann, und im knorrigen Geäst halten die Nester, die Eichhörnchen bauen, erheblich besser, wenn der Sturmwind durch die Kronen fegt. Fruchten Buchen und Eichen mal nicht so gut, hat man immer noch die Menschen zum Anbetteln. Die erkennen die Eichhörnchennot sogleich und sind bereit, sie zu lindern. Notfalls muss man dazu zwar eine Hauswand hochklettern, um auf den Balkon im dritten Stock zu gelangen, aber das ist für ein tüchtiges Eichhörnchen keine unlösbare Herausforderung. Wir sehen es mit Vergnügen, wie geschickt sie »zum Frühstück« auf den Balkon kommen. Und noch verblüffender wieder hinunter mit einer Nuss zwischen den Nagezähnen, die dann, unter gebührender Vorsicht, ob Krähen oder gar andere Eichhörnchen zusehen, im Vorgarten versteckt wird. Von Kindern, die sie offenbar als solche erkennen und von Erwachsenen unterscheiden, nehmen sie in fast höflicher Weise entgegen, was ihnen entgegengestreckt wird. Bisse sind nicht zu befürchten, obwohl Eichhörnchen sehr fest zubeißen können. Wie sonst kämen sie durch die harte Schale einer Walnuss zum Kern.

Unsere Eichhörnchen wiegen ähnlich viel wie eine Ratte. Eher ist diese etwas schwerer. Dennoch wird man die Hörnchen für größer halten. Das liegt am Schwanz, der mehr vortäuscht als das, was tatsächlich im Körper steckt. Mit Zuckungen zeigt er an, dass das Hörnchen erregt ist. Oder er täuscht, wenn er auf der einen Baumseite noch hervorspitzt, so dass der angreifende Feind diese falsch wählt. Mit dem Schwanz decken sich die Eichhörnchen zu, wenn sie sich zum Schlafen zusammenrollen. Winterschlaf halten sie zwar keinen, ruhen aber viel im Winter, zumal während längerer Frostphasen. Das spart Energie. Allerdings bei Weitem nicht so viel wie beim echten Winterschlaf mit auf wenige Grad über null herabgesetzter Körpertemperatur. Einen solchen halten die den Eichhörnchen in gewisser Weise ähnlichen, jedoch viel kleineren Siebenschläfer und auch die weitaus größeren Murmeltiere. Also könnte man erwarten, dass sich Eichhörnchen mit Winterschlaf ebenfalls vor den Unbilden der Winterwitterung schützen. Jedoch schlugen die fernen Vorfahren der Eichhörnchen in den Jahrmillionen ihrer Entwicklung diesen Weg nicht ein. Wohl aber die mit ihnen näher verwandten »Erdhörnchen«, die Ziesel *Citellus citellus* der östlichen Steppen, deren Verbreitungsgebiet bis zum Neusiedler See im Osten Österreichs und ein wenig darüber hinaus nach Niederösterreich heranreicht. Aber den Zieseln in der Steppe steht von Natur aus etwas nicht zur Verfügung, was die Eichhörnchen speziell nutzen, um den Winter zu überstehen: Nüsse und Eicheln. In diesen steckt geballte Energie in Form von Fett und Öl, und zudem enthalten sie für ein Pflanzenprodukt beachtliche Mengen an Proteinen. Auf diese Nahrung sind die Eichhörnchen im Kern eingestellt – buchstäblich. Denn auch Fichten- und Kiefernzapfen enthalten Kerne, ihre Samen, deren Gehalt wir selbst sehr schätzen – besonders in Form von Pinienkernen. Solche Vorlieben bringen uns die Eichhörnchen nahe. Sogar in einer weiteren Weise, die ihnen aber recht negativ ausgelegt wird: Eichhörnchen schätzen Vogeleier. Da unsere diesbezüglichen Vorlieben bei Wachteleiern beginnen und bei Hühnereiern kulminieren, in unglaublichen Milliardenmengen, stufen wir unser Eieressen jedoch anders ein als das der Eichhörnchen, die sich, ihrer Größe gemäß, an Amseleiern gütlich tun. Als Plünderer von Vogelnestern hatte man die Eichhörnchen bis vor wenigen Jahrzehnten noch ziemlich heftig bekämpft. Aus Vogelschutzgründen, wie es hieß. Und auch um den Forst vor den gefräßigen Hörnchen zu schützen, weil sie mitunter süßsaftige junge Triebe von Fichten und etwas Rinde oben im Geäst fressen. Geschieht dies bei Eichen, fühlte sich manch traditionsbewusster Förster ins grüne Herz getroffen. Dabei ist der Grund fast immer ein bereits vorhandener Pilzbefall unter der Rinde der Eichenäste. Der Pilz trägt den komplizierten Namen *Vuilleminia comedens* und heißt umgangssprachlich ganz bezeichnend »Rindensprenger«. Aber wer schaut schon genauer hin, wenn oben in der Krone ein Eichhörnchen an einem Ast nagt?

Das Eichhörnchen galt sehr lange als Forstschädling. Es wurde geschossen, sehr gern sogar, und sicherlich weit mehr, als aus forstwirtschaftlicher Sicht zur »Schadensbegrenzung« angebracht erschien. Die Jäger ließen die Eichhörnchen »ausstopfen«. Mit

einer Nuss zwischen die händchenartigen Vorderpfoten ge-
klemmt, landeten die Präparate in Wirtsstuben oder Fluren, innerlich vergiftet und äußerlich rasch schäbiger werdend. Wie es
aussieht, haben die Eichhörnchen die lange intensive Verfolgung
bis heute nicht vergessen. Draußen im Forst misstrauen sie den
Menschen – allen, nicht nur den grün berockten. Sie sind scheu.
Sie lassen sich kaum beobachten. Und sie sind selten. Viel seltener als in der Stadt. Natürlich erinnern sich die heute im Wald
lebenden Eichhörnchen nicht an die vergangenen so bösen Zeiten. Sie werden unter günstigsten Umständen kaum jemals ein
Jahrzehnt alt. Was an ihnen geschah, war eine massive Selektion
auf Scheu. Die scheuesten überlebten und pflanzten sich fort.
Eichhörnchen, die auch nur einen zweiten Blick auf die Menschen zu werfen versuchten, traf die Ladung Schrot. Sie hatten
keine Chance, die vielen ihnen zugetanen Menschen von den wenigen, die sie zu töten trachteten, unterscheiden zu lernen. Deshalb dauert es so lange, bis nach Einstellung der Verfolgung die
gegenwärtig lebenden etwas vertrauter werden. Die Eichhörnchen
führen diese lange Nachwirkung geradezu exemplarisch vor: Das
Feindbild Mensch zu löschen und ein positives an seine Stelle zu
setzen, erfordert viele Generationen.

Und eine andere Bewirtschaftung der Forste, eine, die größere
Rücksicht auf das so vielfältige Leben im Wald nimmt, noch
dazu. In der Stadt hilft bereitwillig die Feuerwehr, wenn ein Eich-
hörnchennest in Gefahr geraten ist. Man versucht zu retten, was
gerettet werden kann. Mit großer Anteilnahme der Bevölkerung.
Im Forst fährt der gewaltige Holzernter in die Bestände hinein,
ohne dass unterschieden wird, ob auf dem Baum ein Eichhörn-
chennest gebaut oder ein Greifvogelhorst vorhanden ist. Nicht
einmal die Niststätten der so raren und europaweit geschützten
Schwarzstörche sind sicher. Für viele Arten, die im Wald leben,

böten die Eichhörnchen ein lehrreiches Vorbild, besser in die Stadt zu ziehen. Dort gilt für sie das edlere Prinzip »leben und leben lassen«.

Vieles gäbe es zu berichten über Eichhörnchen. Da sie sich mit ihrer Aktivität am Tage gut beobachten lassen, ist mehr über ihr Leben bekannt als über das anderer kleiner Säugetiere. So zum Beispiel, dass ihre Jugendentwicklung viel länger als bei der etwa gleich großen Wanderratte dauert. Die natürliche Lebenserwartung der Eichhörnchen steigert das beträchtlich; im Vergleich zur Ratte auf etwa das Dreifache. Damit ist es den Hörnchen möglich, mehr und länger zu lernen, was ihnen beim Leben in der Menschenwelt zugutekommt.

Ihr eigenes Leben ist zudem recht kompliziert. Es erfordert ein sehr gutes Erinnerungsvermögen. Denn im Herbst, in der Zeit, in der es Eicheln und Nüsse, Bucheckern und Pilze in Hülle und Fülle gibt, verstecken die Eichhörnchen Vorräte für den Winter. Aber nicht in einem einzigen Depot, sondern an vielen Stellen, deren Anzahl in die Hunderte gehen kann. All diese Orte sollten sie bei Bedarf im Winter wiederfinden können, auch wenn Schnee liegt. Das gelingt ihnen zwar nicht immer, aber doch meistens. Über das dezentrale Anlegen von Vorräten, die energetisch sehr gehaltvoll sind, kommen sie ohne Winterschlaf durch die kritische Zeit des Winters. Dabei müssen sie aufpassen, dass ihnen andere Eichhörnchen oder Krähen und Eichelhäher nicht zusehen. Denn diese merken sich die Verstecke genau und bedienen sich daran. Eichhörnchen leben ja nicht isoliert von anderen Tieren, auch nicht in der Stadt. In dieser gibt es sogar häufig mehr Konkurrenz als draußen in den von Tieren nur noch so dünn besiedelten Forsten, weil es anderen Waldtieren in den Städten gleichfalls besser geht. So auch den natürlichen Feinden der Eichhörnchen. Die beiden bedeutendsten sind der Baummarder, *Martes martes*, der so gut klettert, dass er sie bis in die Baumkronen hinauf jagen kann. Nicht aber bis zu den dünnen Ästen, die zwar das Eichhörnchen noch tragen, den zehnfach schwereren Marder aber nicht mehr. Ihr zweiter Hauptfeind ist der Habicht, *Accipiter gentilis*. Dieser manövriert mit seinen rundlichen Flügeln so gewandt zwischen den Baumstämmen, dass das Hörnchen beim Hochklettern mitunter zu spät auf die schützend abgewandte Seite kommt. Stets ist es eine Frage der Kondition der Eichhörnchen, ob sie den Feinden entkommen können oder nicht.

Von der Häufigkeit von Habicht und Baummarder hängt es auch ab, ob sich das aus Nordamerika eingeführte Grauhörnchen, *Sciurus carolinensis* erfolgreich etablieren und ausbreiten kann – dann vielleicht sogar auf Kosten des Eichhörnchens. Aber das Grauhörnchen ist deutlich schwerer als das Eichhörnchen und weniger wendig. Wo Habichte drastisch dezimiert und Baummarder nahezu ausgerottet wurden wie in England, hatte das Grauhörnchen von Anfang an bessere Chancen, sich auszubreiten. Sollte es dabei das Eichhörnchen da und dort tatsächlich verdrängen, auch weil es Krankheitserreger mitbringt, gegen die die europäischen Eichhörnchen noch nicht immun sind, ist ihm die Schuld fairerweise nicht allein, eigentlich gar nicht anzulasten. Denn wo Menschen die natürlichen Feinde ausgerottet oder in ihrer Häufigkeit vermindert haben, herrschen keine natürlichen Verhältnisse mehr.

Dieser Kurzcharakterisierung bleibt nachzutragen, dass die roten und die dunkelbraunen bis schwarzen Eichhörnchen unserer Wälder und Städte keine zwei verschiedenen Arten sind, sondern lediglich Farbvarietäten. Die roten kommen vorwiegend bis ausschließlich in Laubwaldregionen und in großen Städten vor, die dunklen mehr im Bergwald und dort, wo ausgedehnte Fichtenmonokulturen den ursprünglichen Wald ersetzt haben. In diesen dichten Forsten ist es dunkler als in Laubwäldern, was wohl die schwarzbraunen Eichhörnchen besser schützt als die auffälliger helleren. Fichtenmonokulturen verstärken außerdem einen Effekt, der auf die Häufigkeit der Eichhörnchen stark nachwirkt: Fichten setzen massenhaft Zapfen in Abständen von neun bis elf Jahren an. Meist sind diese »Zapfenjahre« synchronisiert mit dem über etwa elf Jahre laufenden Zyklus der Sonnenflecken. Dazwischen gibt es alle zwei bis drei Jahre kleine »Zapfenjahre«. Die Hauptverbreitung der Fichte liegt in den nordischen Nadelwäldern, wo sich die geringfügigen Unterschiede in der Einstrahlung von Energie durch wechselnde Sonnenfleckenaktivität auswirken können. Offenbar reagieren die Bäume darauf mit verstärkter Samenbildung. Massenfruchten, sogenannte Mastjahre, weil man früher die Schweine zum Mästen in die Eichen- und Buchenwälder getrieben hat, gibt es aber auch bei Eichen und Rotbuchen. Die Bestände der roten Eichhörnchen reagieren darauf auch mit entsprechender Vermehrung. Da im Folgejahr besonders wenig Nahrung zur Verfügung steht, brechen die Bestände wieder zusammen und viele Eichhörnchen versuchen abzuwandern. Dabei geraten sie beim Überqueren der Straßen unter die Räder. Auch bei ihnen lässt sich an der Todesstatistik ablesen, wann jeweils Zapfen- oder Mastjahre stattfinden. Zudem geht daraus das Häufigkeitsverhältnis der roten zu den dunkelbraunen hervor und leider auch ihr Abnahmetrend. Trotz guter Zapfenjahre sind gegenwärtig die Eichhörnchen erheblich seltener als in den 1970er- und 1980er-Jahren. Es hat ihnen draußen in den Wäldern nicht viel gebracht, dass sie unter Schutz gestellt wurden. Die Stadt ist die bessere Welt für sie.

## *Glis glis*
# SIEBENSCHLÄFER

Silbergrau, 15 bis 20 Zentimeter lang, ähnlich langer Schwanz und große schwarze Knopfaugen so der Steckbrief der kleinen »Nachtausgabe« des Eichhörnchens. Als Autor füge ich hinzu: »Und das netteste Tierchen, das ich jemals hatte!« Ich meine damit unseren »Schmurksi«, einen von klein auf handaufgezogenen Siebenschläfer, der bei uns lebte, an uns herumkletterte, nie jemanden biss, nie missgelaunt war und manche Menschen sehr überraschte, wenn er zum Beispiel mit schnupperndem Näschen plötzlich sein Gesicht aus dem Ärmel oder dem Hemdkragen steckte. Abends wurde er munter und blieb dies bis in die Nacht hinein, auch wenn wir längst schlafen gegangen waren. Denn Siebenschläfer sind nachtaktiv. Ausgeprägt nachtaktiv. Die späte Abenddämmerung bedeutet für sie, was für uns die frühe Morgendämmerung ankündigt: Zeit zum Aufstehen. Ihren frühnächtlichen Aktivitätsbeginn gähnen sie ausgiebig an, bis ihr kleiner, kaum 100 Gramm schwerer Körper innerlich in Schwung gekommen ist. Dann aber zeigen sie mit meterweiten Sprüngen, wozu sie fähig sind. »Eichhörnchen der Nacht« trifft da nicht so ganz perfekt, nicht nur weil sie bloß ein Drittel so groß sind oder eher noch kleiner, sondern weil sie im schwachen Restlicht der Nacht so ungemein gut sehen, dass sie ungemein treffsicher springen. Zum Beispiel vom Fernsehgerät auf Weihnachtsbaumkugeln, um darauf zu schaukeln. So eine Situation kommt zwar in der Natur nicht vor, drückt aber ihre Fähigkeit ganz gut aus. Der größte Unterschied zum Eichhörnchen liegt in der Art, wie sie den Winter verbringen. Siebenschläfer schlafen sechs Monate; sieben nur ausnahmsweise. Die »Sieben« trug ihnen eine alte Form der Übertreibung ein, wie sie auch in »siebengescheit« oder »Siebenmeilenstiefeln« steckt. Aber wenigstens ein Fall ist verbürgt, bei dem ein Siebenschläfer sogar elf Monate schlief. Es ist geradezu fantastisch, was über ihren Winterschlaf herausgefunden wurde. Bevor sie ihn beginnen, müssen Siebenschläfer »winterfett« werden. Dabei nehmen sie zu bis zu etwa dem Doppelten ihres normalen Körpergewichts das sie im Hochsommer haben, von 80 auf 160 Gramm zum Beispiel. Ihr Körper stellt sich im Herbst recht unabhängig von der tatsächlichen Außentemperatur nur dann auf Winterschlaf ein, wenn sie fett genug sind. Bei diesem handelt es sich aber nicht bloß um einen tiefen Schlaf, sondern um einen ganz anderen, einen besonderen Zustand. Dieser erhielt deshalb die Fachbezeichnung »Torpor«, um ihn vom gewöhnlichen Schlafen zu unterscheiden. Geht der Körper in den Torpor über, sinkt die Innentemperatur stark ab, so als stünde der Tod bevor. Aber in sicherer Distanz vom zu starken Erkalten wird der Rückgang abgefangen und die Körpertemperatur nun auf diesem sehr niedrigen Niveau konstant gehalten. Beim Siebenschläfer liegt sie bei etwa vier Grad Celsius. Man kann diese sogenannte Kerntemperatur recht genau messen. Im Kinnbereich, unter dem buschigen Schwanz, mit dem sich der Siebenschläfer abdeckt, zur Kugel zusammengerollt und die Pfötchen an den Körper gezogen, maß ich manchmal nur drei Grad. Da fühlte er sich erkaltet-steif an. Kein Wunder, dass in diesem Zustand gefundene Siebenschläfer für tot gehalten werden. Das Besondere des Torpors ist, dass der Stoffwechsel so stark heruntergefahren wird, dass kaum ein Prozent der sonst üblichen Energiemenge pro Tag verbraucht wird. Das Leben läuft auf Sparflamme, aber diese »Flamme« lässt sich nicht mehr erfühlen. Das Herz schlägt kaum noch; der Siebenschläfer im Torpor scheint sogar das Atmen eingestellt zu haben. Er ist reptilienhaft »heterotherm«, aber nicht »wechselwarm« wie diese geworden. Die geregelte Minimaltemperatur bleibt, auch wenn es draußen zwischendurch wärmer wird. Das ist das Besondere am Torpor. Die Körperfunktionen laufen die ganze Zeit weiter, aber eben sehr stark vermindert. Bis irgendwann, zwischendurch, der kleine Schläfer aufwacht. Das dauert ein wenig. Dann gibt er die winzige Menge Harn ab, die sich gebildet hat, und rollt sich zur nächsten Torpor-Runde zusammen. Beim Igel ist der Ablauf im Prinzip gleich, auch beim Ziesel und beim Murmeltier und anderen »echten Winterschläfern«.

Nachdem erste Befunde bekannt geworden waren, was beim Torpor geschieht, kamen »Hoffnungen« auf, auch uns Menschen könnte es möglich sein, den Körper in diesen Zustand zu versetzen, um damit über ungünstige Zeiten, was immer sie bringen mögen, hinwegzuhelfen und danach zu passender Zeit erfrischt und verjüngt wie ein Siebenschläfer wiederaufzuerstehen. Die Vorrichtungen zum Konstanthalten der Temperatur bei vier oder fünf Grad über null sollten herzustellen sein; der Energieaufwand, sie zu betreiben, nicht allzu aufwändig. Das zeigt ein guter Kühlschrank. Wer davon träumen möchte, dem sei dies gegönnt. Viel realer ist die Suche nach Stoffen im Körper der Winterschläfer, die es ermöglichen, nach monatelanger Muskelstarre und Untätigkeit der Gewebe wieder in einen Normalbetrieb zu gelangen. Dies ist doppelt interessant, weil im Torpor ja Fett abgebaut wird, so dass der »neue Körper« im Frühling rank und schlank aufwacht. Die Vorgänge im Körper müssen auf bestimmte Weise chemisch reguliert werden. Diesen Mechanismus zu finden, würde auf immense Anwendungsmöglichkeiten in unserer Zeit treffen, in der so viele Menschen mit Übergewicht zu kämpfen haben.

Wahrscheinlich spielt Insulin eine zentrale Rolle, das auch in unserem Körper den Zucker- und Fetthaushalt reguliert. Aber noch sind die Forschungen nicht weit genug gediehen, um wenigstens gewisse Hoffnungen wecken zu können. Wie die Siebenschläfer fett werden, lässt sich hingegen an denen, die im Haus oder in Käfigen gehalten werden, gut mitverfolgen. Sie ver-

suchen, im Hoch- und Spätsommer möglichst viele fett- und öl-
reiche Samen, Bucheckern oder Nüsse sowie zuckerhaltige
Früchte zu konsumieren – und dies weit über den Normalbedarf
hinaus. Der Stoffwechsel schickt die überschüssigen Fette ins Depot unter der Haut. Die Siebenschläfer werden rundlich, allmählich träger und begeben sich auf die Suche nach einem geeigneten frostfreien Unterschlupf zur Überwinterung. Im Freien ist
dies meistens eine Baumhöhle. Nester wie die Eichhörnchen
bauen Siebenschläfer nicht. Die Bereitschaft, in den Torpor zu
wechseln, vermittelt der uns geläufige BMI (Body-Mass-Index),
natürlich bezogen auf Siebenschläferwerte. Genauso verläuft die
Überwinterung bei ihrem viel selteneren Verwandten, dem Gar-
tenschläfer, *Eliomys quercinus*, den eine »Banditenmaske« im Gesicht und bräunliche Färbung des Rückenfells charakterisieren,
und dem noch kleineren, hellbraunen Baumschläfer *Dryomys ni-
tedula*.

*Muscardinus avellanarius*
## HASELMAUS

Am reizendsten in dieser Schläfergruppe ist die kleine Haselmaus, *Muscardinus avellanarius*, deren Körpermaße in Millime-
tern angegeben werden (Körperlänge: 65 bis 86 mm, Schwanzlänge: 55 bis 78 mm) und die nur 15 bis 30 Gramm wiegt. Sie
sieht sehr mausähnlich aus, ist aber ein echter »Schläfer«, eine
Schlafmaus, wie die Angehörigen der Familie der Siebenschläfer,
die Bilche, auch genannt werden. Haselmäuse bauen faustgroße
Kugelnester im Brombeergeranke oder in anderem dichten Ge-

strüpp in lichten Wäldern. Zum Überwintern ziehen sie sich in gleichfalls kugelförmige Nester im Boden zurück, in denen sie in Torpor verfallen. Sie gelten als selten und sind streng geschützt, was ihnen aber wenig nützt, wenn übertriebenes, zum Aufräumungswahn gesteigertes »Sauberhalten« der Wälder und Gebüsche ihre Lebensräume vernichtet. Die Kugelnester können mit den noch kleineren, fast nur aus dürren Grashalmen gebauten Nestern der Zwergmäuse, *Micromys minutus*, verwechselt werden. Wie die Haselmäuse klettern diese geschickt, aber eher langsam, im Röhricht am Ufer oder sogar in Getreidefeldern, die an Ufer grenzen, umher. Doch anders als die Haselmäuse benutzen die Zwergmäuse dabei ihren langen nackten Schwanz zum Festhalten fast wie eine fünfte Hand.

Die Haselmäuse bringen im Sommer ein bis zwei Würfe zur Welt, die aus zwei bis fünf, gelegentlich bis sieben Jungen bestehen. Diese werden vier Wochen gesäugt. Nach eineinhalb Monaten sind sie selbstständig. Bei den viel größeren Siebenschläfern geht das nicht so schnell. Die Paarungszeit setzt erst mit Sommerbeginn ein und kann sich bis in den August hineinziehen. Die Jungen werden nach viereinhalb Wochen Tragzeit geboren. Meistens sind es drei bis fünf oder sechs. Fünf Wochen lang werden sie gesäugt, und nach zwei Monaten sind sie selbstständig. Damit geraten sie jahreszeitlich in den Grenzbereich zum Beginn des Winterschlafs. Späte Junge schaffen es nicht, wie mein Schmurksi, der erst im September zur Welt gekommen war, rechtzeitig winterfett zu werden. Möglicherweise hängt viel davon ab, ob die Weibchen frühzeitig genug auch Insekten als Proteinquellen finden, um schon im Juni schwanger zu werden. Solche Junge erreichen das kritische Gewicht im Herbst natürlich mit weit größerer Wahrscheinlichkeit als die, die erst im September geboren werden. Allerdings muss der Herbst dann auch reichlich Bucheckern und Nüsse bringen. In manchen Jahren sind die Verhältnisse schlecht, und die Siebenschläfer kommen mit zu wenig Fett in den Torpor oder schaffen es gar nicht, diesen Zustand zu erreichen. Die für ihre geringe Größe lange Lebenserwartung von bis zu neun Jahren überbrückt die schlechten Zeiten und gleicht die Verluste im Bestand in guten wieder aus. Aktiv sind die Bilche ohnehin nur die Hälfte dieser Zeit – und das zumeist nachts, sodass wir sehr wenig von ihnen mitbekommen und grundsätzlich immer noch wenig wissen über die kleinen »Schläfer«.

*Oryctolagus cuniculus*

# KANINCHEN

Häschen, süß wie Kinderbüchern entsprungen, mümmeln auf Verkehrsinseln und Mittelstreifen von Stadtautobahnen ungerührt vom schier nie endenden Verkehrsfluss vor sich hin oder putzen sich auf Flugplätzen in aller Ruhe mit ihren Vorderpfoten die Wangen, während neben ihnen die Düsenriesen starten oder landen. Das sind Kaninchen. Wüssten wir es nicht besser, würden nicht einmal wir Zoologen diesen Tierchen das Leben in der Hightechwelt zutrauen. Sandhügel in der Heide, Dünen am Meeresstrand oder Wildflussauen, ja, das scheinen die geeigneten Biotope für sie zu sein. Ihrer ursprünglich iberischen Heimat gemäß sind sie das auch, denn Kaninchen lieben Wärme, Trockenheit und lockeren Boden, in den sie ihre Baue graben können. Die Großstadt ist auf den ersten Blick das krasse Gegenteil davon. Aber dem ist nicht so. Vorkommen und Häufigkeit der Kaninchen zeigen, dass Städte zu ihren Vorzugslebensräumen gehören. Sieht man ihnen zu, wie sie mit dem Stadtleben zurechtkommen, drängt sich unweigerlich der Eindruck auf, dass sie irgendwie mitbekommen haben, dass Autos nicht absichtlich töten. Und dass diese auf festen Bahnen bleiben, die man als Kaninchen einfach zu meiden hat. Sie haben sogar erkannt: Je näher die Autos an einem vorbeidonnern, desto unbehelligter bleibt man als Kaninchen. In größeren Parkanlagen und in den Randbereichen der Großstädte flüchten die Kaninchen auf deutlich weitere Distanz vor den Menschen als im Verkehrsnetz der Innenstädte. Richtig scheu sind sie nur draußen in der freien, für sie ungleich gefährlicheren Natur. Dort genügt der Schatten einer Bewegung, um sie in ihre Baue verschwinden zu lassen. Irgendwie ist es anrührend, feststellen zu müssen, wie der Schein oft trügt. In der Stadt geht es den Wildtieren häufig weit besser als in der Natur, die in Wirklichkeit weit entfernt ist von »natürlichen« Verhältnissen.

Kaninchen sind Hasen. Stallhasen sind Kaninchen. Feldhasen sind keine Kaninchen. Feldhasen leben, wie im Kapitel über sie ausgeführt wird, ganz anders als die Kaninchen. Da Feldhasen immer seltener werden und dort, wo es sie noch gibt, nur auf größere Distanz zu sehen sind, hat sich unsere Vorstellung von ihnen – abgebildet an unseren Osterhasen – inzwischen so sehr dem Vorbild der Kaninchen angenähert, dass man diese für das Urbild des Ostersymbols halten könnte. Zu Ostaria, der einstigen germanischen Fruchtbarkeitsgöttin, auf die Ostern bezogen war, lange bevor es vom Christentum vereinnahmt wurde, hätte das Kaninchen tatsächlich bestens gepasst. Denn seine Fruchtbarkeit ist an den vielen kleinen Kaninchen, die in einer Kolonie leben, weit besser erkennbar als die der Feldhasen. Aber Kaninchen gab es nördlich der Alpen zur Zeit der germanischen Götter noch nicht. Erst die Römer entdeckten sie, nachdem sie die Iberische Halbinsel ihrem Reich einverleibt hatten, erkannten die kulinarischen Vorzüge der kleinen Hasen und züchteten sie in großen Gehegen, um sie zu gegebenem Anlass zu verspeisen. In dieser Hinsicht ging es den Kaninchen in der Römerzeit besser als heute, denn die, die ebenfalls zum Verzehr gezüchtet werden, genießen dabei nicht die Monate artgerechten Lebens in Freianlagen, sondern sitzen eingepfercht auf engem Raum in Hasenställen. Zweifellos haben solche Kaninchen mehr Glück, die als Heimtiere zum Streicheln und Liebhaben gehalten werden, wenngleich auch die liebevollsten Kinderhändchen die Artgenossen nicht ersetzen können. Leistet ihnen ein weiteres Kaninchen Gesellschaft und dürfen sie dennoch in der Wohnung herumlaufen, schwindet die Bezogenheit auf den Menschen zwar etwas, aber für die Kaninchen bedeutet das ein fast ideales Leben. Nur fast, denn sie können drinnen nicht graben, was aber ein wichtiger Bestandteil ihres Lebens wäre. Die Lösung ist also eine Kaninchen-Freianlage draußen im Garten mit grabfähigem Boden. Dann ist alles bestens – bis die Anlage nach einigen Jahren überquillt, weil die Kaninchen das Leben so gut fanden, dass sie sich eifrig vermehrten. Das Streicheltier Kaninchen ist letztlich doch nicht so ideal, wie es auf den ersten Blick aussieht. Sein Leben ist auf andere Verhältnisse eingestellt. Die Stadt bietet schlussendlich günstigere Umstände als die Haltung bei Privatpersonen, wenngleich das Kaninchenleben wie überall, wo es sie gibt, mit hohen Verlusten verbunden ist. Geliebt werden sie auch nicht von allen; am wenigsten von Förstern und Gärtnern. Denn Kaninchen nagen.

Sie sind zwar keine Nagetiere, sondern als Hasen Angehörige einer eigenen Säugetierordnung, aber in ihrer tatsächlichen Ernährung sogar nagender als viele Nagetiere. Einen kennzeichnenden Unterschied zu zoologisch richtigen Nagetieren lassen handzahme Kaninchen sehen, wenn man ihnen die Oberlippe vorsichtig ein wenig beiseiteschiebt, so dass die Nagezähne sichtbar werden. Dann spitzt nämlich ein zweiter, sehr kleiner Schneidezahn unter dem großen hervor. Nagetiere haben nie ein zweites Paar Schneidezähne im Oberkiefer wie die Hasentiere. Zur Unterscheidung erhielten diese deshalb die kompliziert klingende wissenschaftliche Bezeichnung *Dupilicidentata*, was nichts anderes als »Doppelzähner« bedeutet. In unserem Zusammenhang besagt es, dass wir an einem Schädel mit ausgeprägten Nagezähnen sofort erkennen können, ob dieser von einem richtigen Nagetier oder von einem Hasentier stammt. Die Besonderheit des Nagetiergebisses wird beim Biber näher behandelt, weil dieser mit seiner Fähigkeit, große Bäume umzunagen, am augenfälligsten zeigt, wie diese Zähne eingesetzt werden und wie das Nagetiergebiss wirkt. Beim Kaninchen ist der Hinweis angebracht, dass es mit seinen Nagezähnen ziemlich stark beißen kann. Bissige Kaninchen sind daher keine Übertreibung, sondern etwas, mit dem man rechnen muss, wenn kleine Kinder so ein Streicheltier in die Hände bekommen.

Nicht an den Zähnen abzulesen ist eine andere Eigenheit der Hasentiere im Vergleich zu den Nagetieren: die Art der Verwertung der Nahrung. Kaninchen leben vegetarisch wie auch die Feldhasen. In der Natur verzehren sie Pflanzen unterschiedlichster Art sowie, insbesondere im Winter, die Rinde kleiner Bäume. Da dies den Bäumchen nicht gut bekommt, erregen die Kaninchen den Zorn der Forstleute, wenn gepflanzte Jungbäume betroffen sind. Auch in der Stadt kann dieses Benagen problematisch sein oder von den Stadtgärtnern und Gartenbesitzern zumindest so empfunden werden. Kaninchen erfreuen sich daher keiner uneingeschränkten Beliebtheit. Interessant ist dennoch, wie es bei ihnen im Körper mit dem weitergeht, was sie in so nett erscheinender Weise abgemümmelt haben. Alle Nahrung nimmt den für Säugetiere normalen Lauf, die Speiseröhre hinunter in den Magen, von diesem in den Darm und schließlich nach draußen in Form der bei Kaninchen so bezeichnend rundlichen »Krümel«. Wäre dies alles, würden Kaninchen und Hasen verhungern und alles andere als »fruchtbar« sein im Hinblick auf den Nachwuchs. Dass sie dies sind und mehrmals im Jahr Nachwuchs zur Welt bringen können, vier- bis siebenmal mit zwischen vier und sieben, acht oder mehr Jungen, hängt mit ihrer besonderen Verdauung zusammen. Sie haben Blinddärme, in denen ein breiiger Bakterienkot entsteht. Dieser ist vitaminreich und in gewisser Hinsicht mit Joghurt vergleichbar. Wird dieser Blinddarmkot ausgeschieden, verzehren ihn die Kaninchen und Hasen wieder. Dieses »Kotfressen«, »Coectrophie« genannt, verbessert ihre an sich wenig ergiebige Pflanzennahrung sosehr, dass sie nicht nur selbst schnell wachsen, rasch ein bis zwei Kilogramm Gewicht erreichen und nach vier oder fünf Monaten schon fortpflanzungsfähig sind, sondern eben auch, dass die Weibchen so viele Junge in so dichter Folge zur Welt bringen, drei Wochen säugen und die Kleinen, die bei der Geburt um die 40 Gramm wiegen und noch blind und nackt sind, wärmen und pflegen können. Verzehr von Kot, so unhygienisch das erscheint, macht den Erfolg der Kaninchen aus.

Fünf Junge, die bei der Geburt zusammen 200 Gramm wiegen und das Gewicht der Mutter dabei plötzlich um ein Fünftel vermindert haben, bedeuten einen hohen energetischen Aufwand. Der ist unter Naturbedingungen nur zu leisten, weil die Kaninchen unterirdische Baue anlegen. Die Weibchen buddeln eigene Wurfkessel, die sie auspolstern und dazu auch eigene Bauchhaare verwenden. Das hält die Kleinen im Nest in der temperierten Atmosphäre des Erdbaues warm, während die Mutter nach draußen muss, um schnell selbst Nahrung aufzunehmen. Das kolonieartige Zusammenleben mit anderen Kaninchen bietet ihr und den anderen Müttern mehr Sicherheit, weil Wächter stets darauf achten, ob sich ein Feind nähert. Feinde haben die Kaninchen mehr als genug. Greifvögel schießen blitzschnell aus der Luft herab und versuchen, sie zu greifen. Der Fuchs kommt klammheimlich, am häufigsten nachts, wenn die Sicht eingeschränkt ist und leichte Bewegungen nur schwer zu erkennen sind, Marder und Hermelin können direkt in den Bau eindringen. Auch bei Untersuchungen zur Zusammensetzung der Nahrung von Wildkatzen ergab sich, dass Kaninchen in Ost- und Mitteleuropa der Menge nach die Hauptnahrung bilden. Nicht der Zahl nach, aber das würde täuschen, denn auf ein Kaninchen mit einem Gewicht von gut einem Kilogramm kommen rund 50 Wald- oder Rötelmäuse, die 20 oder 30 Gramm wiegen. Die besondere Attraktivität als Beute ergibt sich beim Kaninchen aus der Tatsache, dass es sich nicht nennenswert zur Wehr setzen kann. Eine nur halb oder ein Drittel so schwere Wanderratte ist für Katze und Marder ein sehr ernst zu nehmender Gegner – ein Kaninchen aber nicht. Das einzige Gegenmittel der Kaninchen, die hohen Verluste an die natürlichen Feinde und an den Straßenverkehr auszugleichen, ist ihre enorme Fruchtbarkeit. Zustande kommt sie über das Zusammenleben in Kolonien, die in wesentlichen Teilen als Großfamilien zu bezeichnen sind, aber offen für von anderen Kolonien kommende Kaninchen bleiben. Wächst die Kolonie zu stark, wandern Kaninchen daraus ab. Alles bestens, trotz hoher Verluste? Das ist keine akademische, sondern eine sehr praktische Frage.

Kaninchen etablierten sich, von Menschen angesiedelt, überall, wo die Rahmenbedingungen von Witterung, Boden und Vegetation einigermaßen passten. Auch, und besonders erfolgreich sogar, auf ozeanischen Inseln, weil diese meistens feindfrei waren. Die größte »Insel« dieser Art ist Australien. Als Kaninchen von europäischen Siedlern dorthin gebracht wurden, um etwas Vertrautes und nicht so Absonderliches wie Kängurus und andere Beuteltiere für ihr Jagdvergnügen zu haben, fanden diese den sandig trockenen und warmen Kontinent ganz prima. Sie vermehrten und vermehrten sich nach Kaninchenart, fraßen Pflanzen und wurden zur Landplage aus Sicht der Schaffarmer, die auf ihrem Land mit den zwar auch völlig australienfremden Schafen Wolle und Hammelfleisch produzieren wollten, aber keine Kaninchenfelle. Diese wären unter den klimatischen Bedingungen Australiens ohnehin nicht von besonderem Wert gewesen. Keilschwanzadler und australische Habichte nutzten zwar die neue Beute, aber die Verluste, die sie zufügten, reichten bei Weitem nicht, um die Kaninchen so weit zu dezimieren, dass sie den Schafen nicht zu viel vom spärlichen Graswuchs in Inneraustralien wegfraßen. Gift wirkte nicht; auch nicht Bomben, mit denen die stadtartig vergrößerten Kaninchenkolonien in die Luft gesprengt wurden.

Die »Lösung« fand man in einem Virus, der in der südamerikanischen Verwandtschaft der europäischen Kaninchen existiert, diese aber nicht weiter schädigt, dem Myxomatosevirus. Nachdem dieser nach Australien eingeführt worden war, starben die Kaninchen tatsächlich »wie die Fliegen«, und das Problem schien erledigt. Doch nicht für lange, denn alsbald traten resistente Kaninchen auf, wie das mit biologischen Grundkenntnissen schon zu erwarten gewesen wäre. Die Resistenten vermehrten sich wieder. Kaninchenfrei ließ sich Australien also auch mit dem Myxomatosevirus nicht machen. Diese Geschichte ist oft (und viel ausführlicher) erzählt worden. Mit Myxomatose wurden die Kaninchenbestände auch in England bekämpft. Aber fast immer bleiben diese Erzählungen unvollständig, weil sie eine bestimmte Botschaft vermitteln sollen. Nämlich die, dass es höchstgefährlich und damit grundfalsch ist, fremde Tiere (und Pflanzen) dort einzuführen, wo sie nicht hingehören. Und auch, dass Tiere – wie Kaninchen – bekämpft werden müssen, um sie in Schach zu halten. Jäger bedienen sich der speziell für die Kaninchenjagd gezüchteten Iltisse, Frettchen genannt, die in die Baue eindringen, zusätzlich zum Abschuss. Zudem fangen sie die Kaninchen mit Fallen, und es wurde bei uns, wie in Australien, mitunter Gift eingesetzt. Dieser Darstellung fehlt aber ein höchst wichtiger Teil: Wie oben schon festgestellt, fingen natürlich die in Australien heimischen Habichte und Keilschwanzadler Kaninchen. Aber wie bei uns jagen Greifvögel am Tage, nicht nachts. Kaninchen können in ihrem Verhalten relativ leicht auf die Nachtzeit ausweichen, zumal es in Australien nachts nicht annähernd so heiß ist wie tagsüber. Aber in Australien fehlten die Füchse. Ihre ökologischen Gegenstücke unter den Beuteltieren hatten die Siedler ausgerottet, den Beutelwolf insbesondere. Ebenso gingen die Briten gegen Adler, Habichte, Marder und gegen die zusätzlich für ihre traditionelle Fuchsjagd missbrauchten Füchse vor. Die nachts Kaninchen jagenden Füchse waren im Schafweidegebiet viel zu stark dezimiert worden, weil diese Flächen möglichst hohe Erträge für das Schießvergnügen der »Grouse-Jagd« (Moorschneehuhn) bringen sollte. Bei uns ist die Situation durchaus ähnlich: Füchse, Marder und Hermeline werden intensiv verfolgt und jagdlich dezimiert. Kaninchen können sich daher unter sehr feindarmen Bedingungen vermehren – und Schäden verursachen. In den Großstädten fallen diese geringer aus, viel geringer, weil dort

Fuchs und Marder ebenfalls ziemlich unbehelligt leben dürfen. Dennoch wurde die Myxomatose auch nach Deutschland gebracht. Lieber die Seuche zulassen, als den Fuchs die Kaninchen regulieren zu lassen, war die Devise. Die Kaninchen schafften gut ein Jahrzehnt lang eine Art dynamisches Gleichgewicht mit der Seuche, die sie furchtbar schädigt; so schlimm, dass die Verursacher der Seuche von Albträumen verfolgt werden sollten, in denen ihnen die geschwollenen, aufgedunsenen Köpfe der armen Tiere erscheinen, und wie sie, blind geworden, umhertorkeln. War eine Kolonie von der Myxomatose betroffen, hatte sie vorher meistens bereits eine Tochterkolonie in einiger Entfernung gebildet, die wiederum weitere erzeugte, bevor auch diese von der Seuche erreicht wurden. Bis die geeigneten Plätze erschöpft waren. Dann brach der Gesamtbestand zusammen. Aber nach und nach werden sich die resistenten Kaninchen vermehren und wieder ausbreiten. Und manche Zeitgenossen werden sie »zu häufig« empfinden, außer die Dezimierung von Fuchs & Co wird endlich drastisch vermindert, um das Wirken der natürlichen Feinde zu ermöglichen. Am besten stehen die Chancen dafür in den Großstädten.

*Vulpes vulpes*
# ROTFUCHS

Ein Fuchs, der draußen auf dem Land am helllichten Tag durchs Dorf trottet und die Menschen scheinbar nicht wahrnimmt, muss krank sein. Unnormal auf jeden Fall. Macht er dies in der Stadt, ist er ein völlig normaler, gesunder Fuchs, der weiß, was er vorhat, etwa weil er spürt, dass es Zeit ist. Die Zeit, in der Bauarbeiter Pause machen und etwas essen. Mit ihnen fährt er Lastenfahrstuhl, um dazu zu kommen, oder wartet er an der Bushaltestelle, bis er ungefährdet die Straße überqueren kann. Hat er dann von den Arbeitern wie üblich etwas abbekommen, sucht er sich ein angenehmes Plätzchen zum Ausruhen. Das kann durchaus eine Hollywoodschaukel sein. Oder einfach eine sonnige Ecke, in die zwar der Lärm der Stadt dringt, in der ihn aber niemand in seiner Siesta stört. Der Fuchs gilt als schlau, und Stadtfüchse sind es gewiss. Durch Beobachten und Einschätzen des Verhaltens der Menschen, durch Gewöhnung im Umgang mit dem Verkehr und hinreichender Einschätzung der Geschwindigkeit der Autos sowie durch sein neugieriges Verhalten, das bei vielen Menschen Interesse hervorrief, schafften es die Füchse, sich in das Großstadtleben einzufügen. Jungfüchse, die in der Stadt zur Welt kommen, lernen von klein an, wie man sich benimmt. Auch dass es nötig ist, sich mit Katzen zu arrangieren und sich vor Hunden rechtzeitig in Deckung zu bringen. Vielleicht bekommen sie es irgendwann auch mit, dass es nicht fein ist, ein Kothäufchen am Loch auf dem Golfplatz abzusetzen, auch wenn dieses dafür so ideal scheint. Und auch, dass nicht alles Futter, das auf die Terrasse gestellt wird, für Füchse gedacht ist. Aber im Großen und Ganzen lebt es sich gut für den Fuchs in der Menschenwelt. Auch wenn es kompliziert ist, sich darin zurechtzufinden. Die Mühe lohnt. Denn wer ein kenntnisreicher Stadtfuchs geworden ist, hat Chancen, ein für Füchse biblisches Alter von zehn bis zwölf Jahren zu erreichen – so viel, wie ein großer Hund zu erwarten hat, wenn alles gut geht.

»Was ist das bloß für ein Tier?« Wer zum ersten Mal einem Stadtfuchs begegnet, mag sich in der Überraschung diese Frage stellen. Und als Kommentar hinzufügen: »Der gehört doch in den Wald!« Füchse leben durchaus im Wald. Es gibt sie in Wäldern aller Art, aber auch am Strand mit Dünen, auf den Fluren, wo es kleine Waldinseln gibt, und auf Industriegelände, an Bahnanlagen und dergleichen. Die Feststellung, sie sind spezialisiert aufs Nichtspezialisiertsein, hat durchaus etwas für sich, wenngleich sie ausdrückt, wie schwer sich die Wissenschaft mitunter tut, ein Tier zu charakterisieren, das einfach nicht ins vorgefertigte Schema einer »ökologischen Nische« passen will. Mit diesem Konzept wird jeder Art ein Platz im Gefüge der Natur zugewiesen. Der Fuchs schert sich nicht um ökologische Konzepte oder Vorstellungen, wie er als kleiner Hund (denn in die engere Hundeverwandtschaft gehört er) zu leben hat. Vielmehr macht er aus sich bietenden Möglichkeiten das Beste. Dazu gehört das Leben in der Stadt genauso wie eines in Bergwäldern der Alpen, in dichten Auwäldern an den Flüssen oder im Gestrüpp der Dünen an der Meeresküste. Er ist für dieses Buch der beste Vermittler zwischen Stadt und Wald. Vielleicht erkennen wir, wenn wir die Lebensweise des Fuchses genauer betrachtet haben, wie sehr wir Klischeebilder benutzen: hier Stadt, dort Wald, beides grundverschieden. Ist es aber nicht, weil für viele Tiere Bäume und Gebäude nicht dasselbe bedeuten wie für uns. Deshalb durchdringt Natur die Stadt; sehr viel Natur sogar nach Zahl der Arten, die in Städten leben. Und daher ist die moderne Hochleistungsagrarfläche weit weniger Natur als die Großstadt.

Aus verschiedensten Möglichkeiten das Beste zu machen, sagt nun aber wenig darüber aus, wovon die Füchse in der Stadt tatsächlich leben. Von dem allein, was ihnen Bauarbeiter abgeben oder was sie sich vom Futter stibitzen, das gar nicht für sie, sondern für Katzen oder Igel angeboten worden war, gewiss nicht. Zwei Hauptnahrungsquellen nutzen die Stadtfüchse: Die eine, Mäuse, ist vom Typ her identisch mit ihrer Ernährung draußen in Wald und Flur. Mäuse aller Arten machen in aller Regel den größten Teil der Beute von Füchsen aus. Sie erlangen diese auf andere Weise als die Katze. Füchse »pirschen« mit gespitzten Ohren und großer Vorsicht. Sie reagieren auf das feinste Mäusegeräusch, vor allem auf deren hochfrequentes Piepsen. Dank ihrer großen Ohren können sie dieses so präzise orten, dass sie mit dem speziellen Mäusesprung punktgenau mit den Vorderpfoten auf der Beute landen. Der Sprung verläuft bogenförmig, denn der Fuchs muss die Maus kurzfristig zu Boden drücken, um sogleich den Tötungsbiss ansetzen zu können. Mit seiner langen spitzen Schnauze geht dies präziser als bei der »stumpfnasigen« Katze. Diese aber nutzt die ausfahrbaren Krallen, die der Fuchs nicht hat. Die Katze wartet bei der Mäusejagd auf die Maus. Der Fuchs erläuft sie sich. Beide wenden also ganz unterschiedliche Jagdmethoden an, und beide sind jeweils sehr erfolgreich in ihrer eigenen. Der Katze verhilft ihre Lauerfähigkeit dazu, wie ausgeführt, ohne Hilfe des Katers ihre Kätzchen großziehen zu können. Beim Fuchs hilft der Rüde mit und trägt Beute heran. Die Streifgebiete, die Füchse nutzen (müssen), sind viel größer als die der Wild- und insbesondere die der Hauskatzen. Aus diesem dennoch nicht konkurrenzfreien Verhältnis ergibt sich, dass die Füchse in der Stadt in jenen Vierteln häufiger sind, in denen wenige oder gar keine Katzen leben, die Freilauf bekommen. Innenstädte und dicht bebaute Quartiere ohne Wohnhäuser mit Privatgärten durchstreifen die Füchse sehr wohl. Hier finden sie auch Mäuse, die von den Abfällen leben, die Menschen fortwerfen. Besonders viel davon fällt in den Parkanlagen an. In diesen suchen die Füchse bevorzugt herum, während Katzen dort eher selten hinkommen. Füchsen macht es nichts aus, in einer Nacht Kilometer umherzutrotten. Katzen bleiben stärker an ihre Streifgebiete gebunden. Es findet also durchaus eine gewisse ökologische Sonderung beider Mäusejäger in der Stadt statt. Der nahrungsökologische Hauptunterschied zum Wald liegt in den Abfällen der Menschen, die es in der Stadt so reichlich gibt. Dieser Teil der Fuchsnahrung kommt in der Stadt zur natürlichen dazu. Die Häufigkeit der Mäuse bleibt zudem gleichmäßiger übers Jahr und über die Jahre als draußen, wo es viel ausgeprägtere Mäusezyklen gibt.

So weit, so gut – für den Fuchs. Nicht aber in gleicher Weise für den Menschen. Denn Füchse sind Hundeverwandte. Das bedeutet, dass sie noch eher als Katzen Erreger von Krankheiten und Parasiten auf die Haushunde übertragen können. Als schlimmste gilt die Tollwut. Vom Tollwutvirus befallene Füchse verlieren nicht nur jede Scheu vor Menschen und Hunden, sondern versuchen mitunter sogar, diese zu beißen. Vermutet wird eine Art »Fernsteuerung« des Verhaltens durch ins Gehirn eingedrungene Tollwutviren. An Tollwut zu erkranken, ist für Menschen lebensgefährlich. Die Behandlung verläuft unter großen Schmerzen. Tollwütig gewordene Hunde müssen getötet werden, sollte die Familie, bei der sie leben, noch so sehr mit ihnen verbunden sein. Die Füchse galten stets als Hauptverbreiter der Tollwut. Deshalb wurden sie extrem bekämpft. Das Ziel war, die Bestände so stark auszudünnen, dass die Infektionsketten abreißen; eine Argumentation, die auch den Hintergrund zu den in der Corona-Pandemie verfügten starken Kontakt- und Bewegungsbeschränkungen liefert. Bei den Füchsen funktionierte sie nicht. Denn die intensive Bekämpfung mit Giftgas, mit dem die Füchse und ihre Jungen in ihren Bauen vergiftet worden sind, steigerte die Mobilität der Füchse. Diejenigen, die weit umherwanderten und möglichst wenig ortsfest blieben, überlebten am ehesten. Insofern förderte die extreme Verfolgung der Füchse sogar eher die Ausbreitung der Tollwut.

Die Wende kam mit dem Impfstoff. Die Füchse erhielten landesweit »Impfungen« in Form von Hühnerköpfen, die mit inaktivierten Tollwutviren versehen waren. Millionenfach wurden diese therapeutischen Köder ausgelegt und sogar von Flugzeugen über unwegsamem Gelände abgeworfen. Mit bestem Erfolg. Mitte der 1980er-Jahre wurden Deutschland und die umliegenden Regionen Mitteleuropas tollwutfrei. Nicht Gewehre und Gift brachten den Erfolg, sondern Vernunft und moderne Medizin. Seither geht es den Füchsen in der freien Natur zumindest etwas besser, gleichwohl nicht gut, weil die Jäger weiterhin auf Kurzhalten und Dezimieren beharren, ohne dass dies, wie sie als Grund vorgeben, den Niederwildbeständen zugutekommen würde. Diese gehen nämlich trotz starker Fuchsbejagung zurück. Aber eine weitere Erkrankung kam den Jägern »zu Hilfe«. Füchse sind Träger des Kleinen Fuchsbandwurms, *Echinococcus multilocularis.* Sie können mit diesem seltsamen kleinen Bandwurm infiziert sein, der beim Menschen krebsartige Geschwüre in der Leber, dem Entgiftungszentrum unseres Körpers, und auch an anderen Stellen verursachen kann. Die Eier des Bandwurms werden mit dem Kot ausgeschieden, so dass sie in der unmittelbaren Umgebung von Fuchskot vorhanden sein können. Deshalb ist es angebracht, an solchen Orten und in ihrer Nähe keine Erdbeeren zu pflücken und zu essen; auch beim Pflücken von Heidelbeeren sollte auf möglichen Fuchskot geachtet werden. Himbeeren sind in aller Regel hoch genug über dem Boden. Doch wäre die Infektionsgefahr wirklich so hoch, wie die Jäger warnen, müssten sie nahezu alle längst selbst infiziert sein. Denn vom Fuchs direkt, vom geschossenen oder vom in der Falle gefangenen, ist die Übertragungswahrscheinlichkeit am größten. Zudem sind die Füchse keineswegs die einzigen möglichen Träger und Überträger. Auch Hunde und Katzen können es sein. Nur werden diese, obwohl in so engem Kontakt mit den Menschen, ungleich seltener auf den Kleinen Fuchsbandwurm untersucht als Füchse. Hinweise auf solche Gefahren, die insbesondere aus Jägerkreisen verbreitet werden, um die Menschen vom Wald fernzuhalten, sollten dennoch nicht davon abhalten, im Umgang mit Tieren, ganz besonders mit unseren Hunden und Katzen, große Sorgfalt walten zu lassen. Das liegt im gemeinsamen Interesse. Hundeentwurmung wird gegenwärtig viel häufiger vorgenommen als entsprechende Behandlungen bei Katzen, obgleich diese bekanntlich weit häufiger mit ins Bett dürfen als Hunde. Auf Kinderspielplätzen sind weder Fuchs- noch Hundekot zu dulden, ob Stadtfüchse mit dem Kleinen Fuchsbandwurm infiziert sind oder nicht. Kommen häufig Hunde in die Nähe oder direkt zu den Spielplätzen, kann dies dazu führen, dass dort auch die Füchse ihre Anwesenheit mit ihrem Kot kundtun. Hunde können sich beim Waldspaziergang am Fuchskot infizieren. Deshalb darauf zu verzichten, wäre eine Überreaktion. Darauf zu achten, wo sie hinschnüffeln, ist vernünftiger. Aber das wissen die meisten Hundehalter, weil nicht alles, was draußen herumliegt oder absichtlich ausgelegt wird, für Hunde unbedenklich ist. Eine keim- und krankheitsfreie Natur gibt es nicht. Wir Menschen sind das auch nicht. Deshalb sind Hygiene und Umsichtigkeit vonnöten.

Wie nötig dies ist, zeigt sich an den Zecken, die Hunde von Waldspaziergängen mitbringen. Das geschieht nicht gleichmäßig häufig von Jahr zu Jahr. Alle paar Jahre steigt die Zeckenhäufigkeit stark an. Es sind dies die Nachfolgejahre auf ein Massenfruchten von Buchen, Eichen oder auch von Fichten. Denn von den Bucheckern, Eicheln und den Samen in den abgefallenen Fichtenzapfen leben Mäuse, Rötelmäuse vor allem. Nach den sogenannten Mastjahren der Waldbäume vermehren sie sich stark. Die vielen Mäuse kommen den kleinen Zeckenlarven zugute. Die Anfangsstadien der Zecken wachsen vorwiegend an Mäusen heran. Erst die größeren Larven (Nymphen werden sie bei den Zecken genannt) klettern so hoch in der Vegetation, dass sie Hunde oder Menschen erreichen. So folgen Zeckenjahre auf Mastjahre mit etwa zwei Jahren Verzögerung. Das wäre nicht so, würde es naturgemäß Füchse, Marder und Katzen geben. Die Mäusebestände könnten dann bei Weitem nicht so stark ansteigen und nicht so viele kleine Zeckennymphen ernähren. Die intensive Dezimierung der Füchse wirkt sich über die Zecken auf Hunde aus und auch auf uns Menschen. Zeckenbisse sind gefährlich, weil sie Borreliose und das FSME-Virus übertragen können, das eine Art Gehirnhautentzündung auslöst, so man sich nicht hat dagegen impfen lassen. Beide Erkrankungen nehmen zu. Ihr Anstieg verläuft parallel zum Ausmaß der Fuchsbekämpfung. In den Städten, in denen Füchse und Marder weitestgehend unbejagt leben, ist das Zeckenrisiko beträchtlich geringer als draußen im Wald.

Gegenwärtig führt uns die Corona-Pandemie in aller Härte vor, wie wichtig es ist, darauf zu achten, dass möglichst keine Krankheitserreger von Tieren auf Menschen überwechseln und bei uns Erkrankungen (Zoonosen genannt) verursachen. Das Potenzial ist gewaltig. Die historisch gefährlichsten Seuchen kamen von Haustieren, von Schweinen und Rindern vor allem, und von ins Haus eingedrungenen Tiere wie den Ratten. Aber auch von Wildtieren stammen viele, insbesondere in neuerer Zeit. Dazu gehören die Hanta-Viren, die Erreger von Ebola-Fieber und von Aids, aber auch Bakterien und Würmer, wie Trichinen. Die Weltgesundheitsorganisation WHO schätzte 2020, dass 2,4 Milliarden Menschen global an einer Zoonose erkrankt waren und mehr als zwei Millionen daran starben; COVID-19 nicht mitberücksichtigt. Es geht also nicht allein um Schutz von Tierbeständen, die in Massentierhaltungen leben, sondern ganz direkt um uns Menschen. Zecken sind ein Warnsignal. Sie sollen keine Panik auslösen, denn längst nicht alle sind infiziert. Aber ihre Zunahme einfach auf »die Klimaerwärmung« abzuschieben, ist leichtfertig. Die Zeckenhäufigkeit hängt zuallererst davon ab, wie häufig die für Zecken erreichbaren »Blutspender« sind. Finden wir Zecken am Hund oder an uns, sollte uns das bewusst machen, dass die Dezimierung der Füchse durch die Jäger Folgen zeitigen kann, die weit über das rein jagdliche Interesse hinaus wirken.

*Lepus europaeus*
# FELDHASE

Feldhase
*Lepus europaeus*

135

Feldhasen sind die »richtigen Hasen« und Urbild des Osterhasen – nicht die Kaninchen. Das liegt daran, dass es früher, jahrhundertelang, sehr viel mehr Hasen als Kaninchen gab. Jahrhunderte sind lang, aber nicht lang genug, um darüber zu befinden, wer nun eigentlich der »ursprüngliche Hase« war. Denn schon die Römer verbreiteten Kaninchen aus kulinarischen Gründen in ihrem Reich, soweit der Limes reichte. Nicht überall gediehen sie, wohl auch, weil nicht überall genügend Kaninchen ausbüchsen und sich in freier Natur ansiedeln konnten. Dennoch kann es sein, dass in manchen, damals weithin bewaldeten Gegenden, die unter Herrschaft der Römer standen, Kaninchen früher vor Ort waren als die mit der Ausweitung des Ackerbaus sich ausbreitenden Feldhasen. So oder so lebte lange vorher noch ein anderer Hase in Mitteleuropa, den es gegenwärtig nur noch in den Hochlagen der Gebirge gibt: der Schneehase, *Lepus timidus*. Da er etwas kleiner ist als der Feldhase und einen kürzeren, rundlicheren Kopf hat, könnte man ihn fast für einen Mischling aus Feldhase und Kaninchen halten. Doch solche gibt es nicht, denn dazu sind beide Arten zu unterschiedlich. *Lepus timidus*, der Artname *timidus* bedeutet »der Furchtsame«, war bis zum Vorrücken der Wälder nach Ende der letzten Eiszeit *der* Hase Europas. Der Feldhase hoppelte nur über die Steppen im Südosten Europas in jener rund zehntausend Jahre zurückliegenden Zeit, wo unser (Halb-)Kontinent über die Schwarzmeerniederung und das Kaspitiefland mit Asien verbunden war, und in sehr nah verwandter Form gab es ihn auch in den Savannen Afrikas. Sogar in der heutigen Sahara waren Hasen einst häufig. Die Zeiten haben sich geändert und uns komplizierte Verhältnisse hinterlassen. Vereinfachen wir sie ein wenig, so ergeben sich drei Phasen für den Hasen: Die erste setzte vor fünf- bis viertausend Jahren mit der Ausbreitung des Ackerbaus donauaufwärts von Anatolien her ein.

Die Rodung der Wälder und ihre Ersetzung durch Äcker und Wiesen schuf die Kultursteppe als neuen Großlebensraum. Diese sagte den Feldhasen sehr zu, wie auch zahlreichen anderen Tier- und Pflanzenarten, die gleichfalls einwanderten. Ein nicht unwesentlicher Grund war und ist, dass Kulturpflanzen »besser schmecken« als die meisten Wildpflanzen und als Nahrung ergiebiger sind, da sie als Nutzpflanzen daraufhin gezüchtet wurden. Hinzu kam der enorme Flächengewinn. Offenland war vor Eindringen des Ackerbaus nur geringflächig vorhanden; wahrscheinlich eher »fleckig« dort, wo Großtiere, Wisente und Auerochsen, im Wald weideten. Etwa zur Römerzeit erreichte die Landwirtschaft einen ersten Höhepunkt, in den Jahrhunderten der Völkerwanderung wurde ihre weitere Entwicklung dann aber wieder unterbrochen. Die Wälder rückten erneut vor, das Klima verschlechterte sich stark.

Gut 500 Jahre später verbesserte es sich wieder und brachte zwischen 800 und 1300 ein halbes Jahrtausend mittelalterlichen Klima-Optimums, in dem sich die Landwirtschaft extrem stark ausbreitete. Moore und Sümpfe wurden trockengelegt, um neues Ackerland für die wachsende Bevölkerung zu gewinnen. Der Wald schrumpfte auf den historisch geringsten Flächenanteil. Im gegenwärtigen Deutschland dürften kaum zwanzig Prozent Wald übrig gewesen sein. All diese Faktoren und das trockenwarme Klima begünstigten die Hasen. Sie wurden wahrscheinlich so häufig wie nie zuvor und wie seither niemals wieder. Denn was mit einem besonders miserablen Jahrhundert, dem 14., begann, setzte sich gegen Ende des 16. Jahrhunderts in der Kleinen Eiszeit fort. Sie brachte extreme Kältewinter. Der Ackerbau ging zurück, weil sich große Flächen unter diesen klimatischen Umständen nicht mehr dafür eigneten. Der Wald breitete sich wieder aus, doch wurde er zunehmend übernutzt, weil Brennholz knapp geworden war, so dass die neuen Wälder mehr den Charakter von Gestrüpp und Buschwerk annahmen und keinesfalls den Forsten glichen, die schließlich im 18. und 19. Jahrhundert begründet werden sollten. Die Bevölkerung, die große Verluste durch Pest und andere Seuchen erlitten hatte und zahlreiche Hungerjahre durchstehen musste, erholte sich allmählich wieder. Die Intensität der Bewirtschaftung nahm zu, die Ernten aber pro Ackerfläche ab, weil sie übermäßig genutzt werden musste. Auf den ausgemagerten Fluren stiegen die Artenvielfalt im Allgemeinen und die Hasenbestände im Besonderen. Das 19. Jahrhundert stellte ihre dritte gute Zeit in Mitteleuropa dar. Aus dieser stammen bis heute die Vorstellungen der Jäger davon, wie viele Hasen es bei herbstlichen Treibjagden geben sollte und wie viele überhaupt. Dem steht die neue Form mechanisierter und Unmengen chemischer Hilfsstoffe einsetzender Landwirtschaft gegenüber. Seit über einem halben Jahrhundert geht es ihnen deshalb nicht mehr gut, unseren Hasen. Wieder ist das an ihren Toten in den sinkenden Jagdstrecken und an der abnehmenden Zahl der Hasen, die im Straßenverkehr ums Leben kommen, in aller Deutlichkeit abzulesen.

Eine seit fünf Jahrzehnten regelmäßig befahrene Bundesstraße von über 100 km Streckenlänge in Südostbayern ergab einen Rückgang der Hasen-Häufigkeit seit den 1970er-Jahren um über 70 Prozent. Die für Hasen als ursprüngliche Steppentiere günstigen Trockenjahre, in denen sie früher stets kräftig Nachwuchs bekamen, bringen seit der Jahrtausendwende nahezu nichts mehr. Dabei kann die Häsin in guter Kondition vom Frühjahr bis zum Hochsommer theoretisch drei Würfe zur Welt bringen, vielleicht sogar einen vierten mit jeweils zwei bis vier oder fünf Häschen. Diese säugt sie drei Wochen, aber schon nach zweien sind die Kleinen in der Lage, selbst Gräser und Kräuter zu verzehren. Die beim Kaninchen geschilderte Spezialform, der Verzehr von Blinddarmkot, findet sich auch beim Feldhasen wieder und hilft ihnen bei der Verdauung der verhältnismäßig unergiebigen Pflanzenkost. Im nächsten Frühling sind die Junghasen fortpflanzungsfähig. Insbesondere im März, bei sehr mildem Verlauf der Winterwitterung schon ab Mitte Februar, werden die Hasen »sichtbar«, weil sie auch tagsüber in vollem Licht zu mehreren über die Felder hoppeln: Männchen, Rammler genannt, sind hinter den Häsinnen her. Mitunter gibt es Auseinandersetzungen. Dabei schlagen die auf die Hinterbeine aufgerichteten Hasen mit den Vorderpfoten aufeinander ein, als wären sie mitten in einem Boxkampf.

In dieser Hauptzeit der Fortpflanzung achten die Hasen kaum auf ihre natürlichen Feinde und am wenigsten auf die Autos. Solange es noch viele Hasen gab, entstand deshalb im März und April ein ausgeprägter Gipfel in der Statistik der im Straßenverkehr umgekommenen. Den Frühsommer und Sommer über gingen die Verkehrsopfer erstaunlicherweise zurück, obwohl es gerade in diesen Monaten mit den Jungen die meisten unerfahrenen Hasen gibt. Schlagartig schnellten die Straßenverkehrsverluste mit Beginn der herbstlichen Jagdzeit dann wieder in die Höhe und erreichten in der Phase der traditionellen Treibjagden um die Monatswende zum November einen ähnlich hohen Gipfel wie im Frühjahr. Die überall auf den Fluren bejagten Hasen irrten umher und überquerten viel häufiger die Straßen als im Sommer. Mit dem Ende der Treibjagden, die sich jägerisch nicht mehr lohnten, weil die Bestände zu klein geworden waren, verschwand dieser Herbstgipfel. Der erste im Frühjahr blieb. So vermittelte der Straßentod Einblicke in das Hasenleben und in den Niedergang der Bestände seit der so extremen Intensivierung der Landwirtschaft in den 1970er- und 1980er-Jahren. Gäbe es nicht die von den Jägern etwas geringschätzig genannten »Waldhasen«, sähe es sicherlich noch viel schlechter aus mit dem langohrigen Hoppler, der einst das Symbol der unerschöpflichen Fruchtbarkeit des Frühjahrs war. Längst gibt es viel mehr Schokoladenhasen als lebendige, und das Häufigkeitsverhältnis verschiebt sich weiter ins Extrem. Die »Hasenklage«, die an Kindergeschrei erinnert und im Todeskampf ausgestoßen wird, kennen mittlerweile wohl auch viele Jäger nicht mehr.

Die Häsinnen bringen recht große Junge zur Welt, die bereits ein gut entwickeltes Fell tragen und als »Pseudo-Lagerjunge« an einem Platz bleiben, bis die Häsin kommt, um sie Milch trinken zu lassen. Sie drücken sich in die kleine Kuhle, in der sie liegen, und verharren möglichst ohne jegliche Bewegung. Bei der Geburt sind sie schon über 100 Gramm schwer, oft um die 130 Gramm. Hat die Häsin, die durchschnittlich etwas schwerer als der Rammler ist, vier oder fünf Kilogramm, machen zwei bis vier Junge ein Fünftel bis ein Viertel ihres Gewichts aus. Bei einem halb so schweren Kaninchenweibchen würden vier Junge nur knapp zehn Prozent ausmachen, also rund die Hälfte weniger. Dafür muss das Kaninchen auch drei Wochen säugen. So balancieren einander unterschiedliche Formen von Geburtszustand und Entwicklung der Jungen letztlich wieder aus. Ein Erbe der südöstlichen Steppenherkunft des Feldhasen dürfte das ungewöhnliche Phänomen einer »doppelten Schwangerschaft« (Superfötation) sein. Günstige Lebensbedingungen werden auf diese Weise genutzt. Die Häsin kann sich nämlich vor der Geburt der Jungen, die sich noch in ihrer Gebärmutter entwickeln, bereits erneut paaren und schwanger werden, so dass sich schon wieder kleine Föten entwickeln, während die Jungen der vorherigen Fortpflanzungsperiode noch gar nicht geboren sind. Das Leben in der Steppe ist hart, die Sommer sind kurz und Gras und Kräuter nicht immer gleich üppig entwickelt. Aber das Klima ist trocken und im Winter trockenkalt. Feuchtwarmes Sommer- und nasskaltes Winterwetter beeinträchtigen das Steppentier Hase sehr stark. Sie erkranken an Coccidiose, Pseudotuberkulose und anderen Krankheiten. Deren Wirkung nimmt aller Wahrscheinlichkeit in unserer Zeit zu, weil die so intensiv gedüngte Vegetation immer schneller im Frühjahr aufwächst und viel dichter wird als unter den mageren Bedingungen von früher. Daher bleibt es im bodennahen Bereich feuchter und kühler, auch wenn darüber schönstes Frühlings- oder Sommerwetter herrscht. Die Zunahme der Hasenbestände in und nach trockenen Sommern weist auf diesen Zusammenhang mit der Witterung hin. Aus vermutlich ähnlichen Gründen beschränkt sich das Vorkommen der Schneehasen auf die trockenkalten Gebiete in den Alpen und in Skandinavien. Schneehasen bekommen, wie ihr Name andeutet, zum Winter ein weißes Fell. Nur die Ohrenspitzen bleiben schwarz. Vom Frühjahr bis zum Spätherbst sind sie dagegen »normal« hasenbraun wie die Feldhasen und auf Distanz schwer von ihnen zu unterscheiden. In einem fernen riesigen Grasland geht es den Feldhasen besonders gut, in das sie ohne Verfrachtung durch die Menschen nicht hingekommen wären: auf der Pampa im südlichen Südamerika.

*Microtus arvalis*
# FELDMAUS

Zehn Zentimeter lang, 20 bis 40 Gramm schwer, kurzer Schwanz, kurze Ohren, graubraunes Fell, sofern sich die Färbung überhaupt erkennen lässt, wenn sie am Rand einer Flurstraße ein kurzes Stück dahinflitzt – das war höchstwahrscheinlich eine Feldmaus. Von ihrem Artzwilling, der etwas rötlicher braunen und ein wenig größeren Erdmaus *Microtus agrestis* unterscheidet sie sich allerdings so wenig, dass man sie leicht damit verwechseln kann. Den zahlreichen Tieren, die auf den Fluren Mäuse jagen, ist das ziemlich gleichgültig. Den Bauern ebenfalls – wenn es in »Mäusejahren« Schäden gibt. Sie fragen nicht, ob Erd- oder Feldmäuse »schuld« an der Plage sind. Feldmäuse neigen zu Massenvermehrungen. Diese Feststellung lässt sich gut begründen: Die Art der Bewirtschaftung der Fluren begünstigt die Feldmäuse sehr. Und die Jäger tun das auch. Warum das so ist, erklärt sich aus der Rückschau in die Zeit um die Mitte des vergangenen Jahrhunderts. Damals war die Landwirtschaft noch bäuerlich geprägt und die Flur vielgestaltig, nicht flurbereinigt. Nur wer jetzt bereits ein ziemlich fortgeschrittenes Alter erreicht hat, kann sich an diesen Zustand noch erinnern.

Die Fluren bestanden aus einem Netzwerk von Äckern geringer Flächengröße. 30 bis 50 Zentimeter breite Raine grenzten die oft streifenförmigen Flurstücke gegeneinander ab, weil sie nicht demselben Besitzer gehörten. Diese Raine ragten etwa eine Handbreit über das Niveau der benachbarten Felder empor, die im Sommer in der Regel unterschiedliche Kulturen trugen. Aus erhöhter Distanz betrachtet, sah dann im Winter das Land wie ein Netzwerk aus. Im Sommer bildeten die Felder ein Mosaik. Schön war der Blick über die Fluren; reizvoll zu jeder Jahreszeit, ob im Frühjahr, wenn die Saaten grünten, im Frühsommer, wenn sie durchsetzt waren von rotem Mohn und blauen Kornblumen, weißen Kamillenblüten, vielen anderen Feldblumen und Kräutern. Diese gediehen vor allem auf den Rainen, die perfekte »Blühstreifen« darstellten, wie sie gegenwärtig mit Agrarfördermitteln wiederhergestellt werden sollen, nachdem man sie bei den Flurbereinigungen mit immensem Aufwand und unter Einsatz öffentlicher Steuermittel entfernt hatte. Lerchen sangen über den Fluren, Hasen gab es so viele, dass die Jäger im Herbst große Treibjagden durchführten, und im Winter suchten Schwärme von Finkenvögeln auf den abgeernteten Fluren nach übrig gebliebenen Körnern.

Diese Körner stellen die Verbindung zu den Feldmäusen her. Damit sind nicht nur Ernteabfälle gemeint, die auch gegenwärtig bei Mähdreschern anfallen, früher aber in erheblich größeren Mengen zurückblieben, als das reife Getreide noch mit Sensen gemäht wurde. Mit Körnern gemeint sind auch die Samen der Ackerwildkräuter. In der Vor-Chemie-Zeit hießen sie Unkräuter. Auch solche, die wie die Echte Kamille für unsere Gesundheit so wichtig sind, waren »Un-«. Denn sie beeinträchtigten die Erträge. Nahm man an. Das mag zwar unter den mageren Bedingungen des 19. Jahrhunderts der Fall gewesen sein, nicht mehr aber, seit Kunstdünger nahezu unbegrenzt zur Verfügung steht und sein Einsatz über die Landwirtschaftsförderung subventioniert wird. Die chemische Vernichtung der Unkräuter setzte als Begleitmaßnahme zur Überdüngung der Felder ein. Rasch wurden diese so selten, dass die Lage bedenklich schien. Also benannte man sie um in Ackerwildkräuter. Für ihre Erhaltung ließen sich damit weitere Steuermittel lockermachen. Das Erzielte reichte aber zu kaum mehr als unbedeutender Kosmetik, wie die Entwicklung der Tierbestände auf den Fluren zeigte: Sie schrumpften und schrumpften. Die Lerchen verstummten, die Rebhühner verschwanden, und die Hasen, die überlebten, zogen es vor, sich in den Wald zurückzuziehen, wo dies möglich war.

Und die Mäuse? Vor der Flurbereinigung und dem auf sie folgenden Masseneinsatz von Gift und Düngemitteln vermehrten sie sich ganz regelmäßig in Massen wie die Maikäfer. Alle vier Jahre gab es ein Mäusejahr. Die ersten Anzeichen wurden sichtbar, wenn im Vorfrühling der abschmelzende Schnee ihre Gänge freilegte. Diese hatten sich unter der schützenden Schneedecke wie ein Kunstwerk aussehend selbsttätig entwickelt; »Land-Art« vom Feinsten. Im Frühjahr wurden dann die Mäuse selbst unübersehbar. Sie huschten an den Feldstraßen entlang, wurden auf den Autostraßen überfahren und dennoch nicht weniger. Weil ihre Vermehrung auf Hochtouren lief. Die Weibchen brachten ein halbes oder ein ganzes Dutzend nackter und blinder, etwa zwei Gramm schwerer Mäusekinder zur Welt, säugten sie knapp zwei Wochen lang und entließen sie nach der dritten Woche in die Freiheit. Da waren die jungen Weibchen schon fortpflanzungsfähig. Bei bis zu sechs Schwangerschaften pro Jahr, mitunter auch mehr, und der raschen Geschlechtsreife des Nachwuchses kam eine geradezu explosive Vermehrung zustande. Ein Mäusezyklus.

Zyklus bedeutet auf und ab. Zwangsläufig, denn auch bei so günstigen Bedingungen, unter denen die Feldmäuse auf der traditionell bewirtschafteten Flur lebten, wurden Platz und Nahrung knapp. Die Raine boten trockene Stellen bei nasser Witterung. Unter ihnen ließen sich die Bodennester mit den Kinderstuben anlegen. Die vielen Wildkräuter auf den Rainen boten Futter, wenn das Getreide geerntet und die davon zurückgebliebenen Körner aufgezehrt waren. Doch neue Körner reiften erst im Sommer und zum Herbst hin heran. Mit zunehmender Häufigkeit trafen die Feldmäuse immer öfter direkt zusammen. Auch sich fremde, die sich im speziellen Nestgeruch unterschieden. Das führte zu einer Nervosität unter ihnen, die auffällig wurde, wenn man mit dem Hund in der Flur spazieren ging. Zitternde Mäuse, die frei herumwuselten und den Hund zur Jagd animierten, waren Ausdruck dafür, dass etwas Besonderes ablief. Es war tatsächlich so besonders, dass es über die Medizin in die Menschenwelt Eingang fand: Stress. An den Reaktionen von Haus- und Feldmäusen auf Massenvermehrung und überhöhte Siedlungsdichte wurde der Stress entdeckt und medizinisch erforscht. Bei den Feldmäusen löste er, oft zusammen mit Krankheiten, die sich rasch ausbreiteten, den Zusammenbruch der örtlichen Bestände aus. Monatelang blieben die Mäuse nun selten, oft kaum noch auffindbar, bis im zweiten Jahr, spätestens im Winter des dritten eine erneute Massenvermehrung einsetzte und eine neue Welle startete. Wo auch immer genauer nachgeforscht wurde, zeigte sich, dass der Bestand der Feldmäuse im drei- bis vierjährigen Rhythmus schwankte. In kühleren Regionen im vierjährigen wie auch die Maikäferbestände. Die Übereinstimmung mit den nordischen Lemmingen, viel größeren Nagern der Wühlmausverwandtschaft, wurde offensichtlich. Die Wühlmauszyklen betrachtete man als ein natürliches Phänomen.

Das waren sie auch, gleichwohl verursacht durch unnatürliche Lebensbedingungen. Denn woran es damals auf der nicht flurbereinigten Flur mangelte, waren die natürlichen Feinde. Die Greifvögel waren bereits extrem stark dezimiert worden. Die Jäger hatten sie als »Raubvögel« abgestempelt und zum Schutz »ihres Niederwildes« mit allen Mitteln vernichtet. Mit Abschuss und Giftködern, mit Fallen und Uhus als Lockvögeln für den Abschuss. Die Jäger erhielten Unterstützung von der Landwirtschaft, die Chemikalien einsetzte, die die Greifvögel zugrunde richteten. DDT hieß das umfassende Tötungsmittel, das bedenkenlos versprüht wurde, hochgiftige Quecksilberverbindungen (Methylquecksilber) und weitere Pestizide mit klangvollen Namen wie Aldrin und Dieldrin folgten. In endloser Kette bis heute. Stets stellte sich nach Jahren der Massenverwendung heraus, dass gravierende Schäden die Folge waren. DDT reicherte sich sogar in der Muttermilch stillender Frauen an. Es gelangte zu den Pinguinen in die Antarktis. All das war und wird hochgradig subventioniert mit Steuermitteln. Gegen die Mäuse wurden spezielle Gifte entwickelt, Rodentizide genannt. Greifvögel, Füchse und Wiesel waren als natürliche Regulatoren unerwünscht. Sie sind es bis heute, auch wenn den Jägern wenigstens der Greifvogelschutz einigermaßen abgetrotzt werden konnte.

Die Feldmauszyklen wurden unregelmäßig und regional weniger ausgeprägt, weil den Mäusen nach den Flurbereinigungen und mit der Vergiftung der Ackerwildkräuter schlicht und einfach die Nahrungsbasis entzogen worden war. Verschwunden sind sie nicht. Denn an den Straßen gibt es Randbereiche, die nicht (mehr) bewirtschaftet werden, mitunter bleiben auch Flurstücke brach. Dämme bieten geeignete Lebensräume und ausgewiesenes Bauerwartungsland wird aus der Agrarnutzung genommen. Die Zahl der außerhalb von Ortschaften überfahrenen Hauskatzen weist auf die klein gewordenen, aber immer noch deutlich erkennbaren Feldmauszyklen hin. In großflächig bewirtschafteten Agrargebieten, in denen die Gesamtintensität der Nutzung deutlich geringer bleibt, sind Wühlmauszyklen ausgeprägter. Dort gibt es Feldbruten von Wiesenweihen und anderen Greifvögeln, für die Feldmäuse die Hauptbeute darstellen. Auf den Wiesen lauern im Herbst und Winter neuerdings Silberreiher auf Feldmäuse. Auch der Bruterfolg von Störchen hängt davon ab, ob es in der Umgebung reichlich oder nur wenige Feldmäuse gibt.

Feldmäuse sind eine »Knotenart« im Netzwerk ökologischer Beziehungen der Fluren. Dank ihrer hohen Vermehrungsfähigkeit setzen sie pflanzliche Nahrung sehr effizient in tierisches Eiweiß um, das über die Nahrungsketten weiterverwendet wird. Wo sie fehlen, löst sich dieses Netzwerk auf. Werden sie auf zu geringem Häufigkeitsniveau gehalten, fallen jene Nutzer zuerst aus, die in besonderem Maße von der Erbeutung von Feldmäusen abhängig sind. Opportunisten wie die Raben- und Nebelkrähen kommen am besten zurecht, und es ist kein Wunder, dass wir auf den Fluren kaum noch andere Vögel als Krähen sehen. Mit den zurückgehenden Feldmäusen verbunden ist auch der Schwund der Schmetterlinge, das Verstummen der Lerchen, das Aussterben der Rebhühner und, und, und … Die kleine Maus hat eine große Bedeutung. Wir sollten unsere Subventionsleistungen für die Landwirtschaft davon abhängig machen, ob sie Maus & Co in ausreichendem Maße auf den Fluren leben lässt. Dann werden auch wieder Hasen über die Fluren hoppeln, bunte Blumen blühen und das Land würde wieder schön sein. In ein maschinell nicht zu bewirtschaftendes, zu kleinteiliges Mosaik braucht es dafür nicht zurückentwickelt zu werden. Vermeidung von Gift und Verminderung der Düngung täten es auch, verbunden mit einem angemessenen Anteil von Feldteilen und Streifen, die der Natur überlassen bleiben. So eine Landwirtschaft ist es wert, von der Gesellschaft subventioniert zu werden.

## *Citellus citellus*
# ZIESEL

## *Cricetus cricetus*
# FELDHAMSTER

Die kleine Feldmaus hat große Verwandte. Etwas entfernte, wenn wir es genau nehmen, aber Nagetiere wie sie, und in der Lebensweise Mittel- und Großausgaben der »Maus«. Murmeltier und Maus? Bereits die Römer hatten die Verwandtschaft erkannt und die großen Murmeltiere »Alpenmäuse« genannt: *Mures alpinum*. Daraus entwickelte sich mit der Zeit das »Murmel« im Murmeltier. Murmeln tun sie nicht. Sie stoßen Pfiffe aus, die von frechen Buben stammen könnten. Murmeltiere sind die Großausgabe der Feldmaus mit vier bis acht Kilogramm Körpergewicht und damit rund hundertmal so schwer wie sie. Die Mittelklasse repräsentieren die Ziesel mit 200 bis 350 Gramm, also dem Zehnfachen der Feldmaus, und die Feldhamster, deren Gewicht von gut 150 bis knapp 500 Gramm reicht. Beide Arten werden jeweils eigenen Familien der Nagetiere zugerechnet. Für unsere Betrachtungen schließen sie aber recht gut an die Feldmaus an, weil sie, wie diese, ursprünglich aus der Steppe kamen. Ihre Herkunft prägt ihre Lebensweise in der Kultursteppe der Fluren bis hin zu den alpinen Hochweiden, die es ohne die Almwirtschaft in der uns vertrauten Weise gar nicht gäbe.

Sehen wir uns zunächst den Feldhamster an. Bis vor wenigen Jahrzehnten lebten in Deutschland Hamster noch an verschiedenen Stellen im Rhein-Main-Gebiet und auf ostdeutschen Fluren. Besonders häufig kamen sie im Osten Österreichs vor, am Neusiedler See und weiter ostwärts in Ungarn und der südlichen Slowakei. Sie waren so häufig, dass sie als Schädlinge intensiv verfolgt wurden. »Hamstern« als ihr besonderes Lebensmerkmal wurde in die Umgangssprache übernommen. Damit wird übertriebenes, egoistisches Anhäufen von Vorräten bezeichnet, wobei in Deutschland längst kaum noch jemand dabei an Hamster denkt und noch weniger selbst jemals gesehen hat, was Hamster anhamstern: Getreidekörner, Stücke von Kartoffeln, Rüben und stärkereichen Wurzeln verwahren sie in einer frostsicheren, unterirdischen Kammer. Diese Vorräte können zehn bis 15 Kilogramm erreichen. Das entspricht dem etwa Dreißigfachen ihres Körpergewichts. Artgenossen lässt der Hamster nicht an seinem Vorrat teilhaben. Hamster sind strikte, gegen Artgenossen aggressive Einzelgänger. Nur zur Paarung dulden Weibchen für kurze Zeit die Männchen in ihren Bauen. Nehmen wir an, dass der tägliche Nahrungsbedarf eines Hamsters etwa 20 Prozent des Körpergewichts ausmacht, was bei einer energetisch gehaltvollen Nahrung größenordnungsmäßig sicherlich zutrifft, sollte der Vorrat etwa 150 Tage reichen. Hamster halten Winterschlaf von Oktober bis März, also rund ein halbes Jahr. Dabei benötigt ihr Stoffwechsel dank der abgesenkten Körpertemperatur weit weniger Energie als bei normaler Aktivität. Sie wachen aber während des Winterschlafs häufig auf, entleeren Darm und Blase in einer eigens dafür gegrabenen Nebenkammer, verzehren eine entsprechende Portion Nahrung und fallen wieder in den tiefen Winterschlaf. Allein aus dieser Übersichtsbetrachtung geht hervor, dass Vorräte und Bedarf während der gut fünf Monate Winterschlaf einander entsprechen. Zum Bedarf gehört nämlich auch, dass zum Beginn der Frühjahrsaktivität noch Vorräte vorhanden sind, weil es draußen zu der Zeit weder Pflanzensamen noch Rüben und dergleichen gibt.

Vor allem für die Weibchen ist es wichtig, in guter Kondition zu sein, denn schon im April, kurz nach dem Aufwachen, beginnt die Paarungszeit. Frühe Schwangerschaften haben den Vorteil, dass der erste Nachwuchs in die günstige Jahreszeit mit frischem, gehaltvollem Grün auf die Steppe hinauskommt, der zweite und der dritte Wurf aber in die beste von Hoch- und Spätsommer, wenn die Samen der Gräser und, auf der Flur, des Getreides reifen. Gut genährte Hamsterweibchen, die dank reichlicher Vorräte früh mit der Fortpflanzung beginnen können, erzielen daher mehr Nachwuchs als solche, die erst zu Kräften kommen müssen, nachdem sie den Winterschlaf beendet haben. Die Junghamster werden schon im Alter von knapp drei Monaten selbst fortpflanzungsfähig. Eine Hamsterin, die sich Mitte April gepaart hat, bringt Anfang Mai die ersten Jungen zur Welt, fünf bis zwölf, je nachdem, wie ihre Kondition ist. Die im unterirdischen, gut ausgepolsterten Wohnkessel geborenen Jungen sind etwa fünf Gramm schwer, noch nackt und blind. Sie werden knapp drei Wochen lang gesäugt. Nach zehn bis zwölf Tagen wächst ihr Fell, kurz darauf öffnen sich ihre Augen. Etwa vier Wochen nach der Geburt sind sie selbstständig, also in diesem Fall Mitte bis Ende Juni. Läuft alles bestens, wird die Hamsterin gleich wieder schwanger und hat im August einen neuen selbstständigen Wurf. Und einen dritten Ende September/Anfang Oktober. Hamster können bis zu zehn Jahre alt werden. Eine Hamsterin, die von Frühjahr bis Herbst Junge hat, erreicht so ein Alter zwar nicht, aber auch wenn sie nur zwei oder drei Jahre lebt, fällt ihre Fortpflanzungsleistung enorm aus mit Kindern und Kindeskindern. Ähnlich wie bei Feldmäusen kommen dadurch »Hamsterjahre« zustande. Früher waren dies die Jahre, in denen sie Schäden in der Landwirtschaft verursachten. Zum Beispiel in den 1960er- und 70er-Jahren am Neusiedler See. Da lagen im Sommer und Herbst überall auf Straßen im Seewinkel überfahrene Hamster, obwohl damals der Autoverkehr noch schwach war. Pro Kilometer gab es Dutzende Hamster; unverkennbar an ihrer schwarzen Bauchseite, einrahmt vom braunen Rücken- und Seitenfell. Unverkennbar auch am kurzen Schwanz und dicken Kopf. Einen platt gefahrenen Hamster kann man mit keiner anderen Tierart verwechseln. Niemand beklagte die Hamsterverluste – im Gegenteil. Bedauert wurde nur, dass es damals auch so viele überfahrene Hasen gab. Denn diese hätte man jagen und

danach essen können, die Hamster nicht. Mäntel aus Hamster-
fell waren aus der Mode gekommen, obwohl sie ein so einzigar-
tiges Muster bildeten. Hätte man den Menschen am Neusiedler
See damals prophezeit, dass Jahrzehnte später in Deutschland
große Bauvorhaben aus Artenschutzgründen blockiert werden
würden, weil Hamster auf dem dafür vorgesehenen Gelände vorkommen, wäre dies für verrückt gehalten worden. Hamster
schützen! Was für ein absurder Gedanke! Die Zeiten änderten
sich schneller, als man mitzudenken bereit war.

Hamster sehen reizend aus. Ihr putziges Aussehen täuscht jedoch wie selten bei einem Tier. Ärgert man sie, richten sie sich
auf die Hinterbeine auf, breiten die vorderen wie Arme aus und
drohen in dieser Haltung. Da ähneln sie einem weit aufgerisse-
nen, schwarzen Schlund, der zum Zubeißen bereit ist. Dieses
Drohen wirkt! Auf uns Menschen jedenfalls, wahrscheinlich auch
auf manches Tier, das einen Hamster erbeuten will. Ganz gewiss
wirkt es aber auf andere Hamster, die an der Größe dieses aufge-
rissenen »Rachens« die ungefähre Stärke des Gegners abschätzen
können. Völlig unwirksam dagegen ist diese Drohhaltung ihren
Hauptfeinden gegenüber, denn diese stoßen aus der Luft zu:
große Falken wie die Würgfalken, *Falco cherrug,* der südosteuro-
päischen Steppen, Kaiseradler, *Aquila heliaca,* und andere Greifvögel. Hamster versuchen daher, sich möglichst wenig vom Eingang ihres unterirdischen Baus fortzubewegen. Doch auch in
diesem sind sie keineswegs sicher. Hermeline, *Mustela erminea,*
folgen ihnen nach, und Steppeniltisse, *Mustela eversmanni,* versuchen, sie darin zu erbeuten. Durchaus so erfolgreich, dass diese
Iltisse als Hamsterjäger von den Bauern sehr geschätzt waren, als
es noch viele Hamster gab. Müssen halbwüchsige Hamster und
Männchen in Hamsterjahren auf der Suche nach paarungsbereiten Weibchen viel draußen herumlaufen, ziehen sie Beutegreifer

von weither an. Es entstanden früher häufig ähnliche Verhältnisse wie in der arktischen Tundra bei Massenvermehrungen von
Lemmingen. Und bei Hamsterjägern ergab sich, ebenfalls ähnlich wie bei den Lemmingen, die Schwierigkeit, die fünf bis sechs
Monate über die Runden zu kommen, in denen die Hamster
komplett verschwunden waren, weil sie tief im Boden im Winterschlaf lagen. Die Wühlmausjäger hatten es da besser, weil ihre
Beute keinen Winterschlaf hält. In der Kultursteppe begünstigt
das winterliche Vorkommen von Feld- und Erdmäusen damit
auch jene Feinde der Hamster, wie das Hermelin, weil dadurch
Alternativen zur Ernährung vorhanden sind. In geringerer Häufigkeit zwar und schwieriger zu erjagen als im Sommerhalbjahr,
aber immerhin. Und dieser Vorteil für die natürlichen Feinde begünstigte indessen auch die Hamster: Getreide, großflächig und
mosaikartig auf den Fluren angebaut, liefert ungleich gehaltvol-
lere Wintervorräte als die kleinen Grassamen der Natursteppe.
Die Hamsterweibchen kamen damit in besserer Kondition ins
nächste Frühjahr und bekamen mehr und schneller Junge. Daher ließ die Kultursteppe die Hamsterbestände stärker zunehmen
und folglich auch in größerem Umfang schwanken als in der Natursteppe, ihrer Heimat.

Die Steppe teilen sie mit einem im Körperbau anders, weil
rank und schlank aussehenden Nager ähnlichen Gewichts, dem
Ziesel. Ziesel sind »Erdhörnchen«, also nähere Verwandte der
Eichhörnchen, die dem Leben am und im Boden angepasst sind.
Mit ihrem schlanken, länglichen Körper und dem rundlichen
Kopf entsprechen sie den echten Hörnchen, aber ihr Schwanz ist
kürzer, weniger behaart und nur zur Spitze hin etwas buschig.
Wie Eichhörnchen richten sich Ziesel häufig auf und machen
Männchen. Sieht man sie nahe genug, fallen ihre sehr großen
dunklen Augen auf. Die Ohren sind, ihrer teilweise unterirdi-

schen Lebensweise gemäß, klein und wenig auffällig, wie bei den Feldmäusen. Zwar hören sie gut, insbesondere den schrillen Pfiff, mit dem sie einander vor Gefahren warnen, nutzen aber die Augen weit mehr, um Feinde zu entdecken. Auch für die Ziesel kommen diese hauptsächlich aus der Luft. Es sind dieselben Greifvögel, vor denen auch der Hamster Angst haben muss. Ziesel graben sich Baue in den Steppenboden, die bis zu zwei Meter in die Tiefe reichen und damit frostfrei bleiben. Meist führen mehrere Eingänge zu den unterirdischen Wohnkammern, mindestens aber zwei. Damit können sie unter Umständen dem Hermelin entkommen, das aufgrund ähnlicher Größe und schlanker Körperform in ihren Bau eindringt. »Fallröhren« führen nahezu senkrecht in den Boden. Die üblicherweise benutzten Ein- und Ausgänge führen hingegen schräg zu den Wohnkesseln, in denen die Jungen, fünf bis acht, nach einer Tragzeit von etwas mehr als drei Wochen geboren werden. Es gibt nur einen Wurf pro Jahr. Die Jungen wiegen bei der Geburt fünf bis sechs Gramm. Sie sind blind und nackt. An die sechs Wochen werden sie gesäugt. Ihre Augen öffnen sich im Alter von vier Wochen. Danach verlassen die Jungen gelegentlich den Bau, erhalten aber weiterhin Milch. Selbstständig sind sie nach etwas mehr als zwei Monaten, fortpflanzungsfähig werden sie erst im nächsten Jahr.

Ziesel sind schlank, Hamster kurz und dicklich, so der Eindruck. Doch so groß ist der Unterschied gar nicht. Die Körperlängen überschneiden sich. Das Gewicht auch, aber Hamster können deutlich schwerer werden. Es ist vor allem der Eindruck, den Hamster im aufgerichteten Sitzen mit ihrer Drohhaltung machen, der sie auf den ersten Blick von einem Ziesel unterscheidet. Jedoch äußern sich die wirklich bedeutenden Unterschiede erst in der Fortpflanzung – in der Zahl der Würfe und im Beginn der Fortpflanzungsfähigkeit. Zwei Nager mit ähnlicher Größe und doch so verschieden. Warum? Die Antwort steckt in der jeweiligen Nahrung, aus der sich weitere bedeutsame Folgen ergeben. Ziesel ernähren sich anders als die von gehaltvollen Körnern lebenden Hamster weit mehr von Gräsern und Wurzeln. Nur wenn Steppengräser reichlich Samen bilden, fressen sie auch diese, und Heuschrecken dazu. Gräser sind wenig ergiebig, und noch weniger taugen sie zum Anlegen von Nahrungsvorräten für die Überwinterung. Die Ziesel müssten weitaus größere unterirdische Heudepots anlegen als die Hamster, wollten sie damit über den Winter kommen. Die Ziesel gehen anders vor: Sie futtern sich im Sommer und Frühherbst so viel Körperfett an, dass sie davon während ihres sehr tiefen Winterschlafes zehren können. Späte Würfe, wie bei den Hamstern, wären bei Zieseln daher unmöglich, weil die Jungen nicht mehr winterfett würden. Es würde also nichts bringen, wenn Zieseljunge im Herbst, vor Beginn des Winterschlafs, die Geschlechtsreife erlangten. Die körperlichen Umstellungen würden zu viel Energie kosten, die sie für das Anfuttern von Reserven benötigen. Sie beginnen den Winterschlaf stattdessen früh, im September, und wachen daraus erst im nächsten April wieder auf. Das ergibt bis zu sieben Monate »Tiefschlaf« mit stark abgesenkter Körpertemperatur, der nur gelegentlich kurz unterbrochen wird, jedoch nicht zur Nahrungsaufnahme. Ziesel sind mit dieser Lebensstrategie nicht weniger erfolgreich als Hamster. In der Steppe geht es ihnen sogar besser, weil sie nur tagaktiv sein und auch auf dürftigem Grasland leben können, vorausgesetzt, der Boden ist tiefgründig genug für die Erdbaue. Hamster brauchen eine höhere Ertragsqualität. Deshalb wurden sie und weit weniger die Ziesel zum Problem für die Landwirtschaft, auch weil man herausfand, was sie alles so hamsterten.

Interessanterweise gibt es eine Maus, die ebenfalls hamstert, wo Hamster und Ziesel vorkommen: die Ährenmaus, *Mus (muscu-*

*lus) spicilegus*. Sie gehört zur Hausmausgruppe, lebt aber beständig im Freien und legt sich für den Winter ein unterirdisches Nahrungsdepot von Grassamen und Getreidekörnern an, das mehrere Kilogramm schwer sein kann. Sie lebt davon und hält keinen Winterschlaf. Stirbt die Erbauerin des Nahrungsdepots, erbt eine Tochter dieses. Kaum zu glauben, dass es Mäuse gibt, die »Besitz« vererben.

Damit haben wir drei unterschiedliche Möglichkeiten, mit dem Engpass Winter zurechtzukommen. Vorrat sammeln für die harte Zeit, ohne zu schlafen. Vorräte anlegen, aber mit einem Winterschlaf verbunden, der nicht so tief und anhaltend verläuft wie bei der dritten Möglichkeit, die von den Zieseln praktiziert wird und bei der keine äußeren Vorräte gespeichert werden, sondern Fett im Körper. All das sind Strategien, den Winter zu überbrücken. Problematisch kann jedoch das Erwachen im Frühjahr werden. Die Ährenmaus hat da keine Schwierigkeiten, weil sie gar nicht tief schläft. Der Hamster braucht eine gewisse Aufwachzeit, ist darin aber beträchtlich schneller als das Ziesel. Wie es Zieseln nach dem Winterschlaf ergehen kann, erlebten wir, damals Zoologiestudenten an der Universität München, bei einer Frühjahrsexkursion an den Neusiedler See, dem westlichsten Steppensee in Europa. Es war April, und es regnete. Tagelang. Natürlich war es da nicht nur nass, sondern auch recht kalt. Nicht gerade fröhlich gestimmt streiften wir umher. Damals gab es auf den Steppenflächen noch keine Einschränkungen aus Naturschutzgründen. Der Seewinkel befand sich abgelegen zwischen dem See und dem Eisernen Vorhang. Dort war für den Westen in gewisser Weise das Ende der Welt. Auf einer großen Fläche, die seit Jahrhunderten als Weidegelände genutzt wurde und die daher den Typ der Ungarischen Steppe repräsentierte, fanden wir viele tote Ziesel. Der anhaltende Regen hatte das Gelände mit riesigen flachen Pfützen überschwemmt. Die Ziesel waren offenbar darin ertrunken und erfroren. Wir nahmen zwei der kalten, leicht gekrümmten Körper mit, um sie später in München für die zoologische Sammlung präparieren zu lassen. Dann gingen wir abends ins zentrale Wirtshaus des kleinen Ortes, um uns selbst aufzuwärmen. Der Wirt kannte uns, weil wir dort jeden Abend etwas Warmes aßen. Wir berichteten von den toten Zieseln. Er meinte, ja, das Wetter sei sehr schlecht, so schlecht wie schon seit vielen Jahren nicht mehr, aber es gebe ja genug »Zeisel«. So nannte man die Ziesel im Seewinkel. Im nächsten Moment flitzte aber eines durch die Gaststube. Das zweite folgte. Die Ziesel waren gar nicht tot; sie hatten lediglich ihre Körpertemperatur wieder auf das Niveau von wenigen Grad über null heruntergefahren, so als wären sie im Winterschlaf. In der warmen Wirtsstube wurden sie wach und munter und erwiesen sich als völlig lebendig. Beim Einfangen wurden wir alle von den Zieseln gebissen, sehr zum Vergnügen der anwesenden Weinbauern aus dem Ort. Wir bekamen den Eindruck, dass sie ein wenig stolz waren auf »ihre Ziesel«. Den Wein, den wir an dem Abend tranken, spendierte uns der Wirt.

Alpen-Murmeltier
*Marmota marmota*

Es ist ein scheinbar großer Sprung vom Rand der Ungarischen Tiefebene hinauf ins Hochgebirge, wo die Murmeltiere leben. Für die biologischen Betrachtungen ist dieser aber gar nicht so groß, denn die nächsten Verwandten der Alpen-Murmeltiere, wie sie genau genommen genannt werden müssen, leben in direkter Nachbarschaft von Zieseln in den östlichen Steppen. Dies ist das Steppen-Murmeltier, *Marmota bobak*, der Bobak, wie es auf Russisch heißt. Der Bobak wird etwas größer als das Alpen-Murmeltier, ähnelt diesem aber in Aussehen und Lebensweise sehr stark. Murmeltiere sind große Nagetiere. Das Alpen-Murmeltier, das nur in den Westalpen, den Pyrenäen und in der Hohen Tatra vorkommt, wird mit einer Körperlänge von 50 bis 60 Zentimetern gut hasengroß, aber zwischen vier und acht Kilogramm schwer. Es ist kräftig gebaut, macht meistens einen dicklichen Eindruck und richtet sich häufig in die Männchenposition auf, weshalb es in Tirol »Mankei« (= Männchen) genannt wird. Wie Ziesel sind Murmeltiere tagaktiv. Sie graben sich ihrer Körpergröße angemessen geräumige Baue in die alpinen Matten, die bis über drei Meter in die Tiefe reichen und sich horizontal mit Gängen und Kesseln über zehn Meter erstrecken können. Darin leben sie in Familien, und diese siedeln mit anderen Familien in lockeren Kolonien benachbart. Wie schon erwähnt, warnen sie einander mit lauten Pfiffen, die weithin durchs Tal schallen. Meistens hält ein Murmeltier an exponierter Stelle Wache. Dieser Wächter versucht, die Umgebung im Blick zu behalten und auf den Steinadler zu achten, den für Murmeltiere mit Abstand bedeutendsten Feind. Auf einen Pfiff hin verschwinden alle, so schnell es geht, in ihren Bauen. Die Einschlupfröhren haben einen Durchmesser von 20 bis 30 Zentimeter, so dass die Murmeltiere tatsächlich blitzschnell hineinkommen. Oft liegen sie unter Felsplatten oder verborgen in dichtem Gebüsch aus Alpenrosen. Die

Röhren und die unterirdischen Kessel graben die Murmeltiere mit den Vorderpfoten, die sie, wie alle Mäuseartigen, sehr geschickt geradezu wie Hände benutzen können. Die Nägel der Zehen sind daher stumpf, die Handflächen unbehaart, und die Sohlen der Hinterfüße tragen Schwielen. Das Graben im Hochgebirgsboden, der meistens stark mit Gesteinsmaterial durchsetzt ist, erfordert derartige Spezialanpassungen. Im weichen Boden von Schwarzerde-Steppen geht das Graben einfacher.

Murmeltiere halten Winterschlaf. Dazu verschließen sie die Zugänge, und die Mitglieder einer Familiengruppe kuscheln sich eng aneinander. So vermindern sie den Wärmeverlust nach außen. Entscheidend ist aber auch bei ihnen die Absenkung der Körpertemperatur auf fünf bis sechs Grad Celsius. Fettverbrennung liefert die Wärme, die nötig ist, um eine langsame Atmung und den langsamen Herzschlag aktiv zu halten. Im Sommer futtern sich die Murmeltiere diesen Fettvorrat durch intensive Nahrungsaufnahme an. Die Alpenkräuter und ihre Wurzeln sind hierfür deutlich ergiebiger als Steppengräser, aber dennoch nicht vergleichbar mit dem, was Getreidekörner oder andere große Pflanzensamen beinhalten. Die Murmeltiere müssen buchstäblich viel Heu machen, um die nötigen Reserven zusammenzubekommen. Nahrungsvorräte tragen sie nicht in den Bau. Darin gleichen sie den Zieseln, ebenso wie mit nur einer einmaligen Fortpflanzung im Jahr. Die Paarungen finden nach Ende von Winterschlaf und einer kurzen Wiedererholungszeit im April oder Mai statt. Der Winterschlaf dauert, je nach Höhenlage, von Ende September bis in den April hinein. Danach sind die Murmeltiere ziemlich schlank. Denn auch wenn sie den Winterschlaf immer wieder mal kurz unterbrechen – Nahrung nehmen sie keine zu sich. Haben die Weibchen die nötige Kondition erreicht, werden sie für einen Tag brünstig. Beim Zusammenleben in lockeren Kolonien reicht dies aus, um die rechtzeitige Paarung zu gewährleisten. Nach etwa 34 Tagen Tragzeit werden die bis zu sieben blinden und nackten Jungen geboren. Die Kleinen wiegen etwa 30 Gramm. Ihre Augen öffnen sich nach drei Wochen, und in ein bis zwei weiteren Wochen kommen die Jungen aus dem Bau und schnuppern Bergluft. Es dauert mindestens zwei, meistens aber drei oder vier Jahre, bis sie zu voller Körpergröße und Fortpflanzungsreife herangewachsen sind. Denn der Bergsommer ist kurz. Wenig Zeit steht für die Gewichtszunahme zur Verfügung. Aber dafür können Murmeltiere bis zu 20 Jahre leben. Bei bis zu sieben Monaten Winterschlaf pro Jahr ergibt das allerdings nur rund acht aktive Jahre.

Das Murmeltierfett wurde früher in der Volksmedizin der Älpler sehr geschätzt und wird zum Teil auch gegenwärtig noch verwendet. Daher ging es den Murmeltieren nicht immer gut in ihrer Hochgebirgswelt. Sie mussten nicht nur den Adler meiden, sondern auch den Menschen. Es ist dem Tourismus zu verdanken, dass sie an manchen Orten zutraulicher wurden, sich zuschauen lassen bei dem, was sie tun, und sogar Futter von den Menschen annehmen. Murmeltiere sind lernfähig genug, sich auf die geänderte Haltung der Menschen zu ihnen einzustellen. Nach Jahrzehnten, in denen sie selten geworden waren und aufgrund großer Scheu kaum beobachtet werden konnten, wurde der Tourismus eine Art Schutzschild für sie. Vielerorts erwarten Sommertouristen, Murmeltiere sehen und möglichst auch fotografieren zu können. Von diesem Zustand sind die Ziesel im Seewinkel am Neusiedler See noch weit entfernt. Auch im geschützten Bereich des Nationalparks.

## Mustela erminea
# HERMELIN

## Mustela nivalis
# MAUSWIESEL

*Hermelin - Winter / Sommer*
*Mustela erminea*

*Mauswiesel*
*Mustela nivalis*

Hermelin und Mauswiesel sehen sich sehr ähnlich, nur, daß
das Mauswiesel nur halb so groß ist. Im Winter wandelt
das Hermelin vom braunen Sommerfell auf ein weißes
Winterfell, nur der Schwanz bleibt bis zur Hälfte schwarz.
Im Gebirge wechselt auch das Mauswiesel zum weißen
Winterfell. Nur ist der Schwanz nicht schwarz.

*Johann Brandstetter*
*2021*

165

Manchmal sieht es wie ein Tanz aus. Das Hermelin springt Bögen, dreht sich halb in der Luft, landet an anderer Stelle, duckt sich, reckt sich, macht Männchen, als ob es sich der Begeisterung von Zuschauern vergewissern wollte – und ist dann urplötzlich weg. Wie vom Boden verschluckt. Abgetaucht ist es tatsächlich in diesen, hinein in ein Mauseloch. Meterweit entfernt lugt es mit seinem Köpfchen heraus, verschwindet wieder und tanzt erneut Kapriolen beim nächsten Hervorkommen. Reine Lebensfreude, könnte man meinen. Vielleicht steckt solche in diesem Spiel, das dennoch purer Ernst ist.

Hermeline sind Mäusejäger. Vor allem auf große Wühlmäuse haben sie es abgesehen. Auf die Schermäuse, die Erdhügel aufwerfen, so dass man meinen könnte, ein übereifriger, noch im Lernen begriffener Maulwurf hätte sie verursacht, so in Reihen angeordnet, wie sie sind. Wer Wühlmäuse im Garten hat oder, noch problematischer, dafür sorgen soll, dass eine städtische Anlage dauernd schön aussieht, wird Hermeline herbeiwünschen. Zwar ist die Gemeine Schermaus, *Arvicola terrestris*, mit 80 bis über 300 Gramm ein Schwergewicht unter den Mäusen, rattenähnlich groß und entsprechend wehrhaft, also auch für Hermeline keine leichte Beute, weil sie in ihrer eigenen Gewichtsklasse liegt. Dafür aber ein besonders ergiebiges Stück. Einzig Kaninchen zieht ihnen das Hermelin vor, so es diese in ihrem Jagdgebiet gibt, weil sich die kleinen Hasen weniger wehren. Es wird angenommen, dass die Tänze, die Hermeline machen, dazu dienen, ein Beutetier zu verwirren. Abgeschnitten von ihrem Schlupfloch werden sie unsicher, wohin sie sich zur Flucht wenden sollen. Doch auch ins Gehirn eingedrungene Würmer, Drehwurm genannt, könnten diese Kapriolen auslösen. Es ist noch einiges unbekannt oder strittig in der Lebensweise des Hermelins.

Das Große Wiesel, wie es auch genannt wird, gehört zu den Marderartigen. Es ist sozusagen eine Kleinausgabe der Marder und das noch kleinere Mauswiesel der Zwerg dieser Verwandtschaft. Beide Wiesel zeichnen sich durch einen sehr lang gestreckten Körper aus, der fast den Boden zu berühren scheint, weil die Beine so kurz sind. Die dreißig Zentimeter Hermelin (ohne Schwanz gerechnet) machen bei stattlichen 300 Gramm Körpergewicht nur zehn Gramm pro Zentimeter aus. Diese merkwürdige Rechnung soll ihren Schlankheitsgrad ausdrücken. Das Mauswiesel unterbietet das Hermelin mit nur fünf Gramm pro Zentimeter, obwohl sich die größten dieser Art mit 25 Zentimetern Länge und knapp 200 Gramm Gewicht dem Durchschnitt kleiner Hermeline annähern. Das wird sich in anderem Zusammenhang noch als bedeutsam erweisen.

Für beide Wiesel ergeben sich aus dem Verhältnis von Gewicht (Körpermasse) zur Länge Vorteile und Nachteile. Der Vorteil: Sie können ihrer Hauptbeute, den Mäusen, in den Boden hinein folgen. Das kleinere Mauswiesel passt sogar in die Feldmausgänge, das größere Hermelin zwar nicht, aber dafür kann es Schermäuse, Hamster und Ziesel in ihren unterirdischen Gängen jagen. Diese Nager sind wehrhaft genug, um sich ein Mauswiesel vom Leibe zu halten, doch gegen ein Hermelin haben sie schlechte Karten. Der Nachteil: Bei einem so gestreckten Körperbau kommt ein sehr ungünstiges Verhältnis von Oberfläche zur Körpermasse zustande. Die Wiesel verlieren weit mehr und viel rascher an Körperwärme, als dies bei kompakterem Körperbau der Fall wäre. Sie müssen entsprechend mehr Beute machen, als eine gleich schwere Schermaus Körnernahrung braucht. Sie ähneln darin den Spitzmäusen, und wie diese machen sie stets einen hyperaktiven Eindruck. Vom Mauswiesel bekommen wir das nicht so mit, weil es zum großen Teil unterirdisch jagt. Nur dann, wenn es als hellbraunes Geschoss, das den Boden nicht zu berühren scheint, über die Straße flitzt, ist es für einen Moment sichtbar.

Die Tänzer sind meistens Hermeline. Im Winter und Frühjahr fallen sie dabei besonders auf, wenn sie noch ihr weißes Winterfell tragen, aber kein Schnee mehr auf den Fluren liegt. In diesem Zustand sind sie »Hermelin« und Krägen oder Mäntel aus ihrem Fell, an dem die Schwänze mit den schwarzen Spitzen verblieben, gebührten gekrönten Häuptern. Solchen insbesondere, die kraft ihrer Nobilität Ehrfurcht erwecken und Würde verbreiten wollten. Zobel oder gar Bärenfell wären früher dafür viel zu rustikal gewesen. Seltsames entwickelt sich mitunter in der Menschenwelt. Für Tiere, die das Pech hatten, zur Hebung der Würde herhalten zu müssen, zeitigte dies verheerende Auswirkungen. Nur ausnahmsweise trug hohe Wertschätzung zu ihrem Schutz bei. Wenn Hermelin zu tragen das Privileg von König und Kaiser war, lag der Fellbedarf natürlich nicht sonderlich hoch. Hätte sich das Hermelinfell dagegen das Volk einfach um den Hals gehängt, wäre es den winterweißen Wieseln wirklich an den Kragen gegangen. Als Pelz für alle in Mode kam, brachte das Pelztiere in größte Bedrängnis und bis an den Rand der Ausrottung. Die Gegenreaktionen von Tierschützern fielen schließlich sehr heftig aus: »Pelze tragen schöne Tiere, aber hässliche Menschen.«

Doch wie kommt es überhaupt dazu, dass das Hermelin aus dem unscheinbaren, gut tarnenden Erdbraun zum so attraktiven Weiß wechselt? Die gängige Antwort lautet: Anpassung an den Winter. Das weiße Fell tarnt den kleinen Jäger, wenn er auf Schnee unterwegs ist. Darauf würde er sich mit dem sommerlichen Braun geradezu perfekt präsentieren für Greifvögel und Eulen, die Kleinsäuger jagen. Die schwarze Schwanzspitze, die unverändert erhalten bleibt, beweist dies, denn sie lenkt vom Ziel ab, vom Kopfteil. Der Zugriff auf die bewegte Schwanzspitze wird zum Fehlgriff. Perfekt, vorausgesetzt der Winter macht entsprechend mit und bringt Schnee zur rechten Zeit. Eher ist das Gegenteil der Fall. Das winterweiße Hermelin flitzt auf brauner Flur umher, wo es vom braunen Sommerfell weit besser geschützt würde, weil kein Schnee da ist, aber die Umfärbung ins Sommerfell erst im März oder April stattfindet. Diese saisonale Diskrepanz ist in weiten Teilen Mitteleuropas weit größer als die Passung. Schnee kann es früh im Dezember geben, wenn die Hermeline noch braun sind. Der Schnee verschwindet auch in kälteren Regionen Wochen früher, als die Hermeline von Weiß auf Braun umfärben. Im bayerischen Alpenvorland ergibt sich für kaum die Hälfte der Winterzeit eine einigermaßen hinreichende Passung. Besonders ungünstig liegen die Verhältnisse im Vorfrühling, wenn die Hermeline noch weiß sind, die Flur aber längst schneefrei ist und keine schützende Vegetationsdecke trägt. Der Nahrungsbedarf der Hermeline nimmt da aber gerade stark zu, weil im März und April Paarungszeit ist. Hatte es eine Herbstpaarung gegeben und sind die Weibchen schwanger, steigt deren Nahrungsbedarf nach der Keimruhe im Winter ebenfalls. So klar liegen die Verhältnisse also nicht, wie es die übliche Erklärung suggeriert. Allerdings werden die Hermeline in dauerhaft wintermilden Regionen, also insbesondere im klimatisch vom Atlantik beeinflussten Westen Europas, gar nicht weiß, sondern bleiben ganzjährig braun. Es findet trotzdem ein Haarwechsel statt, jedoch nur zu dichterem Winterfell – ohne weiß zu werden.

Inzwischen weiß man, dass ein früher Frost in der Zeit der Neuentwicklung der Haare, die das Winterfell bilden, das Signal gibt, diese weiß wachsen zu lassen. Und dass bestimmte genetische Eigenschaften dazugehören. Doch diese Befunde geben keine Antwort auf die so simple Frage, wozu das weiße Winterfell eigentlich gut ist. Denn wenn seine Ausbildung im riesigen, mehrere Hundert Kilometer breiten Bereich zwischen dem Dauerbraun im Westen und dem steten Winterweiß im Osten schwankt und ziemlich unzureichende bis gänzlich fehlende Passung aufweist, kann der Schutz vor Feinden nicht so bedeutsam sein. Oder doch?

Erweitern wir dazu den Betrachtungshorizont. Das Hermelin kommt im Westen von Nordwestspanien, der französischen Atlantikküste und den Britischen Inseln quer über fast ganz Europa, der Mittelmeerraum ausgenommen, und über Nordasien bis in den Fernen Osten und auch in Nordamerika vor. In diesem riesigen Areal macht »Mitteleuropa«, also Deutschland mit der näheren Umgebung gerechnet, nicht einmal ein ganzes Flächenprozent aus. Die hiesigen Verhältnisse können damit nicht als »typisch« für das ganze Verbreitungsgebiet des Hermelins gewertet werden. Mitteleuropa stellt eine Übergangszone dar zwischen ozeanisch-wintermildem und kontinental-winterkaltem Klima. Zweiter Gesichtspunkt: Hermeline jagten auch in der Eiszeit Kleinsäuger, zum Beispiel die gegenwärtig »nordischen« Lemminge. Das Ende der letzten Eiszeit, der Weichsel- bzw. Würm-Kaltzeit, um es präziser auszudrücken, liegt nur gut 12 000 Jahre zurück. Ist es plausibel, dass Anpassungen, die viele Jahrtausende das Überleben förderten, aufgegeben werden, weil sich vergleichsweise kurzfristig die klimatischen Rahmenbedingungen geändert haben? In jüngerer Vergangenheit, in den Jahrhunderten der sogenannten Kleinen Eiszeit zwischen dem 16. und dem 19. Jahrhundert, waren die Winter noch beträchtlich kälter und schneereicher als gegenwärtig. Nur eine extrem starke Selektion wäre in der Lage, eine alte erfolgreiche Anpassung auszulöschen, die bis vor 150 oder 200 Jahren das (winterliche) Überleben begünstigt hatte. Eine solche Selektion war drittens hierzulande gar nicht möglich, denn die Hauptfeinde der Hermeline, die Greifvögel, wurden seit dem 18. Jahrhundert extrem dezimiert. Gleichzeitig förderte die Art der Bewirtschaftung der Fluren die Häufigkeit der Mäuse. Günstigeres Nahrungsangebot und drastisch verminderter Feinddruck erklären durchaus plausibel, weshalb sich in Mitteleuropa die Hermeline den »mismatch« ihres weißen Winterfells mit den tatsächlichen Schneeverhältnissen leisten können. Mit der Bejagung, insbesondere mit dem völlig unselektiven Fallenfang, wirken die Jäger zudem anhaltend stark auf die Hermelinbestände ein. Halbwegs naturnahe Verhältnisse gibt es einfach nicht mehr, auch nicht mit der abnehmenden Kleinsäugerhäufigkeit auf den Fluren und milderen Wintern.

Gleiches gilt grundsätzlich auch für das Mauswiesel, außer dass es, weil es so sehr auf die kleinen Wühlmäuse Feld- und Erdmaus spezialisiert ist, im Vergleich zu früher recht selten geworden ist. Den Überfahrenen auf den Straßen zufolge liegen seine Bestände gegenwärtig beispielsweise in Südostbayern bei weniger als einem Fünftel der Häufigkeit der 1970er-Jahre. Diese Befunde stellen sicher keinen Sonderfall dar, denn die untersuchten, über 100 Kilometer langen Strecken durchschneiden typisches Agrarland mit Waldstücken und dörflichen bis kleinstädtischen Siedlungen. Der Fluranteil liegt bei rund 60 Prozent, also etwas höher als im deutschen Durchschnitt. In den 1970er und auch noch in den 1980er-Jahren schwankten die Häufigkeiten der überfahrenen Hermeline und Mauswiesel noch ausgeprägt mit den Wühlmauszyklen, ebenso wie die außerhalb der Ortschaften überfahrenen Hauskatzen und die Winterhäufigkeit der Mäusebussarde entlang der Registrierstrecken. Von Wühlmauszyklen ist in den stark gesunkenen Zahlen überfahrener Wiesel kaum noch etwas zu erkennen. Am ehesten äußern sich diese Zyklen noch bei den Mäusebussarden, sofern es an

Waldrändern viele Rötelmäuse gibt, nachdem die Eichen und die Buchen stark gefruchtet haben.

Die einfache Frage nach der Bedeutung des weißen Winterfells hat uns tief hineingeführt in die Lebensverhältnisse der Wiesel. Neue Wendungen sind durch neue Forschungen hinzugekommen. So deutet einiges darauf hin, dass weißes Fell besser wärmt als braunes und zwar nicht etwa deswegen, weil es als Winterfell dichter ausgebildet ist. Denn das könnte das braune auch sein (und wird es, wie schon festgestellt, mitunter in unseren Breiten auch), wie beim Fuchs der »Winterpelz«. Sondern vielmehr deshalb, weil die weißen Haare Luft enthalten. Daher wirken sie weiß, weil das Licht gestreut wird. Die im Haar eingeschlossene Luft isoliert gegen Kälte noch besser als die zwischen den Haaren befindliche. Diese Theorie führt zurück zur schlanken Körperform der Wiesel und dazu, wie sich diese auf ihren Energiehaushalt auswirkt. Dabei geht es um Bilanzen, wie es der Ausdruck »Haushalt« nahelegt, also um das tägliche Verhältnis zwischen Erzeugung und Verlust von Wärme. Verlust ist aber nicht immer negativ zu sehen: Ein Körper, der sich intensiv bewegt, muss Wärme nach außen abführen, damit sich diese nicht staut, denn zu Überhitzung darf es auch nicht kommen. Hieraus ergibt sich auch eine mögliche, sehr einfache Erklärung für das verrückte Tanzen der Hermeline: Sie müssen dabei vielleicht gerade solch einen Wärmeüberschuss loswerden, weil sie lange und intensiv in den Wühlmausgängen gejagt haben, in denen wohltemperierte Verhältnisse herrschen. Oder aber sie müssen sich richtig aufwärmen, weil es darin zu kühl geworden war. Mit Minichips, die Temperatur- und Bewegungsdaten speichern, lassen sich solche Überlegungen wissenschaftlich nachprüfen. Um Wiesel zu verstehen, wäre es gut, den Wärmehaushalt unter Freilandbedingungen zu klären, im Winter wie im Sommer.

Einen wichtigen Hinweis dazu liefern die Verbreitungs- und Größenverhältnisse von Hermelinen und Mauswieseln. Letztere kommen auch im mediterranen Klimabereich und in Nordwestafrika vor, wo sie viel höheren Sommertemperaturen ausgesetzt sind und weit weniger Winterkälte als im klimatisch gemäßigten Mitteleuropa. Das Hermelin fehlt im Mittelmeerraum. Also sollten die Temperaturen eine bedeutende Rolle spielen. Auf dem südöstlichen Balkan und in Griechenland werden die Mauswiesel beträchtlich größer als im nördlichen Europa. Das ist ein Befund, der gegen eine ansonsten ziemlich allgemeingültige ökologische Regel spricht, die »Bergmann-Regel«. Sie besagt, dass die Angehörigen nördlicher Populationen einer Art oder nahe verwandter Arten in kalten Regionen größer (und kompakter = ›Gloger'sche Regel‹) als in warmen werden. Denn dadurch ergibt sich ein günstigeres Verhältnis von Körpermasse zu Körperoberfläche, über die Wärme verloren geht. Beim Mauswiesel verhält es sich jedoch genau umgekehrt: Es ist im Norden kleiner und im Südosten am größten. Aber dort gibt es eben auch keine Hermeline, so dass die Konkurrenz mit dem größeren und viel kräftigeren Vetter die ökologische Sonderung erzwingt. Wo beide gemeinsam vorkommen, sind sie sehr unterschiedlich in ihrer Körpergröße. Unter dem Konkurrenzdruck des Hermelins lebt das Mauswiesel spezialisierter von den kleinen Wühlmäusen und muss daher auch in den kalten Regionen klein und dünn bleiben, um in deren Gänge und Höhlen zu kommen, während es in wärmeren Regionen weniger spezialisiert sein und größer werden darf. In der Kälte des Nordens schützt die Schneedecke vor den tiefen Frösten, die es mit seiner schlanken Kleinheit im Freien nicht überstehen würde.

Auch das, wo die Tiere genau leben, ist ein Aspekt, den wir nicht zu berücksichtigen pflegen, weil für uns die »richtigen«

Temperaturen die meteorologisch erfassten Werte sind. Allerdings lebt so gut wie kein Tier in eineinhalb Metern Höhe über dem Boden im sonnengeschützten Freistand, wo an den Messstellen die offiziellen Temperaturdaten erhoben werden. Diese besagen deshalb für die allermeisten Tiere und auch für sehr viele Pflanzen ziemlich wenig. Die tatsächlichen Verhältnisse, unter denen die Tiere leben und die Pflanzen wachsen, weichen stark davon ab; nicht etwa in Zehntelgraden, sondern unter Umständen in mehr als zehn vollen Grad Celsius. Mag es über der Schneedecke auch minus 20 Grad haben – darunter herrschen vergleichsweise angenehme Werte um null, wenn der Schnee 20 oder 30 Zentimeter hoch liegt. So vor Kälte geschützt können sich, reichlich Nahrung vom Herbst vorausgesetzt, Mäuse sogar vermehren und Mauswiesel Beute machen. Minus fünf Grad Frost ohne Schnee treffen die am Boden lebenden Tiere viel härter, und minus zehn Grad können tief in den schneefreien Boden eindringen. Wäre er schneebedeckt, blieben solch tiefe Nachttemperaturen ziemlich unwirksam. Wie viel oder (meistens) wie wenig besagen dann erst gemittelte Temperaturen für »die Wintermonate«?!

*Martes sp.*
# MARDER

Wieder geht es hier um ein Artenpaar mit vielen Ähnlichkeiten und Übereinstimmungen, aber auch mit Unterschieden, die einen Übergang des Lebens auf der Flur hinein in den Großlebensraum Wald vermitteln. Beide Marderarten gehören zur Wieselfamilie, sind also im Fachjargon Musteliden. Beide tragen Felle, die zu Pelzkrägen und Pelzmänteln verarbeitet wurden, aber nie den Rang von »Hermelin« erreichten, auch nicht mit ihrem nahen sibirischen Verwandten, dem Zobel *Martes vitellina*. Marder sind lang und schlank gebaut, sehr aktiv, aber kurzbeinig, was ihnen beim Klettern zugutekommt, und erbeuten hauptsächlich Kleinsäuger. Das Spektrum reicht von Feldmäusen bis Hasen und schließt mehr Vogelbeute ein als beim Hermelin. Werden Vögel in engen Räumen eingesperrt, aber nicht mardersicher gehalten, kann es zum Drama kommen. Der eingedrungene Marder gerät, so die nachträgliche Deutung des Geschehens, in einen Blutrausch und tötet viele, vielleicht sogar alle Hühner, obwohl er nicht einmal eines ganz verzehren kann. Die aus menschlicher Perspektive gezogene Konsequenz ist klar: Das Untier muss vernichtet werden. Dass der Hühnerstall ordentlich hätte abgedichtet werden sollen, ist nach dem Massaker gänzlich bedeutungslos. Ein Huhn hätte man ja verziehen und danach den Stall dicht gemacht, aber so viele? Der Mörder muss weg!

Hühnerställe alten bäuerlichen Stils gibt es kaum noch. Sie lohnen nicht mehr, seit in der Massengeflügelhaltung Millionen Eier am laufenden Band produziert und Millionenverluste durch Vogelgrippe über Steuermittel ausgeglichen werden. »Eier von frei laufenden Hühnern« sind gewiss besser, aber auch nicht, um es salopp auszudrücken, das Gelbe vom Ei für die Hühner selbst. Die alte Hühnerhofromantik, bei der das verhaltensbiologische Prinzip der »Hackordnung« entdeckt wurde, ist passé. Auf Kleinverhältnisse geschrumpft, entwickelten Enthusiasten die Privathühnerhaltung zu einem Zustand, von dem man wahrscheinlich annehmen darf, dass der ansonsten arg überstrapazierte Ausdruck von den »glücklichen Hühnern« auf sie zutrifft. Vom Marder, der sie nächtens besuchen würde, werden sie, da mardersicher untergebracht, nicht erschreckt.

Durch die veränderte bzw. stark verminderte bäuerliche Hühnerhaltung hat sich der Marder vom Federvieh ab- und einem anderen nächtlichen Treiben zugewandt, das wirklich große Schäden verursachen kann, aber dennoch nicht nennenswert geahndet oder unterbunden wird. Was irgendwie unfassbar erscheint, weil Autohersteller ansonsten alles können, auch das, was sie nicht dürfen, nur mardersicher können sie anscheinend den Motorraum nicht machen. Sollte da etwa eine finstere Hintergrundallianz mit Reparaturwerkstätten existieren, an denen ja auch Arbeitsplätze hängen? So ein bösartiger Verdacht steigt auf, wenn man selbst von einem Marderschaden betroffen ist, der, weil der Motor kaputt ging, zum Kauf eines neuen Autos zwingt, obwohl man mit dem alten, zugegebenermaßen in die Jahre gekommenen, aber vom TÜV stets belobigten, noch sehr zufrieden gewesen war. Wie auch immer, sobald Unerklärliches geschieht, sprießen Verschwörungstheorien. Schwer erklärlich sind die Mardertätigkeiten unter der Motorhaube allemal und immer noch. An bestimmten Beimischungen zu den Gummischläuchen allein liegt es sicher nicht und auch nicht daran, dass es nachts im Motorraum abgestellter Autos noch stundenlang gemütlich warm ist. Ob es wirklich gemütlich ist, so eingepfercht zwischen all dem Metall und dem Ölgestank, darf zumindest hinterfragt werden. Auch warum ein Marder sein Revier ausgerechnet in (!) Autos markieren muss, die mal da, mal dort stehen, ist seltsam genug. Es gibt, wie Füchse eindrücklich zeigen, andere Möglichkeiten, auf die Anwesenheit eines Revierbesitzers hinzuweisen. Tatsache ist dennoch, dass die Marder eine besondere Beziehung zu den Autos entwickelt haben, dass sich umfangreiche Forschungsprojekte damit befassen und sich diverse Marderschutzvorrichtungen gut verkaufen. Automarder wurde als Ausdruck doppeldeutig.

Die Schäden am Auto verursachen in aller Regel Steinmarder, die mit der Bezeichnung »Hausmarder« auch gemeint sind. Der etwas kleinere Baummarder lebt dagegen vornehmlich oder ausschließlich in Wäldern. Sein Beiname »Edelmarder« verheißt für ihn nichts Gutes: Er wurde und wird wegen seines Fells intensiv gejagt, insbesondere mit Fallen gefangen. Das Fell des Steinmarders ist weniger begehrt, weil es gröber wirkt und im Winter nicht so dicht wird. Aus den Benennungen geht hervor, dass sich die beiden Marderarten ziemlich aus dem Weg gehen. Der Steinmarder bewohnt seit vielen Jahren schon Städte und größere Ortschaften. Ist die Flur nicht allzu ausgeräumt, kommt er auch auf dieser vor, wenn sie Hecken, Feldsteinmauern und Ähnliches als Unterschlupf bietet. Solche Stellen sind mäusereich. Steinmarder ziehen zudem gern auf Dachböden von Gebäuden ein. Sie klettern gut, nicht so gut wie die Baummarder im dünneren Geäst, aber gut genug allemal zum Erklimmen von Hausmauern und für den Einstieg in die Dachräume. Hat man Steinmarder über sich, ist abwechslungsreiches nächtliches Gepolter garantiert. In der Dunkelheit fühlen sich Marder sicher und tun gar nicht mehr heimlich. Dachböden finden die Weibchen auch bestens dafür geeignet, ihre Jungen zur Welt zu bringen und großzuziehen. Hat die Fähe dann drei bis fünf der ungemein putzigen, munteren und sehr neugierigen Jungen zu versorgen, ist sie viel unterwegs, und die Kleinen spielen inzwischen so laut herum, dass man meinen könnte, eine große Marderversammlung fände statt. Das insbesondere nächtliche Treiben ist nicht beliebt,

sondern wird als Schlafstörung empfunden. Dass unser Tun tagsüber für da schlafende Marder ähnlich wirken könnte, zählt aus
unserer Sicht nicht.

Die Jungen werden im Frühjahr geboren, obwohl die Paarungen schon im Spätsommer stattfanden. Die Embryonen stellen
im Herbst ihre Entwicklung ein und verharren die Wintermonate über in einem Ruhezustand, bis das Frühjahr beginnt.
Durch diese Keimruhe kommt eine außergewöhnlich lange Tragzeit von 240 bis 290 Tagen bei beiden Marderarten zustande.
Das passt eigentlich überhaupt nicht zu ihrer geringen Körpermasse, die beim Baummarderweibchen bei nur etwa einem Kilogramm liegt. Die Männchen werden zwar fast doppelt so schwer,
aber sie haben auch keine Jungen auszutragen und wochenlang
mit Milch zu versorgen. Den Aufwand, der von den Fähen in
den Nachwuchs gesteckt wird, wenden die Rüden für ihre Kon-
ditionsverbesserung auf. Das ist beim Steinmarder ganz ähnlich,
bei dem die Fähen 1,5 und die Rüden bis 2,3 Kilogramm erreichen können. Steinmarder sind also nur im statistischen Durchschnitt etwas größer als Baummarder. Der Unterschied macht
etwa das 1,3- bis 1,4-Fache aus. Aus vielen ökologischen Untersuchungen weiß man, dass dies ein kritisch geringer Größenun-
terschied ist, der nicht sicherstellt, dass die beiden verschiedenen
Arten langfristig miteinander im gleichen Lebensraum existieren
können. Das 1,6-Fache würde wohl knapp reichen, das Doppelte
in aller Regel sicher sein. Aus diesem Grund wird angenommen,
dass Baummarder und Zobel, die sehr ähnliche, östliche Marderart, die gleichfalls viel auf Bäumen jagt, sich geografisch in ihren
Verbreitungsgebieten ausschließen. Baum- und Steinmarder können durch ihr Leben in unterschiedlichen Biotopen einander
ziemlich gut aus dem Weg gehen, sodass es bislang nicht zu einem
kritischen Zustand der Konkurrenz zu kommen scheint. Um die-

ses ökologische Phänomen zu erläutern, ist es also gar nicht nötig, exotische Beispiele in den Lehrbüchern anzuführen, denn unsere Tierwelt bietet sie durchaus auch.

Dass sich Baum- und Steinmarder an der Färbung, gelblich beim Baummarder und weiß beim Steinmarder, und der Größe des Kehlflecks unterscheiden, hat für sie hingegen gewiss nicht die Bedeutung wie für uns, die wir sie betrachten und bestimmen wollen. »Weißkehlchen« und »Gelbkehlchen« forschen beim Zusammentreffen nicht erst nach, wie die Kehle aussieht, sondern meiden einander von vornherein. Der »Marderduft«, für unser Geruchsempfinden ein Gestank, vermittelt ihnen nötigenfalls auf ausreichende Entfernung, wer denn wer ist. Marder tragen in der Afterregion Drüsen, in denen intensiv riechende Substanzen gespeichert und zur Markierung von Revieren sowie als persönliche Visitenkarte in ihren Kreisen verwendet werden. Ähnlich wie bei den Spitzmäusen stammen die Bestandteile dieser Stinkstoffe aus ihrer Nahrung. Diese enthält mehr Proteine, insbesondere solche, in die schwefelhaltige Aminosäuren eingebaut sind, als die Marder für ihren Betriebsstoffwechsel und als Ersatz für im Körper abgebautes Eiweiß brauchen können. Ihr Kot enthält viel von diesen nicht weiter verdaubaren Reststoffen. Entsprechend stark stinkt er für uns. Einen Teil dieser eigentlich für den Körper giftigen Stoffe speichern die Stinkdrüsen. Das Extrem in dieser Hinsicht bilden die etwas entfernter mit den Mardern verwandten Stinktiere. Bei einer weiteren, gegenwärtig recht seltenen Marderart, dem Iltis *Putorius putorius,* der im eher dörflichen Siedlungsraum, besonders aber in Auwäldern und im feuchten Buschgelände vorkommt, ist der Geruch des Stinksekrets so penetrant, dass er früher, als er noch häufiger vorkam, im Volksmund »Stinker« oder »Stänker« genannt wurde. Verständlich wird diese Eigenschaft, die in mehr oder weniger hoher Intensität eigentlich alle Raubtiere kennzeichnet, wenn wir die Vorgänge bei der Verdauung von Eiweiß genauer betrachten. Ohne zu sehr ins chemische Detail zu gehen, lässt sich festhalten, dass Zucker und Fette ziemlich rückstandsfrei vom Stoffwechsel verwertet werden. Sie liefern nur Wasser und Kohlendioxid als Endprodukt. Proteine hingegen werden im Stoffwechsel unvollständig verwertet. Sie liefern pro Gramm Reingewicht am wenigsten Energie (Fett am meisten). Die Proteinreste sind es, die stinken und die Ausscheidungen entsprechend anrüchig machen. Diese sind zwar auch voller Darmbakterien, aber diese erzeugen keine so intensiven Gerüche bei der Ausscheidung wie die Reststoffe aus dem Eiweiß.

Marder ähneln in vielerlei Hinsicht einer Großausgabe der Wiesel, so gestreckt, wie ihr Körper ist. Sie laufen und springen ebenfalls sehr viel. Das Springen am Boden sieht deutlich aufwändiger aus als bloßes Laufen, ist es aber bei den kurzen Beinen nicht wirklich. Den vielen Hindernissen am Boden weichen sie nämlich mit Bogensprüngen deutlich leichter aus, so dass diese weniger Energie kosten als ein voll bodengebundenes Laufen. Der Vorteil der kurzen Beine kommt erst beim Klettern richtig zur Geltung. Der leichtere Baummarder ist darin dem Steinmarder klar überlegen. Er schafft es sogar, Eichhörnchen im Geäst zu jagen. Wie wichtig sie als Baummarderbeute sind, ist allerdings nicht geklärt, doch für Eichhörnchen reicht die Bedrohung. Marder sind, wie schon festgestellt, ihre Hauptfeinde, weil sie ihnen in die Baumhöhlen nachklettern und vielleicht sogar das kugelförmige Nest in der Baumkrone erreichen können, wenn die Äste dafür tragfähig genug sind. Der Grenzwert sind etwa drei Eichhörnchen(gewichts)einheiten. Denn rund dreimal so schwer wie ein Eichhörnchen ist ein rankes, schlankes Baummarderweibchen allemal.

Baummarder haben noch einen weiteren Grund, auf Bäume

zu klettern. Sie mögen nämlich Früchte wie Wildkirschen, die schwarzen Traubenkirschen und die schwarzblauen Beeren vom Wolligen Schneeball überaus gerne. Der Zuckergehalt dieser Früchte gibt ihnen Energie, die nicht erst über komplizierten Eiweißabbau gewonnen werden muss. Dafür erklettern sie Bäume und Sträucher und holen sich die Früchte mit waghalsig wirkender Akrobatik. Aber Traubenkirschbäume und Schneeballsträucher sind ja nicht so hoch, dass ein Absturz lebensgefährlich wäre. Bei Wildkirschen tragen die Äste ganz gut. Das »Ergebnis« wird zur entsprechenden Jahreszeit sichtbar: Im Juni gibt es Marderhäufchen mit Kirschkernen, im Juli solche mit den viel kleineren der Traubenkirschen und im Spätsommer dann die mit den länglich-flachen des Wolligen Schneeballs. Die Attraktivität von süßen Früchten hängt zusammen mit der intensiven Bewegung der Marder. Sie laufen und springen sehr viel wie Füchse und klettern zudem. Dass der Fuchs süße Trauben mag, davon erzählen schon antike Fabeln. Bei Katzen ist diese Neigung nicht vorhanden, denn ihr Lebensstil ist durch lange Ruhepausen gekennzeichnet. Durchstreifen sie ihr Revier, tun sie dies im Vergleich zu Füchsen oder Mardern geradezu gemächlich ohne hohen Energieaufwand. Sie würden nie auf einen Baum klettern, um sich Kirschen zu holen. Die Verlockung des Süßen hängt bei uns Menschen auch mit Art und Intensität unserer Fortbewegung zusammen. Wir sind vom Typ her Läufer. Zuckerbedarf und Regulierung über den Insulinspiegel liegen auf hohem Niveau in unserem Körper. Zudem verlangt unser großes Gehirn rund ein Fünftel des täglichen Energieumsatzes. Das ist zehnmal mehr, als es seinem Größenanteil im Körper zukäme. Unser Eindruck, dass Füchse und Marder »klüger« als Katzen sind, trügt wahrscheinlich nicht. Sie sind gewiss findiger und eher geneigt, Neues auszuprobieren. Es ist aufschlussreich, über Jahre das Wechselspiel zwischen unterschiedlichem Fruchtansatz bei den Bäumen und Sträuchern und der Intensität der Nutzung durch die Marder mitzuverfolgen. Die Kerne in ihren Kothäufchen zeigen, ob es wieder einmal ein Jahr gegeben hat, in dem Traubenkirschen gereift sind, weil die Bäume im Frühjahr nicht wie meistens so stark von Gespinstmotten befallen waren. Für Wildkirschen, Traubenkirschen und teilweise auch für den Wolligen Schneeball sind die Marder die besten Samenverbreiter. Sie laufen weit umher und setzen ihre Häufchen an Stellen ab, die nicht schon dicht bewachsen sind. Das gibt den Kernen gute Chancen zu keimen. Mit Marderkot sind sie gleichzeitig gedüngt. Dass Steinmarder auch Süßkirschen prima finden, die für sie so bequem an Kurzstammbäumchen reifen, sei nur am Rande erwähnt. Derart delikate Früchte bekommen sie nirgends so präsentiert wie in Gärten. Keine große Marderintelligenz ist nötig, um das zu entdecken. Für das Erkennen der Pfotenabdrücke von Mardern auf dem Auto auch nicht. Diesbezügliche Aufmerksamkeit kann viel wert sein.

*Capreolus capreolus*

# REH

Mit »Kleine Ziege« benannte Carl von Linné 1758 das Reh in seinem großen Werk »Systema Naturae«, das die Grundlage geschaffen hat für die eindeutige und verbindliche wissenschaftliche Bezeichnung aller Organismen. Mit Ziege (*Capra*, in der Verkleinerungsform und männlich *Capreolus*) lag er allerdings ziemlich falsch. Denn das Reh ist mit den Ziegen nicht näher verwandt, wie am Geweih der Böcke sofort zu sehen ist, wenngleich es die Jäger »Gehörn« nennen. Hörner sind ganz anders gebaut, und sie wirken in einer sehr wichtigen Beziehung auch anders als Geweihe. Darauf kommen wir zurück, wenn wir die Geweihbildung betrachten. Rehe waren zu Linnés Zeit in Schweden recht selten, denn die Härte der Winter in den Jahrhunderten der Kleinen Eiszeit hatten sie in mildere Gefilde zurückgedrängt. Erst mit der Erwärmung des Klimas im 19. Jahrhundert fingen die Rehe wieder an, sich in Skandinavien, insbesondere auch in Finnland auszubreiten. In Mitteleuropa gehörten und gehören sie zur »Niederen Jagd«. Diese Herabstufung unterschied sie klar vom viel größeren Verwandten, dem Rothirsch, dem im nächsten Kapitel behandelten Repräsentanten der »Hohen Jagd«. Dieses Wild war gekrönten Häuptern, Herzögen, Fürstbischöfen und anderen einflussreichen Persönlichkeiten vorbehalten, wie nicht selten sogar in unserer Zeit den hochrangigen Politikern. Ein Rehbockgeweih dagegen galt für noble Anlässe als zu mickrig. Dennoch präsentieren es die Jäger immer noch regional auf Hegeschauen und lassen es mit Punkten bewerten. Der Kopfschmuck der Rehe wird höher geschätzt als das Wildfleisch. Er »ernährt« sozusagen die Jäger, die Wert auf die Trophäe legen, bezeichnet dieses Wort in seinem altgriechischen Ursprung doch das »Ernährende« (*trophein* = ernähren). Mit erheblichen Konsequenzen auch für die Rehbestände. Aber zunächst: Was ist es für ein Tier, das Reh?

Ein kleiner, langbeiniger und schlank gebauter Hirsch, der zwischen 17 und etwas über 30 Kilogramm schwer wird, sehr scheu und, wie zu lesen in Bestimmungsbüchern, vorwiegend dämmerungs- und nachtaktiv ist. Letzteres ist so nicht durchgehend richtig, stimmt aber im Großteil des Jahreslaufes mit der Wirklichkeit überein. Die Jäger rechnen das Reh zum »Schalenwild«, weil es, wie alle Paarhufer, gespaltene, in seinem Fall jedoch recht kleine Hufe hat, die in der Ausdrucksweise der Jäger Schalen genannt werden. Ernährungsbiologisch ist es ein Wiederkäuer, der mit kleinem Magen ausgestattet eine verhältnismäßig gehaltvolle Pflanzenkost benötigt. Es gilt daher als »Konzentratselektierer«, vulgo als naschhaft. Das Reh ist rehbraun im Sommer, wenn es die Jäger »rot« nennen, und feldgrau im Winter. Am Hinterteil trägt es einen »Spiegel«, in dem sich nichts spiegelt. Die weiße Fellfläche um die Afteröffnung wirkt vielmehr als Signal für die bei der Flucht der Gruppe nachfolgenden Rehe. Ist die Lage ernst, bedeutet der Spiegel »nicht folgen«, unter weniger bedrohlichen Umständen und für die Kitze aber »folge mir«. Rehe haben große, anmutig dunkle Augen, drehbare Ohren und eine prominente Nase, die wie bei langschnäuzigen Hunden auf ein feines Riechvermögen schließen lässt. Die weiblichen Tiere werden im Sommer zwar (zumeist erfolgreich) befruchtet, aber der sich entwickelnde Keim geht in eine lange Ruhephase bis zum kommenden Frühjahr, so dass die Kitze in der für sie optimalen Zeit, zumeist im Mai, geboren werden. Als Geburtsplatz wählen die Weibchen fast immer eine Wiese, auf der das Kitz auch abgelegt bleibt und sich an den Boden drückt, bis von Zeit zu Zeit die Mutter kommt, um es zu säugen. Die Neugeborenen verströmen offenbar nahezu keinen Geruch, so dass nicht einmal Füchse sie entdecken, die wenige Meter neben ihnen vorbeilaufen. Gegen Sicht von oben schützt sie ein Fleckenkleid, das wie weiße Blumen im bräunlichen Wiesengrund wirken mag. Häufig gibt es Zwillinge, gelegentlich sogar Drillinge, womit das kleine Reh eine für seine Hirschverwandtschaft große Fortpflanzungsrate erzielt. Eine solche hat es auch nötig, denn die Verluste können hoch ausfallen; natürlicherweise wie auch durch die Bejagung. Mit dieser hat es eine so besondere Bewandtnis, dass darauf ausführlicher eingegangen werden muss, um die Situation der Rehe in unserer Kulturlandschaft zu verstehen. Und auch, warum sie von Förstern und Waldbesitzern für besonders schlimme Schädlinge gehalten werden, die es (sehr) kurzzuhalten, am besten im Wald auszurotten gilt.

Rehe kommen in nahezu ganz Europa vor und in großen Teilen Nordasiens bis in den Fernen Osten hinein. Anders als die Rothirsche gelangten sie aber nicht auf den nordamerikanischen Kontinent hinüber. Umgekehrt könnten jedoch die Vorfahren der Rehe von dort stammen, weil sie nicht zu den echten Hirschen im engeren Sinne zählen, sondern »Trughirsche« genannt werden. Diese leben aber vornehmlich in Mittel- und Südamerika. »Bambi« gehört dazu, das Kälbchen des Weißwedelhirschs, *Odocoileus virginianus*, das Walt Disney als Vorbild für seinen berühmten Zeichentrickfilm heranzog. Aber die ursprüngliche Story von Bambi, dem Rehkitz, war in Österreich entstanden.

Rehe gibt es in Eurasien in klimatisch gemäßigten bis warmen Gebieten, vor allem aber in der borealen Nadelwaldzone in deren von Natur aus lichten Wäldern. Die Feingliedrigkeit der Rehe bringt es mit sich, dass ihr Wärmehaushalt in den winterkalten Regionen rasch an die Grenzen der Leistungsfähigkeit kommt. In Mitteleuropa müssen Rehkitze, die im Mai oder Anfang Juni geboren werden, im Durchschnitt mindestens ein Gewicht von 17 Kilogramm bis Winterbeginn erreicht haben, um zu überleben. Früh, schon Mitte Mai geborene Kitze werden mit größerer Wahrscheinlichkeit groß genug als erst bei schönem Juniwetter gesetzte. Nasskaltes Frühjahrswetter kann die Sterblichkeit der Kitze steigern, schöner Mai aber zu kräftigen Jungen führen, die den ersten Winter locker überstehen. Die Verzögerung der Entwicklung der Föten im Mutterleib, die Anforderungen an das Überleben der kleinen Kitze und das Durchstehen des Winters erzwingen von drei Richtungen her Kompromisse, die keineswegs in jedem Jahr die günstigste Kombination ergeben. Doch Rehe sind flexibel genug, um mit solchen Widrigkeiten umzugehen, wie ihr riesiges Verbreitungsgebiet und die Erweiterung ihrer Vorkommen in Skandinavien mit der Erwärmung des Klimas beweisen. Haben sie also Winterfütterung nötig oder nicht? Auch diese Frage spielt mit hinein in ihre jagdliche Behandlung, die für Außenstehende den Eindruck von Zuckerbrot und Peitsche erwecken mag: von intensiver Hege zu intensivem Abschuss. Eine Form von Intensivkultur bei einer Wildtierart?

Fütterung geht davon aus, dass Nahrungsmangel herrscht. Rehe ernähren sich von Pflanzen; von Gräsern, Kräutern und Knospen insbesondere. Daran sollte kein Mangel herrschen draußen in der freien Natur. Die Fluren sind grün, teilweise auch im Winter, wenn Zwischenfrucht oder Wintergetreide angebaut wird. Die Wälder sind es auch. An den Ortsrändern gibt es Gärten, in die die Rehe kommen und sich holen, was ihnen schmeckt. Also leiden sie wohl nicht unter Nahrungsmangel. Doch diese Schlussfolgerung ist zu grob, auch wenn sie mit unseren Eindrücken übereinstimmt. Rehe sind sehr wählerisch. Sie müssen »naschhaft« sein, weil ihr Pansen klein ist und sie von bloßer Grasmasse nicht leben könnten. Deren Verdauung würde zu lange dauern und zu wenig ergiebig an den Nahrungsstoffen sein, die von den Rehen benötigt werden. Die Knospen junger Bäume, die klein genug sind, dass die Rehe sie erreichen, die Spitzen junger Gräser und Blütenknospen enthalten genau das, wonach Rehe suchen. Auch manche Kräuter sind gehaltvoll, sehr wohl auch die dünne Rinde von Sprösslingen, die noch nicht von Borke geschützt ist. So betrachtet, schrumpft die verfügbare Nahrung beträchtlich. Ein Hochwald mit Moos am Boden taugt überhaupt nicht. Auch in einem hallenartigen Buchenwald mit einer dicken Schicht Falllaub am Boden finden sie nichts. Solche Forste sind für Rehe nicht geeigneter als Sturzäcker auf den Fluren. Allenfalls bieten sie bei Sturm einen besseren Schutz. Günstiger sind Auenwälder mit ihrer Vielfalt an Pflanzenarten, aber oft bedeckt nur eine dicke Schicht aus dürren Gräsern den Boden im Winter. Immerhin gibt es dort am Jungwuchs Knospen. Die bei Weitem meisten Knospen und Spitzentriebe enthalten Neupflanzungen von Bäumen. Die Rehe fressen diese ab, wenn sie freien Zugang haben, auch weil ein kleiner Magen viele Knospen benötigt, um immer wieder voll zu werden. Seit Einführung forstlicher Bewirtschaftung der Wälder wurden die gepflanzten Bäumchen durch Umzäunung vor den Mäulern der Rehe geschützt. Die Zäunungen erhielten deshalb die Bezeichnung »Schonung« als Ausdruck für die Verschonung der Bäumchen vor Verbiss. Das Errichten von Zäunen erfordert viel Arbeit und kostet Geld. Waldbesitzer und Förster wollen verständlicherweise diesen Aufwand vermindern, am besten ganz vermeiden. Sie fordern, die Rehbestände so stark zu dezimieren, dass der Jungwuchs ohne Zäunung aufwachsen kann. Diese Forderung ist (forst)wirtschaftlich nachvollziehbar. Da in unserer Zeit die Forste nicht allein vermarktungsfähiges Holz produzieren sollen, sondern zum $CO_2$-Speicher erklärt und aufgewertet worden sind, hat sich der Wald-Wild-Konflikt gerade in den letzten Jahren wieder hochgeschaukelt. Aber heftige Auseinandersetzungen zwischen Jägern, Waldbesitzern und Tierschützern laufen seit über einem halben Jahrhundert. Mit sehr geringen Aussichten auf einvernehmliche Lösungen, was schon eine zurückhaltende Formulierung ist.

Die Landfläche Deutschlands wird zu gut 30 Prozent von Wald bedeckt. Es geht beim Wald-Wild-Konflikt also um Großflächiges, nicht um lokale Probleme. Etwa 55 Prozent nehmen landwirtschaftlich genutzte Fluren ein. Das ist, auf das Reh bezogen, knapp doppelt so viel wie die Waldfläche, die sie bewohnen können, da nicht unwesentliche Teile von Hochgebirgswäldern für Rehe ungeeignet sind. Nun könnte eine Gegenüberstellung klären, wie viele Rehe auf den kombinierten Feld-Wald-Flächen Deutschlands leben. Dass dies so nicht geht, liegt daran, dass sich Rehe nicht einfach zählen lassen. Sie verstehen es ähnlich gut wie die Füchse, sich draußen in der Natur unsichtbar zu halten. Bis es zum Zusammenstoß mit einem Auto kommt, werden sie kaum bemerkt. Da und dort springt eines umher, lagert eine Gruppe auf offener Flur oder drückt sich ein Reh vom Waldpfad fort. Die Jäger wissen zwar mehr über ihren Rehbestand, weil sie viele Stunden auf Jagdkanzeln verbringen und bis in die späte Dämmerung nach Rehen Ausschau halten oder sie zu schießen versuchen. Aber für die Ermittlung zuverlässiger Bestandsgrößen reicht auch dies nicht. Der bei Weitem beste Indikator sind die Abschusszahlen. Diese werden zudem von den Jagdbehörden seit nunmehr fast hundert Jahren aufgezeichnet. Die ermittelten Gesamtzahlen pro Jagdjahr geschossener Rehe liegen sehr hoch. Seit Jahrzehnten steigen sie. In den 1970er- und 1980er-Jahren ziemlich stark, danach weniger, aber nahezu kontinuierlich, und in den letzten Jahren schwanken die Abschusszahlen etwas, um 1,2 Millionen pro Jahr. Da viele Rehe dem Straßenverkehr zum Opfer fallen und nicht wenige auch an Krankheiten verenden, wird mit rund 1,5 Millionen Rehen pro Jahr gerechnet, die dem deutschen Gesamtbestand »entzogen« werden.

Legen wir eine für Rehe geeignete Landesfläche von rund 300 000 Quadratkilometern zugrunde, so bedeutet dies rund fünf tote Rehe pro Quadratkilometer und Jahr. Das ist eine große Menge, verglichen mit anderen Ländern, die kaum ein Zehntel unserer Abschusszahlen erreichen. Folglich muss unser Rehbestand entsprechend groß sein, sonst würde er eine solche Verlustquote nicht verkraften. Wildbiologen schätzen, dass der Bestand um das Drei- bis Fünffache höher liegt als die Abschusszahlen. Das ist plausibel, weil es ganz gut der Fortpflanzungsleistung der Rehe entspricht. Wie oben angegeben, sind Zwillinge häufig, und Drillinge können vorkommen. Es lässt sich leicht durchrechnen, um wie viele Jungrehe der Bestand zunimmt, wenn fast alle fortpflanzungsfähigen Weibchen (Ricken) Kitze bekommen und mehr als die Hälfte von ihnen Zwillinge. Legen wir für Deutschland zwei Millionen Ricken zugrunde, so haben diese bis zum Herbst an die drei Millionen Kitze geboren. Nur wenn es halb so viele wären, glichen Abschuss und sonstige Verluste den jährlichen Zuwachs aus und würden den Rehbestand konstant halten. Aber trotzdem auf sehr hohem Niveau. Schon aus einer so groben Kalkulation geht hervor, dass der Rehbestand in Deutschland hoch produktiv sein muss. Es drängt sich die Schlussfolgerung auf, dass ihn der Abschuss sogar so hochhält, weil dieser gerade so viel abschöpft, dass der Bestand im produktivsten Zustand bleibt. Nun sind aber die Jäger gewiss nicht müßig. Sie bemühen sich, die vorgegebenen Abschusspläne zu erfüllen. Sie investieren enorm viel Zeit für die aus ihrer Sicht waidgerechte Jagd auf das Rehwild, die sich über rund drei Viertel des Jahres ausdehnt. Dennoch reicht das alles nicht. Die Abschusszahlen verharren auf hohem Niveau und die Verbissschäden in den Forsten auch. Offensichtlich würde nur ein weitaus niedrigerer Bestand an Rehen die verbissfreie Waldverjüngung ermöglichen.

Also passt entweder das Reh nicht zum Wald, oder der Forst ist als Nutzwald zu weit vom Naturzustand entfernt und daher nicht mehr tauglich für das Wild. Oder, dritte Möglichkeit, die Jäger jagen »falsch«. Nehmen wir uns diese zuerst vor. Die weitaus meisten Rehe werden vom Ansitz aus geschossen. Die Jagd mit der Kugel lässt ihnen, halbwegs gute Schützen vorausgesetzt, keine Chance. Die allermeisten Jäger sind gute Schützen. Die Jagdkanzeln ermöglichen den präzisen Schuss mit Fernrohr als Zielhilfe. Das Töten erfolgt blitzschnell und »sauber«. Es ist »waidgerecht« und aus Sicht des Tierschutzes nicht grundsätzlich zu beanstanden, abgesehen von Tierschützern, die gegen jegliche Form von Tötung sind. Um derart ethische Fragen geht es hier nicht. Sondern um die Folgen dieses jagdrechtlich richtigen, waidgerechten Rehwildabschusses. Er hat dazu geführt, dass die Rehe extrem scheu geworden sind und sich, so gut es geht, unsichtbar machen. Denn es überleben vornehmlich die Scheuesten. Diese geben ihr Verhalten an ihre Kitze weiter. Der stark erhöhte Abschuss ist auch der Grund dafür, warum Rehe weitestgehend nachtaktiv geworden sind. Das zeigt sich im Verhaltenswechsel in der Schonzeit, in der sie alsbald auch tagsüber draußen auf den Fluren zu sehen sind. Ihre Scheu zwingt sie ansonsten tagsüber in die Wälder, in denen sie die beste Deckung finden. Da die Tötung durch Abschuss kein Lernen zulässt, lösen alle Menschen auf große Distanz die Flucht der Rehe aus, nicht die Jäger allein. Der Mensch ist zum Feind geworden, den es zu meiden gilt.

Rehe können aber in der Deckung des Waldes nicht einfach den Tag verschlafen und erst im Schutz der Dunkelheit zur Nahrungsaufnahme hinaus auf die Flur wechseln. Ihr kleiner Pansen erfordert auch tagsüber Nahrung in zwei bis drei Schüben, je nachdem, wie lange die Hellphase andauert. Sie müssen daher im Wald nach Nahrung suchen und dies vom Frühsommer bis in den Spätherbst und Winter hinein, weil die Jagdzeit so lange dauert. Im Wald wählen sie das Ergiebigste, das sie mit geringstem Aufwand finden können, die Knospen der kleinen Bäume bis in etwa anderthalb Metern Höhe. Erst wenn die Bäumchen darüber gut hinausgewachsen sind, werden die Spitzentriebe vor dem Verbiss sicher. Dass Seitentriebe verbissen werden, ist forstwirtschaftlich meist weniger problematisch, weil die Bäume ohnehin möglichst gerade wachsen und sich nicht seitlich ausbreiten sollen, um gutes Bauholz zu ergeben. Im Forst gibt es wenige Alternativen für die Ernährung der Rehe, insbesondere im Winter. Brombeerblätter, aber sonst? Nicht einmal der im Gegensatz zu den Forsten so üppig wuchernde Auwald bietet im Winter wirklich alternative Nahrung zu den Knospen, denn am Boden ist alles dürr.

Ganz anders draußen auf den Fluren. Dort gibt es Wintersaaten oder Felder mit wintergrünen Zwischenfrüchten. Auch auf den im Herbst noch gemähten Wiesen finden Rehe gehaltvolle Nahrung, weil die Gräser ihre Wachstumszonen bodennah tragen, die »Vegetationspunkte«, die den Knospen der Bäume und Sträucher entsprechen. Als Rehnahrung am ergiebigsten sind die Wintersaaten. Das haben längst auch Wildgänse und Kraniche festgestellt und sich mit den Rehen auf weiten Fluren zu einer Nutzergemeinschaft vergesellschaftet. Die Kombination ist ideal. Kraniche und Gänse achten mit ihrem ausgezeichneten Sehvermögen auf Gefahren, die sich nähern könnten. Die Rehe verfügen über eine feine Witterung und ein hervorragendes Gehör. Alle drei sind an genau dem als Nahrung interessiert, was im Winter auf der Flur wächst. Das passt perfekt zusammen. Auch ökologisch. Denn das Wintergetreide verträgt als Abkömmling von Gräsern weit mehr Verbiss, ohne dass größere Schäden entstehen, als die Jungbäume. Die Vegetationspunkte liegen tief. Sie werden bei der Nutzung durch Rehe und Gänse selten einmal zerstört, wenn die Aussaat nicht spät im Herbst geschehen ist. Jedenfalls bleibt der Schaden ungleich geringer als am Jungwuchs im Forst. Das Prinzip, das dahinter steht, ähnelt dem Mähen der Wiesen, das die Landwirtschaft seit Jahrhunderten praktiziert. Es fördert das Wachstum der Gräser und steigert den Ertrag, wenn es in angemessener Weise durchgeführt wird.

Am besten wäre es also, wenn sich die Rehe weitgehend draußen auf der Flur aufhalten würden. Doch dies geht nur, wenn die Fluren so weitläufig offen und von einem sehr weitmaschigen Netz von Straßen durchzogen sind, dass die Rehe tagsüber kaum von Menschen gestört werden. Dann können sie sich im Winterhalbjahr in Gruppen und Rudeln zusammentun und völlig frei auf den Fluren leben. Das taten sie noch in den 1960er- und 1970er-Jahren durchaus auf kleineren Flächen, bevor die intensive Bejagung einsetzte. Damals waren zum Beispiel im niederbayerischen Inntal im Winter Rudel von 60 bis 70 Rehen auf Feldflächen von jeweils kaum einem Quadratkilometer Größe zu sehen. Das war das Zwölffache des oben aus den Abschusszahlen in Deutschland errechneten Durchschnittswertes für die heutige Häufigkeit der Rehe. Die Rudel auf den Feldern bildeten sich bereits im Herbst und lösten sich erst Ende April bis Anfang Mai wieder auf, wenn die Setzzeit der Kitze nahte. Bei Störungen flüchteten die Rehe nicht in den Wald, sondern versuchten, in der Fläche auf Sicht auszuweichen. Sie beachteten die Bauern kaum, wenn die Feldarbeit nicht allzu nahe an ihren Liegeplätzen durchgeführt wurde. Spaziergänger ebenfalls nicht sonderlich. Mit der allgemeinen, weil behördlich verfügten Steigerung der Abschusszahlen zogen sich die Rehe jedoch zunehmend in die Wälder zurück. Gegenwärtig sind sie erst ab Mitte oder Ende Januar außerhalb des Waldes zu sehen und dies in viel kleineren

Gruppen. Das Reh wurde aus der Flur in die Deckung der Wälder gedrückt, wo es nun weit größere Schäden trotz stark gesteigerter Abschusszahlen verursacht als früher, als es die Feldrehe verbreitet und nicht bloß auf riesigen offenen Fluren in Ost- und Norddeutschland gab.

Rehe sollten also eigentlich möglichst wenig im Wald sein. Waldverträglich sind sie nur, wenn dieser sehr naturnah, also »Wald« ist. Die gepflanzten Forste sind jedoch naturfern. Wenn sie naturnah werden sollten, müsste man den Jungwuchs selbst aufkommen lassen, ohne zu pflanzen. Dabei entstünde jene Fülle an Jungbäumen, die verträgt, dass über 90 Prozent davon verbissen werden, weil ohnehin nicht mehr als ein Prozent zum »erwachsenen Baum« aufwachsen kann. 99 Prozent fallen natürlicherweise der Selbstausdünnung zum Opfer, ob verbissen oder nicht. Gepflanzte Jungbäume sollten hingegen möglichst zu 99 Prozent gedeihen und werden in dafür passenden Abständen gepflanzt. Das eigentliche Ziel wäre es, Reh und Jungwuchs voneinander zu trennen. Ein noch stärkerer Abschuss wird das eher nicht erreichen, sondern die Wald-Wild-Problematik nur verschlimmern. Könnten die Rehe wieder das ganze Jahr über auf den Fluren leben, würde zudem die Häufigkeit der Straßenverkehrsunfälle stark sinken. Denn die allermeisten Wildunfälle geschehen in der Dämmerung und nachts, wenn die Rehe aus der Deckung des Waldes auf die Fluren wechseln. Das müssten sie nicht mehr, könnten sie auch tagsüber draußen auf den Fluren sein.

Ein Lösungsansatz wäre es, Remisen, also buschwerkartige Waldstücke, auf den Feldern für Rehe und andere Tiere anzulegen. Remisen sollten der bloßen und von vornherein wenig Erfolg versprechenden Erhöhung des Jagddruckes entgegengesetzt werden. Große Zäunungen und Bejagung nach Abschussplan sind nicht lösungsorientiert, sondern verursachen immer höhere Kosten. Dadurch, dass die Landwirtschaft mit Steuermitteln seit Jahrzehnten ganz außerordentlich subventioniert wird und eine immense Düngung der Fluren stattfindet, ist diese so wüchsig und gehaltvoll für die Rehe geworden, dass ihre Bestände gegenwärtig größer sind als je zuvor. Insbesondere die hohe Stickstoffdüngung macht die Nahrung für die Rehe ergiebiger und hält die Produktivität der Bestände mit Zwillingen oder sogar Drillingsgeburten hoch.

Wegen der immens hohen Wildbestände ist Deutschland besonders attraktiv für Wölfe. Wie sich die Ausbreitung des Wolfes auf Verteilung und Häufigkeit der Rehe auswirkt, wird sich erst zeigen. Noch sind die Wolfsvorkommen zu lokal. Noch weniger wissen wir, wie sich eine Vergrößerung der Luchspopulation in den Wäldern auf die Rehe auswirken wird. Die Luchse sind bislang so selten, dass kein nennenswerter Effekt auf die Rehe zu erwarten ist. Gäbe es mehr Luchse und Wölfe in den Wäldern, würden die Rehe schließlich von sich aus versuchen, auf den Fluren zu bleiben. Dort setzt ja auch die Ricke ihre Kitze, nicht im dichten Wald. Das Reh ist kein Waldtier im eigentlichen Sinne. Waldränder und Waldinseln in offener Landschaft sind die Kernelemente ihres natürlichen Lebensraumes. Gelänge es durch Umstellung der Bejagung, die Rehe wieder hinauszulocken, könnten wir sie auch wieder viel besser erleben. Das Reh ist ein attraktives Wildtier. Es müsste nicht so scheu sein, wie es gemacht worden ist. Und die Flur müsste auch nicht so arm an Wildtieren sein. Wir haben keinen Mangel an landwirtschaftlichen Erzeugnissen, sondern seit Jahrzehnten gewaltige Überschüsse. Ihre Verwaltung, Umschichtung und »Entsorgung« verursacht enorme Kosten. Die Fluren sind öde geworden. »Bambi« hätte uns weit mehr zu sagen, als in Kinderbüchern steckt.

*Cervus elaphus*
# ROTHIRSCH

Er gehört zur »Hohen Jagd«, der »König des Waldes« mit dem gekrönten Haupt. »Kronenhirsch« nennen ihn die Jäger, wenn sein Geweih am Ende mehrfach verzweigt ist. Sechzehnender, Achtzehnender oder gar über Zwanzigender sind des Waidmanns höchster Traum. Einen solchen »Rekordhirsch« schießen zu dürfen, dafür reisten sie schon zur Zeit des sowjetischen Kommunismus in die osteuropäischen Länder und zahlten in harten Devisen viel Geld dafür. Der Abschuss eines kapitalen Hirsches kostete so viel wie ein Auto der Mittelklasse. Hirsch, also die Bezeichnung für das männliche Tier, wurde sogar zum gebräuchlichen Artnamen. Darin drückt sich die immense Bedeutung des Hirschgeweihs für die Jäger aus.

»Rotwild« werden die braunen Hirsche in der Jägersprache genannt, das zum Leidwesen so mancher Revierbesitzer oder Jagdpächter in Deutschland aber nur in dafür behördlich ausgewiesenen Rotwildbezirken leben darf. Verlassen Hirsche, Hirschkühe oder junges Rotwild diese, müssen sie abgeschossen werden. Das schränkt die »Hohe Jagd« hierzulande stark ein. Begründet wird diese Begrenzung mit den enormen Wildschäden, die in bislang rotwildfreien Wäldern verursacht würden, und mit der Gefahr der großen Tiere für den Straßenverkehr. Dieser findet jedoch auch in den Rotwildgebieten statt. Autobahnen und Bundesfernstraßen werden ohnehin gegen Wildwechsel abgezäunt. Teure »Wildbrücken« ermöglichen gebietsweise den gefahrlosen Übergang. Die Logik des Einsperrens der Hirsche in Rotwildgebiete lässt sich also nicht so recht nachvollziehen. Wer eines hat, genießt das Privileg. Schäden entstehen so und so. Und besser zu sehen bekommt man die Hirsche in jedem Wildpark, weil sie sich, anders als die Rehe, sehr gut im Rudel beisammen halten lassen. In Neuseeland errichtete man große Hirschfarmen zur Erzeugung von Hirschfleisch. Meistens kommt von dort das Hirschsteak aus dem Supermarkt oder in der Gastwirtschaft, wenngleich die Rotwild-Abschüsse in Deutschland auch beträchtliche Mengen Hirschfleisch ergeben. Des Fleisches wegen wird der Hirsch bei uns aber in der Regel nicht gehalten, sondern aus primär jagdlichen Interessen. In den Gebirgsrevieren muss das Rotwild im Winter recht aufwändig mit Futter versorgt werden. Die Hirsche haben sich mit ihrem Anhang in vorbereitete Gatter zu begeben, was letztlich doch eine Art halb wilde Haltung ergibt. Dass die Fütterung ausgerechnet in den Gebirgsrevieren nötig ist, die verhältnismäßig naturnahen Wald tragen, ist doppelt merkwürdig. Einerseits des Bergwaldes wegen, der kein gepflanzter, für das Wild nahrungsarmer Stangenwald ist, sondern ein sehr nahrhaft vielfältiger, andererseits müsste der große Hirsch den Bergwinter gewiss besser überstehen als das zarte Reh, das nicht in die Wintergatter kommt. Fragt man die vor Ort zuständigen Jäger und Förster, werden sie die Wintergatter jeweils überzeugend begründen mit zu großer Schneetiefe, enormem Ausmaß der Störungen durch die Wintertouristen und dem Schutz des Bergwaldes vor dem ansonsten zwangsläufig stattfindenden starken Verbiss der Bäume, weshalb dieser keine Lawinen mehr aufhalten könne.

Auf einen wichtigen Punkt wird jedoch selten hingewiesen: Der Bergwald war ursprünglich nur der Sommerlebensraum der Hirsche. Nach der Brunft im Herbst zogen sie hinab zu den Flussauen und verbrachten darin die Wintermonate. Im Frühjahr wanderten sie wieder bergwärts, wo sie im licht wachsenden Bergwald weniger blutsaugenden Bremsen ausgesetzt sind als im Auwald. In diesem verursachen sie so gut wie keine forstwirtschaftlichen Schäden. Da die Bergwaldhirsche nicht mehr wandern können und dies aus der Sicht der Revierinhaber auch nicht tun »sollen«, müssen sie, so der tiefere Grund, in Wintergattern gefüttert werden.

Sind die Auen groß genug, bleiben die Hirsche ganzjährig in ihnen. »Auhirsche« nennen sie die Jäger mit einem besonderen Ton in der Stimme oder träumerischem Glanz in den Augen, denn von Auhirschen kommen die eindrucksvollsten Geweihe. Die Hirsche der Donauauen gelten als besonders schön und »kapital«. Die stärksten gibt es an der unteren March, wo jetzt der österreichische Nationalpark Donau-March-Auen liegt, sowie in Ungarn, in den Drau- und Save-Auen und in der Dobrudscha in Rumänien. Erzherzog Rudolf von Österreich ging Ende des 19. Jahrhunderts in der damals noch existierenden Donaumonarchie auf Hirschjagd in den Donauauen und schrieb darüber. Viele weitere gekrönte Häupter ebenfalls, bis hin zu den späteren Repräsentanten der kommunistischen Staaten, die die »Hohe Jagd« nicht etwa als bourgeois-dekadent einstuften, sondern durchaus passend für sich selbst hielten. Auch die DDR leistete sich damals große Hirschbestände. Weit früher, im Mittelalter, inszenierte man »ritterliche« Hirschjagden mit großen Netzen, Treibern und mutigen Rittern, die mit langen Lanzen und unterstützt von einer Hundemeute den edlen Hirsch meuchelten. Nur ausnahmsweise setzte ein Erleuchteter, wie der Heilige Hubertus, Gefühl und Reue dagegen. Er wurde sinnigerweise zum Schutzpatron der Jagd ernannt. Das wilde Jagen ging trotzdem weiter, fast bis zur Ausrottung der Hirsche. Hätte es nicht die großen Hirschgärten gegeben, deren Name bis in unsere Zeit die jagdlichen Lustgärten von Adel und Kirche markieren, wäre der Rothirsch wahrscheinlich auf Wisent, Auerochse und Wildpferd gefolgt und ausgestorben. Die Rettung verdankt der Hirsch aller Wahrscheinlichkeit nach seinem prächtigen Geweih. Als Trophäe lässt es sich an die Wand hängen, zu Kronleuchtern oder sonstigem Zierat umformen, der die besonderen Privilegien der Jagd ausdrücken soll. Beim Wisentkopf oder den »Kuhhörnern«

eines großen Ur-Stieres geht dies kaum, beim im Vergleich zu Arbeitspferden kleinen Kopf eines Wildpferdes noch weniger. Die »Krone« ist die Krone der Trophäen. Sie rettete den Hirsch. Wie und warum sie zustande kommt, bietet einen spannenden Einblick in das Leben der Hirsche. Besser als jedes andere Beispiel macht das Hirschgeweih auch verständlich, weshalb es mit der Partnerwahl der (geweihlosen) Hirschkühe zusammenhängt. Sollte das Ergebnis der Darlegungen Leserinnen und Leser nachdenklich stimmen, so ist dies durchaus beabsichtigt. Denn auch wir Menschen unterliegen solchen emotionalen Reaktionen. Doch der Reihe nach.

Rothirsche haben eine feste, zeitlich verhältnismäßig eng begrenzte Paarungszeit im Herbst, Brunftzeit genannt. »Verhältnismäßig eng« ist sie verglichen etwa mit dem Reh, bei dem sich die Brunftzeit über die Monate Juli und August hinzieht und bis zu zehn Wochen andauern kann, während sie beim viel größeren Rothirsch Ende September beginnt und schon Mitte Oktober wieder endet. Die Hauptbrunft läuft damit in kaum mehr als zwei Wochen ab, in einem Fünftel der Brunftzeit der Rehe. Zudem findet sie geradezu geballt in einem kleinen Brunftgebiet statt, nicht weit verteilt wie bei den Rehen. Bei diesen folgt der Bock der Ricke. Beide bilden über Wochen so etwas wie ein Paar, ohne eine Paarbindung einzugehen. Die meisten Rehböcke kommen dadurch zur Fortpflanzung, wenn sie dafür alt genug geworden sind. Nicht so die Hirsche. Einer, der Platzhirsch, schart ein großes Rudel Hirschkühe um sich und verteidigt dieses gegen Konkurrenten, die ihn herausfordern und abzudrängen versuchen. Ist ein Herausforderer etwa gleich stark, kommt es zum Kampf. Dabei stoßen die Kontrahenten mit gegeneinander gerichteten Geweihen zusammen, die sie verhaken. Sie messen die Kräfte mit Schieben und Drücken, bis einer aufgibt. Zu Verletzungen kann es zwar kommen, selten aber zu ernstlichen. Bedeutsamer ist der Kraftverlust, den ein Platzhirsch hinnehmen muss, wenn er zahlreiche solcher Kämpfe in der kurzen Zeit von zwei Wochen zu bestehen hat. Nach der Brunft ist er, sofern er seine Position behaupten konnte, stark abgemagert. Die für einen raschen Sieg naheliegende »Lösung«, einfach kein verzweigtes Geweih, sondern zwei lange, tödliche Spieße auszubilden, hat sich nicht durchgesetzt. Jäger pflegen solche gelegentlich auftretende »Mordhirsche« rechtzeitig zu schießen, damit sie keinen Schaden an den als Trophäe so begehrten Kronenhirschen anrichten, die dank ihrer »Kronen« auch fair kämpfen. Doch selbst ohne Eingreifen der Jäger hätten solche »Spießer« keine Chance. Das liegt an den Hirschkühen. Diese wählen keine Spießer, sondern die großen Kronenhirsche. Diese Feststellung lässt sich mit großer Sicherheit treffen, denn die Junghirsche machen bei ihrer sich über Jahre erstreckenden Geweihentwicklung von Natur aus ein Spießerstadium durch. In diesem Zustand sind sie für die Hirschkühe jedoch völlig uninteressant, gerade so als wären sie geschlechtslos, obwohl sie als Zuschauer am Brunftgeschehen teilnehmen. Es dauert Jahre, bis sie als mögliche Partner zur Paarung in Erwägung gezogen werden. Jahr für Jahr entwickelt sich ihr Geweih weiter. Nach Hirschart wird es als echtes Geweih, als Knochenbildung, im Winter oder Vorfrühling, im Februar und März, abgeworfen. Ein neues wächst nach, überzogen von einer samtig wirkenden Haut, dem »Bast«. Bis zum Sommer entwickelt sich das Geweih dann vollständig. Wenn es fertig, aber noch von Bast bedeckt ist, sieht es am größten aus. Solche Kolbenhirsche, wie sie die Jäger nennen, verhalten sich untereinander friedlich. Sie sammeln sich gern zu Gruppen, die wie Junggesellen darauf warten, bis die Fortpflanzungszeit beginnt, in der sie rasch unverträglich werden. Davor wird das Geweih »gefegt«. Die Hirsche entledigen sich des gegen Ende offenbar immer stärker irritierenden Bastes durch Schlagen der Geweihe an Büsche, so dass dieser mitunter in Fetzen herabhängt und den Eindruck von Krankheit erwecken kann. Ist das Geweih vollends gefegt, und kommen die ersten kalten Nebelnächte des Herbstes, steigt der Testosteronspiegel der Hirsche steil an, und die Brunftzeit beginnt. Mit weithin schallendem, dumpfem Röhren, das sich durch Blasen in eine blecherne Gießkanne nachahmen lässt, tun die Hirsche, die Platzhirsche vom letzten Jahr, ihren Standort kund. Nach und nach sammeln sich dort die brunftig gewordenen Hirschkühe und scharen sich in dichtem Rudel um den immer öfter und immer heftiger röhrenden Hirsch. Dieses Zusammenrotten synchronisiert den Hormonzyklus der Hirschkühe. Sie werden innerhalb weniger Tage nahezu gleichzeitig brunftig und bereit zur Paarung.

Dies ist ein wichtiger Punkt: Die Brunft auf einem gemeinsamen Brunftplatz synchronisiert die Sexualzyklen. Die Hirschkühe werden zur passenden Zeit im Jahreszyklus begattet, und die Entwicklung der Föten kann beginnen, ist aber, wenn der Winter mit seiner Nahrungsverknappung einsetzt, noch nicht so weit fortgeschritten, dass die Hirschkühe von der Schwangerschaft beeinträchtigt werden würden. Im Frühjahr setzt sich die Entwicklung der Jungtiere im Mutterleib mit neuem Schwung fort. Frisches Grün steht nun als Nahrung zur Verfügung. Es ist reich am besonders benötigten Protein. Nach einer ziemlich fixen Tragzeit von 230 bis 238 Tagen gebären die Hirschkühe im Mai/Juni ihr Kalb. Zur Welt kommt es schon so weit entwickelt, dass es nach wenigen Stunden in der Lage ist, zu stehen und der Mutter zu folgen. Anders als das Rehkitz, das »abgelegt« wird und damit für einige Zeit den Zustand eines Lagerjunges durchmacht, ist das Rothirschkalb ein Laufjunges. Es wird bis zu vier Monate gesäugt, beginnt aber noch während der Stillzeit damit, selbst Nahrung aufzunehmen. Selbstständig ist es nach knapp einem Jahr. Das muss es auch sein, denn die Mutter weist es zurück, wenn die neue Brunftzeit beginnt. In der Regel bekommen Hirschkühe nur ein Kalb, selten Zwillinge. Auch darin unterscheiden sie sich deutlich von den Rehen. Die weit fortgeschrittene Entwicklung der Hirschkälbchen im Vergleich zu den Rehkitzen macht dies verständlich. Da die Hirschkuh erheblich wehrhafter ist als eine Ricke, ist keine so hohe Geburtenrate nötig. Mit Schlägen der scharfkantigen Hufe verteidigt die Hirschkuh ihr Junges gegen Hunde und wohl auch gegen Wölfe, zumindest wenn diese einzeln jagen. Gegen ein Rudel Wölfe hilft diese Abwehr nicht. Offenbar waren und sind die Verluste an Wölfen aber nicht groß genug, als dass sie Einfluss auf die Geweihentwicklung und den Zeitpunkt des Abwurfes genommen hätten. Denn als »Kahlwild« sind die Hirsche gegen Ende des Winters weit weniger wehrhaft als mit voll entwickeltem, knochenhartem Geweih mit spitzen Enden. Es entstand daher aller Wahrscheinlichkeit nach nicht, weil es zur Abwehr von Feinden gebraucht wurde, sondern tatsächlich in jenem Zusammenhang, in dem es hauptsächlich eingesetzt wird: bei der Brunft.

Nun ist ein Hirschgeweih aber ein recht aufwändiges Gebilde. Dieses monatelang auf dem Kopf tragen zu müssen, wenn es 20 oder mehr Kilogramm wiegt, stellt allein schon eine Belastung dar. Zudem müssen die ausladenden knöchernen Stangen im Wald zwischen den Bäumen hindurchpassen. Im Dickicht der Dickung ist ein großes Geweih gewiss hinderlich. Ginge es nicht auch weniger aufwändig? Solche Fragen »an die Natur« zu richten, drückt lediglich aus, dass wir Menschen darüber nachsinnieren, weil es uns seltsam vorkommt, dass Hirsch zu sein mit solchem Ungemach verbunden sein soll. Umgangssprachlich drückt sich dies in der hintergründigen Bedeutung von »einem das Geweih aufsetzen« aus. Dass ein Hirschgeweih eindrucksvoll ist, lässt sich nicht bezweifeln. Aber merkwürdig ist es dann doch, dass manche Menschen so sehr danach trachten, sich so viele Geweihe wie möglich an die Wand zu hängen, um sich damit offensichtlich selbst zu krönen. Trophäe, wie schon festgestellt, bedeutet »Ernährung«.

Eine plausible biologische Lösung des Phänomens, ganz ohne Sigmund Freud und die dunklen Tiefen des Unbewussten zu Hilfe nehmen zu müssen, ergibt sich bei vergleichender Betrachtung der Vorgänge, die das ganze Jahr über in den Hirschkühen und in den Hirschen ablaufen. Sie machen eher verständlich, warum das Geweih von Jägern so geschätzt wird und am lebenden Hirsch so eindrucksvoll wirkt: Es ist ein Knochengebilde. Als solches lässt es sich ausmessen nach Spannweite, durchzählen nach Zahl der Enden und wiegen. Das Ergebnis besagt schlicht und einfach, wie viel Knochensubstanz im Geweih enthalten ist. Denn es ist aufgebaut aus denselben Stoffen, hauptsächlich aus Calciumphosphat, wie auch unsere Knochen. Der Menge nach entspricht es der Knochenmasse, die der Körper der Hirschkuh für ihr Junges bereitstellen muss. Im Idealfall eines jüngeren Hirsches sogar ganz genau. Bei älteren übersteigt die Geweihmasse pro Jahr die Menge, die in den Knochen der Hirschkälbchen steckt. Das liegt aber daran, dass der Hirsch selbst über die Jahre sehr viel größer und massiger geworden ist als die Hirschkuh. Um den Zusammenhang zwischen Geweihbildung und Knochenmasse der Hirschkälbchen zu verstehen, müssen entsprechende Bilanzen gezogen werden. Das wird später noch näher erläutert. Starke Hirsche wiegen bis über 300 Kilogramm. Das ist etwa die dreifache Masse der Hirschkühe. Ihr Höchstgewicht, auch im Geweihgewicht, erreichen Hirsche im Alter von zehn bis zwölf Jahren. Danach setzen sie zurück, wie die Jäger sagen und meinen, dass sie an Kondition verlieren.

Die Hirschkühe bekommen Junge ab ihrem dritten Lebensjahr, früher nur, wenn sie in besonders guter Verfassung sind. Sie haben damit in derselben Zeitspanne wie ein alter Kronenhirsch etwa acht Kälber geboren und diese insgesamt wenigstens 24 Monate gesäugt. Für die Erzeugung von Muttermilch benötigen sie Proteine und die Grundstoffe für die Knochenentwicklung, Calcium, Fette und Phosphorverbindungen. Zusammengefasst entsprechen ihre Leistungen bei Erzeugung und Versorgung ihrer Kälbchen denen der Hirsche bei der Bildung der Geweihe, ihrer Zunahme der Körpermasse und den hohen Energieausgaben bei der Brunft. Hirsch und Hirschkuh leisten in einem Jahrzehnt Leben damit sehr Ähnliches – nur auf unterschiedliche Weise. Das Kalb wird geboren, das Geweih als totes Knochengebilde abgeworfen. Was die Hirschkuh in den Nachwuchs steckt, geht beim Hirsch in die Geweihe und die Kondition. Dass er Letztere erfolgreich über Jahre aufgebaut hat und in der Lage ist, sich damit gegen die Konkurrenz zu behaupten, qualifiziert den Platzhirsch als Paarungspartner für die Hirschkühe. Er hat ja nicht nur überlebt, sondern sich erfolgreich gegen viel Konkurrenz durchgesetzt. Dies ist der tiefere Grund dafür, dass sich die paarungsbereiten Hirschkühe um den Platzhirsch scharen und sich nicht einfach von den »Beihirschen« abspenstig machen lassen. Sie bleiben bei ihm und paaren sich mit ihm, nicht weil sie müssen, sondern weil sie »wollen«. Größe und Symmetrie der Verzweigung des Geweihs signalisieren vorab schon, in welchem Gesundheitszustand sich der Hirsch befindet. Befunden hat, bis zum Beginn der Brunft, ist zu präzisieren, denn die Entwicklung des neuen Geweihs setzte bereits ein, als in der Gebärmutter der Hirschkühe die Kälbchen den Hauptteil der Skelettbildung durchmachten. Genährt wird das wachsende Geweih dann weiter über den Bast in der Zeit, in der die Hirschkälber gesäugt werden. Die Hirschkühe wählen daher zur Brunftzeit ganz ähnlich wie die auf eine besonders eindrucksvolle Trophäe bedachten Jäger.

Aber was geschieht mit den Beihirschen, mit all den vielen Hirschen, die nicht zum Zug kommen? Eine einfache Kalkulation ergibt, dass sich, für einige Junghirsche wenigstens, das Zuwarten und Kräftesammeln lohnt, weil die Jahre, die dafür aufzuwenden sind, bis sie an die Reihe kommen, mit der späteren Paarung mit vielen Hirschkühen belohnt werden, wenn es schließlich soweit ist, dass sie kraft ihrer jungen Stärke einen Platzhirsch vertreiben können. Dieser zeugt in zwei oder drei Saisons seiner Dominanz bei einem Rudel von zwanzig Hirschkühen zwar um die fünfzig Hirschkälber oder mehr, musste aber auch fünf und mehr Saisonen darauf warten. Dennoch gehen zwangsläufig manche Hirsche lebenslang völlig leer aus. Sie sind einfach nicht zur passenden Zeit in die nötige Kondition geraten. Möglicherweise waren sie es, die in früheren Zeiten, als die Jäger noch keine weittragenden und zielsicheren Gewehre hatten und Wölfe als die natürliche Feinde wirkten, diesen vorwiegend zum Opfer fielen? Das wissen wir nicht, weil es solche Zustände längst nicht mehr gibt, auch nicht in entlegenen Regionen. So werden die Hirsche im Schweizerischen Nationalpark im Oberengadin zwar seit über hundert Jahren nicht mehr bejagt, aber es gab darin bis vor Kurzem auch keine Wölfe, und gegenwärtig ist deren Anwesenheit und Wirkung noch zu gering, um mögliche Auswirkungen auf die Hirsche feststellen zu können. Die umfangreichsten Forschungen am Rothirsch wurden von Tim Clutton-Brook auf der praktisch waldfreien schottischen Insel Rhum über Jahrzehnte durchgeführt. Wölfe gab und gibt es auf Rhum nicht.

Diese beiden langjährigen Forschungen beweisen aber anderes. Erstens, dass die Hirsche nicht bejagt werden müssen, um ihren Bestand zu regulieren, weil erst gar nicht so viele Junge geboren werden oder der Überschuss abwandert. Zweitens, dass dennoch der empfindliche Bergwald im Nationalpark nicht ruiniert wurde. Hundert Jahre nach der großen, umfassenden Bestandsaufnahme seiner Pflanzenwelt ist der Schweizerische Nationalpark nicht ärmer an Arten geworden, trotz der vielen Hirsche. Auch die Studien auf der waldfreien schottischen Insel bekräftigen, was sich in Nordostdeutschland im Bereich der Brohmer Berge und dem dortigen großen Rotwildschutzgebiet der Deutschen Wildtierstiftung im »Tal der Hirsche« erleben lässt, nämlich dass diese, so sie entsprechend ungestörte Stellen geboten bekommen, nicht das Dickicht des Waldes bevorzugen, sondern durchaus im Freien bleiben. Das vermindert die Waldschäden beträchtlich. Solche verursacht das Rotwild mehr durch das Schälen der Baumrinde jüngerer Bäume als durch das Verbeißen von Knospen. Denn der Rothirsch ist ein Verwerter von »Raufaser-Nahrung« und kein »Konzentratselektierer« wie das Reh. Sein Pansen ist dafür groß genug. Hirsche nehmen sich länger Zeit für das Wiederkäuen und Verdauen, wenn sie ungestört bleiben. Sie könnten also durchaus waldverträglich(er) sein, erhielten sie die nötigen Ruhezonen. Aber lassen sie sich überhaupt so einfach gegen Holzwert aufrechnen, wie es aus forstlicher Sicht zumeist geschieht? Wie viel ist ein Baum wert, den sie verbeißen? Wie lange dauert es, bis dieser aufwächst und einen gegenwärtig noch gar nicht abzusehenden und näher kalkulierbaren Ertrag bringt? Siebzig Jahre oder mehr. Wie viel »Hirsch« ließe sich in dieser Zeit »nutzen« als Trophäe oder Wildfleisch? Eine streng einseitige Nutzersicht duldet solche Fragen nicht.

Am Hirsch scheiden sich die Geister noch mehr als am Reh.

Die Interessen der Gesellschaft werden nicht wirklich berücksichtigt, am wenigsten im Staatsforst, der uns allen gehören sollte. Diesen einseitig auf Holzerzeugung auszurichten, entspricht gewiss nicht den Vorstellungen der großen Mehrheit der Eigentümer. Vielmehr werden wirtschaftliche Partikularinteressen vorgezogen, so auch bei den Rotwildgebieten und ihrer Begrenzung. Nicht die Verkehrssicherheit steht im Vordergrund, sondern das jagdliche Interesse. Dabei ginge es dem Rothirsch als Art in unserer Zeit ähnlich gut wie dem Reh oder dem anschließend zu behandelnden Wildschwein. Diese großen Wildtiere profitieren von der umfassenden Überdüngung der Landschaften, die für sie, wie auch für die Landwirtschaft, so ertragreich sind wie niemals zuvor in der Geschichte. In anderen Ländern mit anderen Jagdsystemen geht man viel vernünftiger mit den großen Wildtieren um. In Skandinavien, in Osteuropa und besonders im (in diesem Bereich) fast in jeder Hinsicht Vorbild gebenden Nordamerika findet man es als durchaus normal, wenn in der kurzen Jagdzeit die Weißwedelhirsche, Walt Disneys ›Bambi‹-Vorbild, in die Vorgärten kommen und abwarten, bis der böse Spuk draußen vorbei ist. Elche dürfen schon in Skandinavien viel freier umherlaufen als bei uns, wo sie ein bayerischer Landwirtschaftsminister in seiner Eigenschaft als auch für den Forst Zuständiger für untragbar einstufte, als einzelne über die bis 1990 unüberwindbare Ostgrenze in den Freistaat (sic!) herüberwechselten. Noch ein Hirsch mehr, das sei zu viel. Hatte doch einige Jahre vorher ein nobles deutsches Kleinauto den »Elchtest« nicht überstanden. Bei Probefahrten in Schweden war es nach einer Kollision mit Europas größtem Hirsch umgestürzt. Dennoch wird auch der Elch, *Alces alces*, wiederkommen, wenn das zugelassen wird. Die Entscheidung darüber sollte nicht einer kleinen Teilgruppe der Bevölkerung überlassen bleiben, noch dazu einer von der Gesamtgesellschaft hoch subventionierten.

*Sus scrofa*

# WILDSCHWEIN

Wildschwein ( Sus scrofa )

Berlin als »Hauptstadt der Nachtigallen« zu bezeichnen, bringt keinen Ärger. Über tausend singende Nachtigallen im Stadtgebiet schmettern diese Botschaft aus voller Brust in die Maienluft. Dass Berlin auch Hauptstadt der Wildschweine ist, bedarf hingegen einer Begründung. Tatsächlich leben in dieser Weltstadt erheblich mehr Wildschweine als Nachtigallen. Sie leben gut und weit sicherer als auf dem Land. Hierin drücken sich die Toleranz und Offenheit der Berliner aus. Und einiger weiterer Großstädte auch, die es hinnehmen, dass sich Wildschweine den Gepflogenheiten des Stadtlebens anpassen. Auf dem Land, in Wald und Flur, werden sie nur hin und her gejagt, zu Zigtausenden abgeschossen und von der Afrikanischen Schweinepest bedroht, was erhebliche Anforderungen an die Intelligenz der wilden Schweine stellt. Dass diese hoch genug ist, um beim Meistern des Straßenverkehrs nicht mehr Fehler zu machen als manche Menschen, weist zumindest diese partielle Intelligenz hinlänglich überzeugend nach. Das sieht in der Praxis etwa so aus:

Mutter Wildschwein ist mit ihrer Kinderschar auf der einen Straßenseite unterwegs. Sie stellt fest, dass es hier nicht mehr genug durchzuwühlen gibt, und beschließt, auf die andere Seite zu wechseln. Dazu wartet sie eine passende Ampelphase ab. Sobald der Verkehr steht, eilt sie im Schweinsgalopp hinüber und signalisiert mit besonderem, für die Frischlinge eindeutigem Grunzen, dass sie sich sputen und nahe bei der Mutter bleiben sollen. Einer aber merkt es zu spät, weil unaufmerksam, wie auch kleine Wildschweine es sein können. Der Verkehr rollt wieder an. Mutter Wildschwein gibt ein Signal, dass der gestreifte Knirps zu warten hat. Das fällt ihm sichtlich schwer, aber er tut es. Bis der Verkehr erneut ruht. Dann wird der Nachzügler mit Nachdruck nachgerufen. In Berlin trägt man es mit Humor, auch auf Wildschweine aufpassen zu müssen. Und die Wildschweinmütter, die in der Jägersprache Bache genannt werden, nehmen es mit großer Intelligenz hin, dass diese merkwürdigen, im Freien stets lebensgefährlichen Zweibeiner in der Enge der Stadt ihren Jungen so nahe kommen. Draußen würden sie sich mit großem Mut und aller Kraft auf die Menschen stürzen, um ihre Frischlinge zu verteidigen. Hier in der Großstadt arrangieren sich Menschen und Wildschweine an der Frittenbude. Einfach lebensintelligent.

Beim Wildschwein sollten wir, ähnlich wie bei Hund und Katze, die Unterschiede zwischen Wildform und den zu Haustieren gemachten Versionen immer wieder mal in die Betrachtungen miteinbeziehen. Die domestizierten Schweine kommen uns Menschen global an Gesamtgewicht gleich oder übertreffen die Menschheit sogar, obwohl ein ganz beträchtlicher Teil von dieser aus religiösen Gründen mit Schweinen nichts zu tun haben will. Über eine Milliarde Hausschweine leben gleichzeitig auf der Erde. Gleichzeitig bedeutet, zu einem bestimmten Zeitpunkt gerechnet. Übers Jahr bilanziert, werden es erheblich mehr. Das durchschnittliche Mastschwein erlebt kein Dritteljahr. Legen wir ein derzeit durchschnittliches Menschenleben von 60 Jahren Dauer zugrunde, erlebt so ein Durchschnittsmensch 20 Hausschweingenerationen. Solche Mengen sind, da mag man rechnen, wie man will, schlicht unvorstellbar. Die Erde, eine einzige riesige Schweinerei. Viele sehen das auch so, nicht allein aus religiösen Gründen. Denn von den Mengen an Hausschweinen, gehalten unter Bedingungen, die bei der üblichen Massentierhaltung schlicht als Sauerei zu bezeichnen sind – von diesen Schweinemassen, die im Jahreslauf in die Milliarden gehen, wird das Klima stärker beeinflusst als vom Autoverkehr.

Tausende Artgenossen gleichen Alters auf engstem Raum sind im natürlichen Wildschweinleben nicht vorgesehen. Nimmt man dieses als die ursprüngliche Art an, wie Schweine leben möchten, kann man es nicht fassen, in welchem Gestank Schweine heutzutage leben müssen, wo sie doch eine so feine Nase haben, dass sie ebenso gut oder sogar besser als Spürhunde unterirdische Trüffel ausfindig machen. Trüffel, das Feinste vom Feinen an Naturaromen. Schweinegülle hingegen ist das Übelste vom Üblen, nicht nur für unsere Nasen, die allerdings auch nicht miturteilen dürfen, wenn es um Massentierhaltung geht. Trotz der Autoabgase dürfte es fürs Wildschwein in der Stadt besser riechen als in der »freien Natur«, die mehrmals im Jahr zum Himmel stinkt, wenn die Fluren mit Gülle geflutet werden. Nicht ganz so schlimm ist es mit der Gülle in den Wäldern, doch auch in diese dringen ihre Ausgasungen ein und düngen sie unheilvoll aus der Luft. Für die allermeisten Wildschweine ist der Wald dennoch Zufluchtsort, in dem sie, zumindest kurzzeitig, Deckung und Ruhe finden. Lange währt diese nicht, weil die Jäger sehr hinter ihnen her sind. Sie sollen die Wildschweinbestände stark vermindern, um Schäden für die Landwirtschaft zu verringern, vor allem aber, um zu verhindern, dass die Afrikanische Schweinepest ins Land kommt und in die Schweinemastanlagen eindringt. Dass die Wildschweine sogar dafür büßen müssen, dass die Massenviehhaltung ihre gezüchteten Artgenossen besonders krankheitsanfällig gemacht hat, könnten sie überhaupt nicht verstehen. Es ist auch nicht zu verstehen. Außer dass es sich um ein hochgradig subventioniertes Geschäft handelt, das nicht nur durch Gülle zum Himmel stinkt.

Dies ist aus Sicht der hier so Angeklagten natürlich keine wissenschaftlich-objektive Sicht, sondern eine klare Parteinahme für die Wildschweine und ihre armen Abkömmlinge in den Fleischzuchtanlagen. Aber sind denn Profite objektiv? Müsste nicht berücksichtigt werden, was so eine Fleischproduktion an Gesamtkosten und Umweltbelastungen nach sich zieht, die der große

Rest der Gesellschaft zu bezahlen und zu (er)tragen hat? Fleisch zu erzeugen und in verantwortungsvoller Weise zu verzehren, ginge auch anders. Das hat der ehemalige Metzger Karl Ludwig Schweisfurth mit seiner Freilandhaltung von Schweinen gezeigt, die ein so schweinegemäßes Leben führen, dass sich Wildschweine wahrscheinlich gleich diesem anschließen würden. Wer miterleben durfte, wie Dutzende Schweine mit gesundem Körperbau auf flinken Beinen von überallher zusammenliefen, um den alten Herrn, der zu ihnen auf die Weide kam, zu begrüßen, einfach nur zu begrüßen, ohne Futter zu erbetteln, musste sprachlos und tief bewegt zugleich sein. Wie Hunde, die herbeigeeilt kommen, um sich ein Lob abzuholen, verhielten sich diese Schweine. Die Anlagen liefen trotzdem wirtschaftlich. Gewiss, Millionengewinne auf die Schnelle sind mit solcher Schweinhaltung nicht zu machen. Aber ein Großteil der Erträge wird in der Massenviehhaltung ohnehin der Bevölkerung aus den Taschen gezogen, weil ein geschickt kaschierendes System die wahren Kosten unsichtbar macht. Karl Ludwig Schweisfurths Anlagen waren keine Erfindung des späten 20. Jahrhunderts. Sie griffen bloß wieder auf, was über Jahrhunderte an bodenständiger Schweinezucht geleistet worden war: Schweinerassen zu erzeugen, die den regionalen Lebensbedingungen entsprachen, die frei laufen durften und gesund waren. Schweisfurths Freilandhaltung war ein mutiger ethischer Schritt zurück in eine Zeit, in der das Leben der Tiere noch so viel wert war, dass sie als beseelt galten. Anima, die Seele, steckt im Englischen *animal* und bedeutet das Gegenteil dessen, was mit »animalisch« im Deutschen gemeint wird. Animalisch zu sein, hieß beseelt und nicht brutal seelenlos zu sein. In »animieren« benutzen wir noch den Nachklang der früheren Bedeutung.

Zwangsläufig kommen einem diese Zusammenhänge in den Sinn, wenn es ums Wildschwein und die »Altlast« geht, die sie in sich tragen (können). Ihr Wildschweinfleisch lässt sich vielerorts, speziell in Bayern, nicht vermarkten, weil es von der Tschernobyl-Katastrophe zu radioaktiv verstrahlt ist. Das liegt daran, dass Wildschweine gern Pilze verzehren. Manche Waldpilze nehmen das radioaktive Cäsium und andere radioaktive Substanzen aus dem Tschernobyl-GAU im Boden auf und reichern es an. Besonders wirkungsvoll tun dies die als Speisepilze geschätzten Maronenröhrlinge, jedoch keineswegs sie allein. Viele andere Waldpilze können sich auch als Sammler von Radioaktivität hervortun. Damit sind die Wildschweine auf lange Zeit von Tschernobyl betroffen, denn die Halbwertszeit des radioaktiven Zerfalls liegt bei den genannten Stoffen in Zeitbereichen von 20 bis 30 Jahren oder mehr. Radioaktivität im Körper, möglicherweise Überträger der Viren, die die Afrikanische Schweinepest auslösen, dazu die altbekannten Trichinen, nach denen bei der Fleischbeschau gefahndet wird, um Infektionen mit diesen gefährlichen Würmern beim Menschen zu vermeiden, was gibt es noch, das wir den Wildschweinen aufgebürdet haben und anlasten? Eine ganze Menge, denn sie können auch jene Krankheiten bekommen, die schon in früheren Zeiten aus der Schweinehaltung auf uns übergesprungen sind; die Schweinegrippe zum Beispiel mit ihren verschiedenen Varianten. Da muss man sich nachgerade wundern, dass die Wildschweine all das irgendwie weggesteckt haben. Und das seit Jahrhunderten, Jahrtausenden. Denn die Geschichte der Domestizierung des Wildschweins reicht weit zurück in die Vergangenheit, bis in die Zeit, in der die Menschen sesshaft wurden und Ackerbau und Viehzucht betrieben. Das Wildschwein war da zwar nicht die erste Art, die domestiziert wurde, aber zusammen mit dem Wildrind, dem Ur- oder Auerochsen, die wichtigste. Weil es von den Abfällen der Menschen leben konnte und davon fett wurde.

In unserer Zeit starteten wir eine neue Welle der Mästung von Wildschweinen mit dem Massenanbau von Mais. Auf zweieinhalb Millionen Hektar wächst dieses Schweinefutter gegenwärtig auf den Fluren Deutschlands. Verständlich, dass die Wildschweine darauf reagierten, wie zweieinhalb Jahrhunderte vorher, als mit den Kartoffeln ein ähnliches Schlaraffenland für sie entstand. Am Mais allein kann die Zunahme der Wildschweinpopulation aber nicht liegen, denn dort, wo er angebaut wird, sind die Feldflächen gerade in der Zeit völlig unergiebig, in der die Frischlinge Futter benötigen. Eine andere, parallele Veränderung in der Natur kam den Wildschweinen zugute: Eichen und Buchen tragen in kürzeren Abständen als früher sehr viele Eicheln und Bucheckern. Sie wirken wie Kraftfutter für die Wildschweine im Winter und Frühjahr. Das häufige Massenfruchten der Waldbäume hat denselben Hintergrund wie der Maisanbau: Überdüngung. Über die Wälder gingen in den 1980er- und 1990er-Jahren zwischen 30 und mehr als 50 Kilogramm Stickstoff pro Hektar und Jahr nieder, als Reinstickstoff gerechnet. Diese Menge hatte man zwischen dem Ersten und Zweiten Weltkrieg als Vollwertdüngung für die deutsche Landwirtschaft angestrebt. Die gegenwärtigen Düngemengen übersteigen jede Vorstellung. Sie liegen auf den intensiv genutzten Fluren bei weit über 200 Kilogramm pro Hektar und Jahr. Im Forst würde sich dies nur in verstärktem Wachstum der Bäume und ihrer größeren Anfälligkeit für Schädlinge auswirken, hätten die Bestände nicht weithin das Alter erreicht, in dem sie viel Frucht ansetzen. Die nach dem Ersten und Zweiten Weltkrieg gepflanzten Bestände haben mit hundert bzw. siebzig Jahren das günstige Alter erreicht, in dem sie nun alle paar Jahre eine »Mast« ansetzen. Die milderen Winter der letzten Jahrzehnte spielen dabei keine erkennbare Rolle, obgleich sie meistens, gänzlich ungeprüft, die Zunahme der Wildschweinbestände begründen sollen. Diese Zunahme begann in Deutschland mit der Zeitverzögerung von etwa einem Jahrzehnt parallel zur Entwicklung des Maisanbaus und zur Überdüngung, die das häufige Massenfruchten von Eichen und Buchen verursachte. Sie ging von den Laubwaldgebieten aus, aber nicht, weil es dort im Winter wärmer als in den Nadelwaldregionen ist, denn Wildschweine sind sehr kompakt gebaut und nicht sonderlich kälteempfindlich. Das ergibt sich auch aus ihrem riesigen geografischen Verbreitungsgebiet, das sich von winterkalten Regionen bis in den subtropischen Bereich erstreckt.

Von wenigen Tausend geschossenen Wildschweinen in den 1970er-Jahren nahm die jährliche Jagdstrecke auf gegenwärtig eine Dreiviertelmillion zu. Das Ende der Zunahme ist noch nicht abzusehen, obwohl so viele geschossene Wildschweine doch bedeuten müssten, dass die weitere Bestandsentwicklung zumindest abgebremst wird. Doch dies geschah bisher nicht. Anders als beim Reh, bei dem sich in den bundesdeutschen Abschusszahlen so etwas wie eine konstante Endhöhe bei 1,5 Millionen abzeichnet, nimmt die Wildschweinstrecke immer noch zu. An Gesamtgewicht übertreffen die Wildschweine das Reh längst. An Zahl wohl bald auch, wenn der Anstieg so weitergeht. Er beweist, dass eine intensive jagdliche Nutzung bei einem sehr produktiven Wildbestand nachhaltig durchgeführt werden kann, aber auch, dass auf diese Weise der Bestand hoch gehalten und nicht gesenkt wird, was aber das Ziel wäre. Die Wildschweine stellen daher die derzeit größte Herausforderung für die Jagd dar.

An der verbesserten Nahrungsgrundlage allein liegt ihre Zunahme nicht. Selbstverständlich könnte der Bestand nicht so anwachsen, wäre den Wildschweinen nicht so viel geboten draußen auf den Fluren. Aber dass sie so schnell die enormen Verluste ausgleichen, die ihnen die Jagd zufügt, liegt an ihrer Natur. Wildschweine sind noch viel produktiver in der Fortpflanzung als Rehe, bei denen die jagdliche Bestandssenkung schon nicht wie angestrebt funktioniert. Eine Bache bekommt im Frühjahr, meistens im März oder April, ein halbes Dutzend Frischlinge oder mehr. Bei der Geburt wiegen sie nur 600 bis 1000 Gramm, was selbst bei zehn Jungen keinen großen Anteil am Körpergewicht der Mutter ausmacht. In der Regel bringt es ein Wurf nur auf einige Prozent der mütterlichen Körpermasse. Die Bache säugt die Frischlinge bis zu drei Monate, aber da können sie längst der Mutter und mit dieser zusammen der ganzen Rotte folgen, wohin diese auch laufen muss. Nach einem halben Jahr sind die Jungen so weit selbstständig, dass sie nicht mehr direkt an der Mutter hängen, und vor Erreichen des ersten Lebensjahres lassen sie sich in ihrer dunkelgraubraunen Farbe nicht mehr von den alten Wildschweinen unterscheiden. Wohl aber an der geringen Körpergröße, weshalb Jäger solche jugendlichen Wildschweine »Überläufer« nennen. Weshalb sie sie so nennen, wissen sie vermutlich selbst nicht, aber so manchem gebräuchlichen Wort sollte man bekanntlich besser nicht auf den Grund gehen wollen.

Entscheidend ist, dass die Jungen nach vier bis knapp fünf Monaten Tragzeit in einem ausgepolsterten Kessel, dem Wurfkessel, geboren werden, der in der Schweinehaltung dem Koben entspricht. Darin sollten die kleinen Frischlinge bis zu einer Woche bleiben, denn erst danach sind sie groß genug, der Mutter und den anderen Wildschweinen der Rotte folgen zu können. Sind sie nach zwei bis drei Wochen gut zu Fuß, ist die Rotte nicht mehr ortsgebunden. Sie kann umherstreifen und tut dies umso mehr, je stärker die Wildschweine bejagt werden. Heftige Bejagung fördert daher zwangsläufig die Ausbreitung der Afrikanischen Schweinepest, so sie in den örtlichen oder regionalen Wildschweinbestand gekommen sein sollte. Besonders im Herbst, dem Höhepunkt der Jagdzeit, ziehen die Rotten umher und besuchen die noch vollen Maisfelder, die ihnen beste Deckung bieten. Die Jäger stellt das vor die nahezu unlösbare Aufgabe, die so unsteten und ausgesprochen raumintelligenten Wildschweine in der gebotenen Weise zu bejagen.

Die Wiederkehr der Wölfe änderte bislang nicht viel an der Wildschweinfront, weil es deren erstens noch viel zu wenige gibt, um regulierend wirken zu können, und zweitens, weil sich die Wildschweinrotten sehr wehrhaft gegen ihre natürlichen Feinde zur Wehr setzen. Nur gegen die Kugel sind sie machtlos. Trotzdem verstehen sie es immer besser, der Treibjagd auf sie (Drückjagd genannt) rechtzeitig auszuweichen, auch weil die Jagden längerfristig vorbereitet werden müssen. Das bekommen die Wildschweine mit. Und die Bevölkerung auch, die sich nicht selten auf ihre Seite und gegen die Jagd stellt.

Wahrscheinlich trugen legendäre Wildschweine dazu bei, dass sie in der Bevölkerung durchaus wohl gelitten sind. Berlin macht zwar vor, was Toleranz ist, aber auch andernorts verbessert sich die öffentliche Wahrnehmung zu ihren Gunsten. Besonderes leisteten einzelne Wildschweine, wie die berühmte »Stasi« im Ebersberger Forst bei München. Sie kam regelmäßig zur Waldgaststätte und forderte mit tiefem Grunzen die Gäste auf, ihr ein Bier zu spendieren. Dabei entwickelte sie einen erstaunlichen Spürsinn für Personen, die als Bierspender infrage kamen. Fast immer ging sie zu Männern. Weißbier bevorzugte sie, vielleicht weil dieses so herrlich schäumte, wenn sie die Flasche mit den Schneidezähnen vorsichtig erfasste und dann den Kopf schräg nach oben hielt, so dass das Bier glucksend und schäumend in ihren Schlund lief – zur großen Belustigung der Biergartenbesucher. Eine Flasche Weißbier vertrug Stasi ohne Torkeln, danach hatte sie meistens genug. Stasi lebte lange, über ein Jahrzehnt, was für

Wildschweine sehr lange ist. In manchen Jahren kam sie gar mit ihrer Kinderschar zum Frühschoppen. Gemeinsames Biertrinken verbrüdert, und solches Verhalten steigerte das Renommee der Wildschweine. Eigentlich sind sie im Forst mit ihrem Wühlen sogar sehr nützlich, verbessern sie damit doch die Möglichkeiten für die Samen der Bäume, erfolgreich zu keimen. Aber von Wildschweinen ermöglichter Jungwuchs ist nicht das Ziel der Förster. Und so wird es den intelligenten wilden Schweinen auf absehbare Zeit doch besser in den Großstädten gehen als in der »freien Natur«, die für die Wildtiere tatsächlich viel weniger »frei« ist.

*Meles meles*
# DACHS

Europäisches Dachs
Meles meles

In vielen Gegenden Mitteleuropas bekommt man vom Vorhandensein des Dachses nur etwas mit, wenn einer überfahren auf der Straße liegt. Wer noch kann, versucht, dem großen grauen Klumpen auszuweichen. Die Größe täuscht nicht: Dachse können bis zu 20 Kilogramm schwer werden; sehr winterfette eventuell noch etwas schwerer. Aber in diesem Zustand sind sie nicht mehr im Gelände unterwegs, sondern ruhen in ihren unterirdischen Bauen in tiefem Winterschlaf. Dass sie einen solchen halten, ist eine ihrer Besonderheiten als Angehörige der Familie der Marder. Zu dieser scheinen sie mit ihrem plumpen Körperbau nicht so recht zu passen. Dachse schlafen ab Spätherbst mehrere Monate, in denen sie nur kurz zur Abgabe von Harn und Kot aufwachen und durchgängig von ihren Fettreserven zehren. Ihr Winterschlaf entspricht aber mehr einem tiefen Schlaf als einer echten Hibernation mit stark abgesenkter Körpertemperatur und drastisch verminderten inneren Funktionen, wie Herzschlag und Atmung, wie das bei anderen Winterschläfern der Fall ist. Je nach Winterverlauf und klimatischer Region sind sie durchaus flexibel im Ausmaß ihrer Winterruhe.

Die andere Besonderheit ist ihr Gesicht, die »Dachsstreifung«. Scharf voneinander abgesetzt, verlaufen weiße und schwarze Streifen von der Schnauzenspitze zum Hinterkopf, die an Zebrastreifen erinnern, aber schon am Halsansatz enden. Der große Rest des Rückenfells bleibt dachsgrau mit dunkleren Haarspitzen. Wofür oder wogegen diese Streifung des Kopfes gut ist, darüber wird bislang nur spekuliert. Sie tarnt so wenig, wie Zebrastreifen im Straßenverkehr tarnen. Vielleicht signalisieren die Streifen einfach anderen Dachsen, dass einer von ihresgleichen gerade bei seinen nächtlichen Streifzügen unterwegs ist. Denn Dachse sind ausgesprochen nachtaktiv. Vielleicht soll die Streifung aber auch den Jungdachsen verraten, wo sich die Mutter befindet. Oder die

Streifung tarnt tatsächlich, wenn Dachse die Bodennester von Wespen und Hummeln aufreißen, um an Honig und die eiweißreichen Maden dieser Stechimmen zu kommen, weil die Streifung für die Facettenaugen der Insekten die Form auflöst und die Angriffe auf den kompakten Körper lenkt, der dank dicker Fettschicht unempfindlich ist. Vielleicht, vielleicht … Man weiß es einfach nicht. Wichtig muss sie wohl sein, die Gesichtsstreifung, denn sie variiert kaum. Das gilt meistens als Anzeichen dafür, dass ein entsprechender Selektionsdruck das Merkmal stabilisiert.

Das Verbreitungsgebiet des Dachses erstreckt sich von Westeuropa, von der Iberischen Halbinsel, Irland und den Britischen Inseln, über nahezu ganz Kontinentaleuropa ostwärts bis Mittelasien. Hauptlebensraum war ursprünglich die Laubwaldzone. Klimatisch gesehen ist sie dies immer noch, wenngleich längst Kulturland einen Großteil des Areals der Dachse ausmacht. Dass sie von der Umwandlung von Wäldern in Kulturland sogar profitierten, hängt mit ihrer Hauptnahrung zusammen, den Regenwürmern. Sie machen meistens deutlich mehr als die Hälfte der Ernährung der Dachse aus. Daher sind Parkanlagen für die Dachse sehr attraktiv, weil diese mit Baumbeständen und Buschwerk gute Voraussetzungen für das Anlegen der großen unterirdischen Baue bieten, während gleich daneben auf offenen Rasenflächen die Regenwürmer nachts geradezu abgeerntet werden können. Vorteilhaft für die Duldung der Dachse ist dabei, dass sie ihren Kot nicht einfach irgendwo absetzen, sondern spezielle Latrinen in der Nähe ihres Baues benutzen, den sie stets sauber halten. Die Rasenflächen der Parkanlagen werden daher von den Dachsen nicht verschmutzt.

Mit ihrer Nachtaktivität, die zumeist in der späten Dämmerung beginnt, gehen sie den Menschen aus dem Weg, ohne sonderlich scheu zu sein. Interesse an einer Kontaktaufnahme entwickeln sie jedoch wenig und, falls überhaupt, sehr zögerlich. Dachse zu beobachten, ist etwas für Spezialisten. Diese bilden insbesondere in England eine Gemeinschaft, die für skurril gehalten wird, tatsächlich aber einen Großteil des Wissens über das nächtliche Leben der Dachse erarbeitet hat. Denn eigentlich sind sie nicht die Einzelgänger, für die man sie lange hielt; sie wurden dies erst durch starke Verfolgung. Dachse können in großen Bauen mit mehreren Wohnkesseln durchaus in mehreren Familien zusammenleben, wenn es der Platz und die Menschen zulassen. Diese Dachsburgen werden oft jahrzehntelang bewohnt. Manche können schon jahrhundertealt sein. Dachse erreichen zwar ein Alter von mehr als 15 Jahren und ähneln damit den Katzen. Aber wahrscheinlich ist das nur in der Stadt in locker bebauten und unbejagten Quartieren der Fall, wo sie unbehelligt leben können. Draußen in der freien Natur hat man sie in schier unglaublicher Weise verfolgt und dezimiert. Seit Jahrzehnten haben sie Schonzeiten. Doch diese scheinen ihnen bislang wenig zu bringen. Daher ist es eine schlechte Nachricht, dass wenige Dachse dem Straßenverkehr zum Opfer fallen. In der geringen Zahl drücken sich die vielerorts prekären Verhältnisse in ihren Beständen aus. Zwei Entwicklungen in der jüngeren Vergangenheit beeinträchtigten die Dachsbestände ganz massiv: Die erste war die Begasung der Fuchsbaue mit Giftgas zur Bekämpfung der Tollwut. Dabei kamen wohl mehr Dachse als Füchse um, weil bei den Bauen nicht unterschieden wurde und sich Dachse bei Gefahr, anders als die Füchse, die zu flüchten versuchen, in ihren Bau zurückziehen. Dafür wären sie zu schlecht zu Fuß und zu wenig ausdauernd. Zudem schlafen sie im Winter in ihren Bauen, deren Zugänge sie vorher mit Füllmaterial verschlossen hatten. Dies garantierte, dass das eingeführte Giftgas bis in die letzten Winkel drang. Die Dachse waren nicht das Ziel. Ihre Vernichtung wurde als Kollateralschaden der Fuchsbekämpfung billigend in Kauf genommen, weil sie ohnehin nicht geschätzt waren. Das Dachsfell taugt nicht für Pelze, und Dachsfett als Volksheilmittel war im 20. Jahrhundert aus der Mode gekommen. Es galt früher als Alternative zum nur im Hochgebirge zu bekommenden Murmeltierfett.

Mit der Beendigung der Baubegasung, nachdem die »Schluckimpfung« der Füchse mit dafür präparierten Hühnerköpfen durchgeführt worden war und sich als sehr erfolgreich erwiesen hatte, kam es jedoch nicht zur großflächigen Wiedererholung der Dachsbestände, wie man hätte erwarten können. Etwas anderes für die Dachse entscheidend Wichtiges war inzwischen geschehen. Die bäuerliche Landwirtschaft wandelte sich zur Agrarindustrie: Die meisten Wiesen wurden zu Ackerland umgebrochen, für das es sprudelnde Subventionen gab. Wiesen gehören inzwischen zu den ganz besonders bedrohten Lebensräumen. Was wir am Rückgang der Schmetterlinge sehen, betraf alle Tiere des Dauergrünlandes. Auf Ackerland finden die Dachse kaum Regenwürmer. Ihre Häufigkeit hängt, wie die der Wiesenbrüter unserer Vogelwelt, von der Verfügbarkeit von Wiesen ab, die extensiv bewirtschaftet werden. Wächst das Gras in wenigen Tagen nach der Mahd, wie im EU-Hochleistungsgrün, bereits wieder ganz dicht nach und wird es nach dem Schnitt gleich mit Gülle geflutet, entsteht zu schnell wieder ein dichter Dschungel, in dem auch die gute Nase eines Dachses nichts Essbares mehr erschnüffeln kann. Durch die offenen Maisfelder können sie zwar leicht laufen, aber diese bieten nichts. Sie sind eine biologische Wüste. Wiesenschrumpfung und Ausweitung des Maisanbaus entzogen dem Dachs den Hauptteil seiner Nahrungsquellen. Daher nimmt es nicht wunder, dass Dachse in den Großstädten besser leben können. Nur dort, wo auf weiten Flächen Weidewirtschaft mit Vieh betrieben und durch die Beweidung die Regenwurmhäufigkeit gefördert wird, herrschen einigermaßen günstige Verhältnisse für sie. Doch in solchem Weideland steht das Grundwasser häufig hoch, so dass es für die Dachse schwierig ist, geeignete Stellen für die Anlage ihrer Baue zu finden.

Damit nicht genug des Lamentierens. Das Leben war für die Dachse auch in früheren Zeiten nicht günstig. Ihre Reputation war schlecht, vielleicht wegen ihres nächtlichen Lebens, bei dem sie ziemlich herumrumoren. Vielleicht auch, weil sie nicht nur von Regenwürmern leben, sondern auch Beeren und Obst verzehren, Eier mögen und Aas fressen. Der Dachs ist ein »Allesfresser«. Als Bestes an ihm galten seine Haare, die gute Pinsel für Maler abgaben. Das Fell lassen zu müssen für Pinsel, gehört aus heutiger Sicht in die Kategorie großer Absonderlichkeiten. Doch derer gab es viele in früheren Zeiten, und auch heute leben wir mit mancherlei Seltsamem. So zum Beispiel mit dem Dackel. Diese kurzbeinige Karikatur des Wolfes muss man um ihrer selbst willen betrachten, um den Charme dieses Kleinhundes zu erfassen. Dackel sind ein Lebensgefühl; ein Accessoire eines (nicht nur bayerischen) Lebensstils. Ihr Name ist die volkssprachliche Verballhornung von Dachshund, als der er ursprünglich gezüchtet wurde. So kurzbeinig wie ein Dackel musste ein Hund werden, der in den Dachsbau hineinkriechen konnte, um den Dachs zu stellen und so lange zu verbellen, bis der Bau an der richtigen Stelle von oben aufgegraben war und der Dachs gefangen werden konnte. Kurzbeinigkeit und Bellen sind die spezifischen Dackelattribute. Die einstige Bedeutung der Dachse lässt sich nicht besser verdeutlichen als mit der Existenz des Dackels. Umso mehr Schutz verdienten sie, als ihnen gegenwärtig zugebilligt wird.

*Talpa europaea*

# MAULWURF

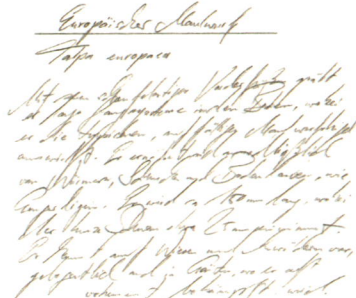

Der Dachs und der Maulwurf haben einige Gemeinsamkeiten, die man ohne Vorkenntnisse bei ihrem so extrem unterschiedlichen Aussehen nicht einmal vermuten würde. So leben beide überwiegend von Regenwürmern. Der Maulwurf erbeutet diese aber im Boden, den er mit röhrenartigen Gängen durchzieht, nicht über der Erde. Beide Tiere hat man unter Schutz gestellt, weil ihre Bestände stark rückläufig waren. Genutzt hat das wenig. Der Rückgang der Maulwurfbestände beruht auf den gleichen Entwicklungen wie beim Dachs: Die Wiesen wurden umgebrochen und in Ackerland umgewandelt. Damit verloren die Maulwürfe ihren Hauptlebensraum. Der Flächenschwund der Wiesen wirkte sich direkt auf die Maulwurfbestände aus. Dass Städte, speziell Gärten und Parks, auch für Maulwürfe überlebenswichtige Rückzugsgebiete wurden, ist eine weitere Gemeinsamkeit mit dem Dachs. Doch da sich die unterirdische Grabtätigkeit der Maulwürfe oberirdisch in Form der unverkennbaren und störenden Maulwurfshaufen äußert, sind sie unter Rasenflächen nicht gerade willkommen. Die ähnlichen Erdhaufen der großen Wühlmaus, der Schermaus, gelten als Ausrede für Fallenfang oder Gifteinsatz. Die Schermaushügel lassen sich zwar von den Maulwurfshügeln daran unterscheiden, dass Schermäuse die Erde gröber auswerfen. Zudem sind sie flacher und häufig mit einem gut erkennbaren Gang knapp unter der Bodenoberfläche verbunden. Aber wer vertieft sich schon in solche Feinheiten, wenn der gepflegte Rasen plötzlich voller schwarzer Erdhaufen ist? Maulwürfe haben es daher auch in der Stadt nicht leicht. Dass sie überhaupt hineingelangen, ist verwunderlich genug, weil ihnen dafür keine unterirdischen »Wildwechsel« zur Verfügung stehen. Sie kommen jedoch immer wieder an die Erdoberfläche und laufen umher, auch wenn man dies kaum jemals sieht. Außerdem können sie schwimmen. Dabei sehen sie entzückend aus. Wie ein gerade untergehender Raddampfer schaufeln sie sich mit ihren flachen Vorderpfoten dahin und recken die Nase so hoch übers Wasser, wie es nur geht. Ihr kurzer Schwanz wackelt mit, als ob er seinen Teil dazu beitragen wollte, möglichst rasch vorwärtszukommen. In Kanälen mit glatt betonierten Wänden ertrinken Maulwürfe immer wieder, wenn ihnen die Kraft ausgeht, ihr kurzes, seidenweiches Fell das kalte Wasser nicht länger vom Körper abhalten kann und sie über die glatten Wände nicht rechtzeitig aussteigen können. Im Schwimmen oder wenn sie versuchen, wie schwimmend über eine geteerte Straße zu kommen, sehen wir am besten, wie extrem spezialisiert ihr Körperbau ist. Zudem sind ihre Augen so verkümmert, dass sie nur hell und dunkel unterscheiden, aber weiter nichts sehen können. Ihr bei Weitem wichtigster Sinn ist der Tastsinn. Dieser wirkt insbesondere über die rüsselartig verlängerte Nase und natürlich auch über die zu Grabschaufeln umgebildeten Vorderbeine. So ein Umbau muss gute Gründe gehabt haben. Die fernen Vorfahren der Maulwürfe waren Insektenfresser, also Säugetiere ähnlich den Spitzmäusen. Im Gebiss stimmt der Maulwurf auch noch recht gut mit ihnen überein. Auch in der hohen Körpertemperatur von knapp 40 Grad Celsius. Deutlich rüsselartig im Ansatz ist die Schnauzenspitze der Spitzmäuse, weshalb sie ja das »Spitz« in der Benennung vorgesetzt bekamen.

Der Maulwurf ist, vereinfacht ausgedrückt, eine zehn bis sechzehn Zentimeter lange Walze mit einer Masse (Gewicht) von 60 bis über 100 Gramm. Er gräbt in bis zu einem halben Meter Tiefe röhrenförmige Gänge durchs Erdreich, deren Gesamtlänge um die 50 Meter beträgt, aber auch das Drei- bis Vierfache davon erreichen kann. In den Gängen ist er tag- und nachtaktiv, was in der Finsternis, die darin herrscht, wenig Unterschied macht. Regenwürmer, die in die Gänge geraten, oder Engerlinge und andere Käferlarven, deren Wohnhöhlen er mit seinem feinen Tastsinn aufspürt, bilden die Hauptnahrung. Wie die Spitzmäuse frisst er gleichsam ununterbrochen, benötigt aber pro Tag dank seines kompakten Körperbaus und seiner Körpermasse, die zehn- bis zwanzigmal größer als bei Spitzmäusen ist, nicht annähernd so viel wie diese.

Zum Bau der Röhren und des unterirdischen Wohnkessels, in dem die drei bis vier, mitunter auch bis zu sieben Jungen geboren und großgezogen werden, müssen die Maulwürfe eine Menge Erde nach oben schaufeln. Diese drücken sie mit ihren Vorderbeinen nach draußen und erzeugen damit die bezeichnenden Maulwurfshügel. Viele neue Hügel drücken verstärkte Grabtätigkeit aus. Eine solche kann mitten im Winter notwendig werden, wenn der Frost tiefer in den Boden eindringt und die Maulwürfe dazu zwingt, in eine tiefere, frostsichere Zone auszuweichen. Dann durchbrechen mitunter zahlreiche frische Maulwurfshügel die Schneedecke. Die Maulwürfe entziehen sich dadurch nicht nur der in den Boden vordringenden Kälte, sondern sie folgen damit auch den sich immer tiefer eingrabenden Regenwürmern.

In ihren Gangsystemen leben sie allein und verhalten sich einander gegenüber recht unverträglich. Die Paarung erfolgt im Frühling, wobei die Männchen verstärkt umhersuchen und häufig aneinandergeraten. Kommt es zum Kampf, stoßen sie schrille, quiekende Schreie aus. Auch das Zusammentreffen mit einem an sich paarungsbereiten Weibchen verläuft zunächst unter Spannungen. Nach erfolgreicher Paarung dauert die Tragzeit etwas über vier Wochen. Die Neugeborenen sind klein und ähneln in Größe und ihrer gekrümmten Form rosa getönten Engerlingen. Die Wurfkessel fallen unter den normalen Maulwurfshügeln durch ihre Größe auf (»Maulwurfsburgen«). Die Jungen werden etwa fünf Wochen lang mit Milch versorgt. Dann sind sie selbstständig. Sie müssen das Gangsystem der Mutter verlassen und ein eigenes graben. Im nächsten Jahr werden sie fortpflanzungsfähig. Ihre Lebenserwartung beträgt bis zu vier Jahre. Das scheint kurz, ist es aber nicht, wenn man berücksichtigt, dass sie ohne nennenswerte Unterbrechungen tagaus, tagein aktiv sind und auch keine Winterruhe halten. Lediglich das Anlegen eines Vorrats lebender Regenwürmer, denen sie den Kopfteil zerbissen haben, so dass sie nicht davonkriechen, mindert die Grabaktivität im Winter. Solche lebendigen Speisekammern gehören zur Spezialität des Maulwurfs. Verbreitet ist dieser unser Maulwurf von Nordspanien bis Nordwestrussland und Bulgarien. Im Mittelmeergebiet und am östlichen Schwarzen Meer ersetzt ihn der nah verwandte Blindmaulwurf *Talpa caeca*. Dieser ist etwas kleiner, und seine winzigen, zum Sehen gänzlich untauglichen Augen sind kaum auszumachen. Weitere Maulwurfsarten schließen an die Areale von Maulwurf und Blindmaulwurf nach Asien hinein an.

Betrachtet man diese Angaben zur Biologie des Maulwurfes, wird nicht gleich verständlich, warum seine fernen Vorfahren vor vielen Jahrmillionen den Weg in die Erde genommen und die so besonderen Anpassungen ans Wühlen und Graben entwickelt haben. Dass Graben Kraft kostet, weiß jeder, der gelegentlich den Garten umgräbt. Ist der Boden (sandig) locker, geht das Graben leichter, aber die Röhren des Maulwurfs würden nicht halten. Ist die Erde tonig nass, wird das Eindringen zu schwer, und die Röhren können sich mit Wasser füllen. Griffiger guter Humus ist am besten geeignet. Er enthält auch die meisten Regenwürmer. Und um diese geht es. Wie schon an anderer Stelle erwähnt, leben unter einer Viehweide der Masse nach ähnlich viele Regenwürmer, wie Kühe pro Hektar oder pro Quadratkilometer darauf anhaltend grasen können. Die Regenwurmmenge geht also in die Tonnen. Sie sind die attraktive und beständig verlässlich nutzbare Nahrung, für die zu graben sich lohnt.

Zwar ist der Energieaufwand groß, bis man überhaupt in den Boden hineinkommt und nicht oben auf das Hervorkommen der Würmer warten muss, aber ist das Röhrensystem erst einmal gebaut, nimmt der Ertrag für den Maulwurf rasch zu. Das ist das Entscheidende. Die Bilanz muss positiv ausfallen, langfristig positiv. Auch Spitzmäuse und Igel schätzen die Regenwürmer, wie gleichfalls schon angeführt. Aber sie können ihnen nicht dorthin nachfolgen, wo sie am häufigsten sind. Im Boden kommen als weitere Nahrung die großen fetten Larven zahlreicher Käfer hinzu, wie die Engerlinge von Maikäfern und anderen Arten der Blatthornkäferfamilie. Diese fressen Wurzeln. Bei reiner Wurzelnahrung dauert es drei oder vier Jahre, bis die für die Verpuppung und die Umwandlung zum Käfer nötigen Eiweißmengen im Engerlingskörper angesammelt sind. Für Maulwürfe sind Engerlinge sehr ergiebige Happen, weil sich die Käferlarven nicht in enge Gänge zurückziehen können wie die Regenwürmer. Daher geht man davon aus, dass die ursprünglichen Biotope der Maulwürfe der Waldrand und Lichtungen im Wald gewesen sein müssen, wo es von Natur aus reichlich Regenwürmer und viele Engerlinge gegeben hat. Nachdem die Landwirtschaft Wiesen und Weiden geschaffen hatte, verbesserte dieses Kulturland die Lebensmöglichkeiten für die Maulwürfe um ein Vielfaches. Sie wurden »unterirdischer Kulturfolger«. Mit dem Rückgang der Wiesenbewirtschaftung in unserer Zeit wurde ein Prozess, der für die Maulwürfe ein Jahrtausend lang günstig verlaufen ist, umgekehrt. Die würmerreichen Wiesen verschwanden. Der früher übliche Fallenfang hatte sie dort nicht dezimieren können. Dass spezielle Schlagfallen für Maulwürfe entwickelt wurden, drückt aus, wie intensiv man sie zu verfolgen trachtete. Doch auch die Verwertung ihres Fells zu »moleskin« (= Maulwurfsfell) führte nicht zu nachhaltiger Dezimierung. Die natürlichen Feinde griffen sich zudem nur selten einen Maulwurf, außer bei großer Nahrungsknappheit, da Maulwürfe für Hermeline oder für Greifvögel, die die Bodenbewegungen beobachten und im richtigen Moment zugreifen, offenbar nicht sonderlich schmackhaft sind. Das liegt mit an ihrer Spitzmausverwandtschaft. Seuchen dezimieren die Bestände dagegen immer wieder, vielleicht auch Stress. Deutlich wird dies, wenn mitten im Sommer äußerlich unverletzte Maulwürfe tot auf den Wegen liegen. Totengräber schaffen sie unter die Erde, Totengräberkäfer.

Im U-Bahn-Bau wird gegenwärtig der Maulwurf als Maskottchen benutzt: »Grabowski« soll wohl beschwichtigen, wenn sich die Baumaßnahme schier endlos hinzieht. Wer aber jemals einem Maulwurf dabei zusehen konnte, wie schnell er sich in die Erde eingrub und darin verschwand, wird die Wahl von Maulwurf Grabowski eher belächeln. Aber ein gewisses Verständnis für sein Wühlen in der Erde wird damit vielleicht doch geweckt, während die gegenwärtig trendigen Mähroboter zur Rasenpflege mit den Mauswurfshügeln schlecht zurechtkommen. In ihren Steuerungsprogrammen sind solche natürlichen Hindernisse nicht vorgesehen.

## Castor fiber
# BIBER

Biber fällen dicke Bäume, bauen Burgen am Wasser und stauen Bäche. Sie gestalten damit ganze Bachlandschaften. Vom späten 19. Jahrhundert bis 1970 waren sie bis auf wenige kleine Restvorkommen ausgerottet. Durch Wiederansiedelungen ist es gelungen, Biber dort wieder weithin heimisch zu machen, wo sie einst in Europa gelebt hatten. Sie gelten zu Recht als eines der wenigen Beispiele für erfolgreichen Artenschutz, der einer vom Aussterben bedrohten Säugetierart ein spektakuläres Comeback ermöglichte. Biber leben am Wasser, an Flüssen und kleinen Bächen sowie an Seeufern. Sie werden daher zur ökologischen Gruppierung der Wassersäugetiere gerechnet.

Säugetiere sind jedoch so flexibel in ihrer Lebensweise, dass sie sich kaum jemals exakt bestimmten Biotopen zuordnen lassen. In der ökologischen Theorie werden sie deshalb eher nicht berücksichtigt, wenn es um die »ökologische Nische« geht, in der eine Art lebt oder leben sollte. Um der Vielseitigkeit der Säugetiere gerecht zu werden, heißt es dann, sie seien eben »spezialisiert aufs Nichtspezialisiertsein«. Die Arten, die in Städten leben, bieten gute Beispiele hierfür, ebenso die Säugetiere der Flur, weil diese auch eine Neuschöpfung der Menschen ist. Gewässer müssten klarere ökologische Zuordnungen ermöglichen, erfordert das Wasser für landlebende Tiere doch zweifellos besondere Anpassungen. Wer ins Wasser geht, sollte zumindest schwimmen, besser noch auch tauchen können. Dass sich diese Grundforderung nicht ganz so leicht erfüllen lässt, erfahren wir an uns selbst. Obwohl wir prinzipiell wissen, dass uns das Wasser trägt, müssen wir schwimmen lernen. Der raddampfernde Maulwurf, der schön schnurgerade dahinschwimmt, verblüfft uns deshalb. Ein besonders schwimmbegeistertes Kind nennen wir eine »Wasserratte«. Dass wir zum Schwimmen eine halbwegs angenehme Wassertemperatur klar bevorzugen, steht außer Frage. Daran ändern auch

»Eisschwimmer« nichts. Aber mit der Kürze ihres Aufenthaltes im Wasser und der Notwendigkeit von Neopren-Anzügen, wenn sie doch länger schwimmen wollen, drücken sie aus, worum es für uns und alle Säugetiere geht: Um den Wärmverlust. Wasser leitet Wärme ungleich besser als Luft. Die Haare des Säugetierfells dienen in allererster Linie der Erhaltung der Körperwärme. Denn diese zu erzeugen und auf ein geregelt hohes Niveau einzustellen, kostet ein Säugetier das Vier- bis Fünffache des für die übrigen Vorgänge im Körper notwendigen Grundumsatzes an Energie. Daher gehört ein isolierendes Fell zu den Notwendigkeiten für Säugetiere, die ins Wasser gehen. Da unsere Behaarung nicht einmal bei üppiger Mähne auf dem Kopf dieser Anforderung entspricht, brauchen wir für einen längeren Aufenthalt im Wasser die künstliche Neopren-Schutzhaut, sogar mit Kopfkappe.

Bei unseren »Wassersäugetieren«, die eigentlich »semi-aquatisch« genannt werden sollten, weil sie nicht wie Fische dauernd im Wasser leben, leistet tatsächlich das Fell den notwendigen Schutz vor zu schnellem Verlust von Körperwärme. Beim Biber macht die Isolationswirkung seines Fells etwa »drei Kleidereinheiten« aus. Das ist ein sehr guter Isolationswert, der für ein längeres Schwimmen und Tauchen ausreicht. Und da Biber Schwimmhäute zwischen den Zehen der Hinterfüße haben, gehören sie zusammen mit einigen wenigen weiteren Säugetierarten unserer Fauna, wie Wasserspitzmaus und Fischotter, zur ökologischen Gruppe der semi-aquatischen Säugetiere. Allerdings bedeutet für sie das Wasser nicht alles, wie wir bei näherer Betrachtung ihrer Lebensweise sehen werden. In gewisser Weise und bei für sie wichtigen Lebenstätigkeiten benötigen sie es hauptsächlich als Kühlmittel und zum Materialtransport sowie zur einfacheren Fortbewegung, als ihnen dies vierfüßig an Land möglich wäre. Warum das so ist, ergibt sich aus der näheren Betrachtung ihrer Biologie.

Biber sind Nagetiere. Sie gehören zur Großverwandtschaft der Mäuse und Eichhörnchen, den Rodentia. Innerhalb dieser stellten sie die Zoologen in eine eigene Familie, die Castoridae. In dieser gibt es zwei Arten, den Eurasiatischen Biber *Castor fiber* und den Nordamerikanischen oder Kanadabiber *Castor canadensis*. Äußerlich sehen sich beide so ähnlich, dass es besonderer systematischer Kenntnisse oder moderner molekulargenetischer Untersuchungen bedarf, sie voneinander zu unterscheiden. Eine weitere, nicht näher mit ihnen verwandte Art, der im Westen Nordamerikas vorkommende, landlebende »Bergbiber« *Aplodontia rufa* vermittelt eine Vorstellung zur Entstehung der Biber. Das gegenwärtig »Stummelschwanzhörnchen« genannte, entfernt biberähnliche Tier gilt als »primitives Säugetier« (primitiv im Sinne von »dem Ursprung nahe«). Auf dieses Stummelschwanzhörnchen hinzuweisen, obwohl es ausschließlich in den bodenfeuchten Bergwäldern an der nordamerikanischen Westküste von Kanada bis Kalifornien vorkommt, hat zwei Gründe, die einen Bezug zu unserem Biber herstellen: Erstens handelt es sich wie bei diesem um ein strikt vegetarisches Nagetier. Zweitens gräbt es ausgedehnte unterirdische Gang- und Bausysteme im weichen Waldboden, die geradezu ideal den einstigen Übergang von wühlenden kleinen Mäusen zu den viel größeren Bibern verdeutlichen. Denn die beiden Arten echter Biber werden ausgewachsen über 20, mitunter sogar bis über 30 Kilogramm schwer. Das ist das Tausendfache des Feldmausgewichts. Der »Bergbiber« liegt mit dem 500-Fachen schön vermittelnd dazwischen. Daraus ergibt sich eine plausible Annahme, nämlich, dass der Entwicklungsweg zum Biber über wühlende, als Nagetiere von Pflanzenkost lebende Vorfahren verlief. Ihr Leben am und im Wasser ist sekundär; es ist eine Folge, aber nicht der Anlass ihrer Entwicklung. Wenn diese Annahme zutrifft, wird verständlich, weshalb das Wasser für den Biber als Kühlung und als Transportweg so wichtig ist, aber überhaupt nicht dazu dient, darin nach Beute zu jagen, wie es der Fischotter oder die kleine Wasserspitzmaus tun. Zudem wird über diese Herkunft der Biber deutlich, dass ihr Nagetiergebiss die wichtigste Voraussetzung dafür darstellt, das besondere Biberleben zu führen. Betrachten wir daher nun, was den Biber als Nagetier auszeichnet.

Biber sind sehr kompakt gebaut. Sie sind kurzbeinig und scheinen keinen richtigen Hals zu haben. An Land fällt der ziemlich lange, aber flach abgeplattete Schwanz auf, der »Kelle« genannt wird. Das Fell ist dicht. Grobe Grannenhaare ragen daraus hervor, die miteinander stachelartig verkleben, wenn der Biber nach dem Tauchen das Wasser verlässt. Das Fell ist erdbraun. Die Ohren sind kurz, so dass sie kaum aus dem Fell ragen. Der Biber kann sie beim Schwimmen und Tauchen gut genug verschließen, so dass kein Wasser bis zum Trommelfell dringt. Die Augen wirken klein und liegen tief. Biber sehen nicht sonderlich gut und meiden in der Regel helles Licht, auch wenn sie sich, vor allem im Frühling, gelegentlich mal die Sonne auf den Rücken scheinen lassen, während sie wie tot im Wasser liegen. Fühlen sie sich in ihrer Ruhe gestört, tauchen sie mit einem Schwanzschlag auf das Wasser, der einen weithin hörbaren Knall erzeugt, in die Tiefe ab. Beim Tauchen verschließen sie dann auch die Nasenlöcher. Den Vortrieb erzeugen im Wesentlichen die Hinterbeine mit ihren Schwimmhäuten. Der Schwanz ist nicht beteiligt. Er wird nur als »Höhenruder« eingesetzt. Wichtig ist, dass Biber ausgewachsen über 20 Kilogramm schwer werden und an Körpermasse damit unsere Rehe übertreffen können. Diese Massigkeit sieht man ihnen nicht an, zumal wenn sie schwimmen. Dabei sind sie nicht sonderlich schnell, was sie aber auch nicht sein müssen, weil sie keine Beute verfolgen. Zusammengefasst würden diese Eigenschaften rechtfertigen, die Biber als Riesenwühlmaus zu charakterisieren. Doch es kommt mehr hinzu.

Biber bauen Burgen und Dämme. Biberburgen sind große Bauwerke, die sie aus Ästen und Schlamm auftürmen. Werden sie freistehend im Wasser gebaut, sehen sie mit ihren bis zu zwei Metern Höhe und Durchmessern von über fünf Metern an der Basis wirklich imposant aus. Der Wohnkessel befindet sich ausreichend hoch über dem Wasserspiegel. Die Eingänge dazu aber liegen als »Röhren« unter Wasser. Das gilt auch für die hierzulande häufigste Bauversion, die »Zweig-Uferburg«, die als Bauwerk in ein grabfähiges Ufer hineingetrieben ist, worin der Wohnkessel liegt, aber wasserseitig eine dicke Schicht Astwerk angeschichtet bekommen hat. Der dritte Typ fällt am wenigsten auf: Das sind reine Uferbaue mit Eingängen unter Wasser, ohne dass außen ein Aufbau zu sehen wäre. Zum Burgenbau kommt häufig ein Dammbau hinzu, wenn das Wasser im Nahbereich der Burg nicht beständig tief genug ist. Dann versuchen die Biber, durch den Bau eines Dammes das Gewässer auf die für sie passende Höhe anzustauen. Biberdämme erreichen bis über hundert Meter Länge, je nachdem, wie das Bach- oder Flussbett gestaltet ist. Haben Wasserbauer den Abfluss bereits so reguliert, dass er für Biber günstig ist, sparen sie sich die Arbeiten an eigenen Dämmen. In flachen Tälern, die von den Gletschern der letzten Eiszeit U-förmig ausgeschoben wurden, fabrizieren Biber nach und nach ganze Ketten von Biberseen. Damit verändern sie die Baumbestände am Ufer, vermindern die Abschwemmung von Bodenmaterial, die Erosion, und regulieren den Wasserhaushalt des Tales. Es gibt wenige Tiere, die so nachhaltig wie Biber ganze Flusslandschaften gestalten. Da sie als Nagetiere zudem ihre Vorderpfoten wie Hände benutzten und sich beim Benagen von Zweigen oft auf die Hinterbeine aufrichten, wobei sie der Schwanz abstützt, wirken die Biber wie Männlein und werden als niedlich empfunden. Das kam ihnen sehr zugute, als in den 1970er-Jahren, während der Wiedereinbürgerung, Biber aus Schweden nach Bayern gebracht wurden. Es gab keine nennenswerten Widerstände seitens der Bevölkerung. Im Gegenteil! Fast überall hieß man sie willkommen, obgleich sie Bäume fällten, die von ihren Besitzern dafür (noch) nicht vorgesehen waren. Selbst wenn die umgenagten Bäume Eichen waren, überwog die Bewunderung; bei Weiden und Pappeln am Flussufer ohnehin, weil diese Weichhölzer in den 1970er- und 1980er-Jahren praktisch keinen Wert hatten. Mit fortschreitendem Erfolg der Wiedereinbürgerung, allgemein sichtbar, weil Biber nach und nach das gesamte Flusssystem in Bayern und in angrenzenden Bundesländern besiedelten, nahmen die Klagen über Schäden zu, und es wurde ein Ausgleichsfonds dafür eingeführt. Gegenwärtig, ein halbes Jahrhundert nach Beginn der Wiedereinbürgerung, sind Biber in ganz Mitteleuropa und in weiteren Regionen Europas so häufig wie wohl nie in den letzten tausend Jahren.

Schlüssel zum Verständnis dieses Erfolgs ist ihr Gebiss. Es charakterisiert alle Nagetiere gleichermaßen, aber beim Biber erreicht es ein besonderes Leistungsniveau. Verglichen mit unserem eigenen Gebiss oder dem von Hund und Katze sieht die Bezahnung der Nagetiere so ganz anders aus, dass es nicht leicht ist, sich klarzumachen, welche Zähne einander entsprechen. Direkt vergleichen lassen sich die Backenzähne. Bei den Nagetieren tragen sie aber keine Höcker wie in unserem Gebiss, sondern sehr harte, leistenartig geformte Kanten. Dass sie sich zum Zerreiben harter Nahrung gut eignen, ist auf den ersten Blick zu sehen. Aber nicht, um etwa zu zerschneiden oder durchzukauen, wie es die spitzkronigen Gebisse von Hund und Katze tun. Die markanten und bei deren Beißen besonders gefährlichen Eckzähne fehlen im Nagergebiss völlig. Es scheint nur aus den dicht an dicht sitzenden Backenzähnen zu bestehen. Denn vor ihnen gibt es zur Schnauzenspitze hin eine große Lücke, ein Diastema. Dieses wird bogenförmig von je einem Paar Schneidezähne im Ober- und Unterkiefer überbrückt, die sich kneifzangenartig aufeinander zu bewegen lassen und scharf aneinander vorbeischneiden. Mit ihnen nagen die Nagetiere und beißen nötigenfalls zu. Diese Nagezähne dringen tiefer ins Fleisch als Eckzähne eines Raubtiergebisses. Rattenbisse sind daher gefürchtet.

Zwei weitere Besonderheiten zeichnen die Nagezähne aus. Erstens wachsen sie beständig nach. Da sie schräg gegeneinander arbeiten, schleifen sie sich dabei gegenseitig kontinuierlich ab und halten sich scharf. Die Abnutzung wird durch das Nachwachsen ergänzt. Zweitens sitzen ihre Wurzeln gar nicht da, wo man sie vermuten möchte. Im Unterkiefer haben sie sich bis hinter die Backenzähne zurückverlagert. Sie kommen als langer Bogen fast aus dem Kiefergelenk, stecken tatsächlich aber im Unterkiefer bis zum vorderen Ende. Ähnlich verlaufen die Nagezähne im Oberkiefer. Nur sind ihre Wurzeln nicht ganz so weit zurückversetzt. Aber auch sie kommen erst ganz vorn aus dem Kiefer. Im Zusammenwirken beider Nagezähne entsteht eine Art Kneifzange, deren Druck gewaltig ist, da der große Muskel, der den Unterkiefer bewegt, genau über den Schneidezahnwurzeln verläuft. Das erzeugt nach den Hebelgesetzen eine enorme Beißwirkung an den Zahnspitzen. Diese ist so stark, dass Biber, ohne zu zögern, nötigenfalls das bekanntlich recht harte Eichenholz durchnagen. Tun sie dies an einer am Ufer stehenden Eiche mit einem bodennahen Durchmesser des Stammes von etwa 25 Zentimetern, so werden lediglich die Längen der Schnittmarken der

Zähne etwas kürzer als beim Benagen gleich dicker Pappeln oder Weiden. Das sanduhrförmige Durchnagen der Stämme dauert je nach Dicke eine oder mehrere Nächte. Manchmal benagen die Biber sehr dicke Bäume offenbar nur, um ihre Zähne abzunutzen. Das ist nötig, weil diese sonst unkontrolliert weiterwachsen und schließlich Nagen und Nahrungsaufnahme unmöglich machen würden. Zahnanomalien und Zahnschwierigkeiten kommen bei Bibern tatsächlich verhältnismäßig häufig vor.

Aber warum nagen sie überhaupt Bäume um? Das sieht nicht bloß nach anstrengender Arbeit aus, sondern erfordert tatsächlich viel Kraft und Energie. Sicher geschieht es nicht, um lediglich Baumaterial für den Außenaufbau der Biberburg oder zum Dammbau zu gewinnen. Dazu gäbe es in aller Regel genug kleine Stämme am Ufer, die passende Dicke haben. Dicke Bäume fällen die Biber, um an ihre Rinde zu gelangen. Denn sie leben im Winter von Baumrinde. Solche verzehren sie zwar auch in den Sommermonaten zwischendurch, aber mit dem Umnagen von Bäumen beginnen sie richtig im September oder Oktober und tun das bis in den April hinein. Von weichen Wasser- und Uferpflanzen ernähren sie sich vorwiegend im Sommerhalbjahr. Um Rinde dreht es sich also im halben Biberleben. Davon ernährt sich unser größtes Nagetier weitgehend.

Auch andere Säugetiere, wie die Rothirsche, Kaninchen und manche Mäuse, verzehren Rinde. Sie schädigen damit die Bäume, die, wenn am Stamm rundherum die Rinde abgeschält ist, nicht mehr wachsen können. Biber nutzen die Bäume viel effizienter, indem sie sie umnagen. Liegt dieser am Boden oder ist er mit der Krone ins Wasser gefallen, können sie fast die ganze Rinde verwerten, vom oberen Teil des Stammes bis zu den Ästen und Zweigen. Ein einzelner Baum liefert ein Vielfaches an gehaltvoller Rinde verglichen mit dem, was Hirsche im unteren Stammbereich schälen. Biber bevorzugen Pappeln und Weiden. Deren Stammholz hat wenig Wert und wird allenfalls zum Heizen verwendet. Vom Rotwild geschälte Buchen in einem Bestand, aus dem ein Buchenhochwald werden soll, bedeuten einen ungleich größeren Schaden. Formal zumindest, weil er sich nach aktuellem Holzwert berechnen lässt. Dem Biber hingegen wird weit eher ein landwirtschaftlicher Schaden an Mais oder Zuckerrüben angelastet als an gefällten Weichhölzern am Flussufer. Im Spätsommer und Herbst enthalten Zuckerrüben und Mais genau die Stoffe, an denen Biber interessiert sind und um deretwillen sie Bäume umnagen. Von Natur aus gab es solche Pflanzen jedoch nicht, wo Biber vorkamen. Schäden an Mais und Zuckerrüben sollten von den Landwirten ohne Forderungen auf Schadensersatz hingenommen werden, weil sie von der Bevölkerung seit Jahrzehnten hochgradig subventioniert werden. Es ist daher nicht so recht einzusehen, dass staatlicherseits Biberschäden beglichen werden, wenn diese kleine Anteile landwirtschaftlicher Kulturen betreffen. Aber das ist ein generelles Problem mangelnder Sozialbindung von Subventionen.

Um an die Rinde, insbesondere an die nur von dünner Borke bedeckte, junge und besonders saftige zu kommen, brauchen die Biber also ihr enormes Gebiss, denn zum Erklettern der Bäume sind sie zu schwer. Die Rinde ist die lebendige Hülle der Bäume. Das Holz unter ihr ist tot, die Borke darüber auch. Beides ist nährstoffarm. Hochwertige Nährstoffe enthält nur die Rinde. Sie ist das Depot für das, was die Blätter im Sommer hergestellt haben und nicht zum Wachsen und Fruchten verwendet worden ist. Das sind die Reserven der Bäume für das nächste Jahr. Ein wenig nutzen sogar Menschen dieses Reservoir, wenn sie zum Beispiel den Zuckerahorn anzapfen und Ahornsirup aus seinem Saft machen. Zucker ist Energie; für Tiere und Menschen sogar ziemlich reine Energie, weil er im Stoffwechsel verwertet wird, ohne dass problematische Reststoffe entstehen, wie bei Eiweißverdauung. Zucker »verbrennt« zu Kohlendioxid und Wasser. Dabei wird ein Großteil der bei der Fotosynthese eingefangenen und im Zucker gespeicherten Energie wieder nutzbar. Rinde zu verzehren, liefert dem Biber daher Energie. Zudem enthält sie Mineralstoffe und Proteine, die Biber für ihren Aufbaustoffwechsel und die Weibchen für die Entwicklung und die lange Versorgung der Jungen mit Milch benötigen.

Pro Wurf werden drei bis fünf Junge geboren. Die Tragzeit dauert 105 bis 107 Tage. Die Jungen kommen mit einem Gewicht von 500 bis 700 Gramm zur Welt. Sie bleiben einen Monat oder etwas länger im Bau, obwohl sie eigentlich als »Laufjunge« schon bei Geburt ziemlich weit entwickelt sind. Zum ersten Schwimmausflug trägt sie die Mutter mit ihren wie Hände benutzten Vorderpfoten und taucht mit ihnen durch die unter Wasser mündende Röhre. Die Kleinen können sogleich schwimmen. In der Zeit der ersten Schwimmausflüge verzehren sie schon etwas Rinde. Das stellt ihre Verdauung auf die jeweiligen Inhaltsstoffe ein, wie etwa auf das Salicin der Weidenrinde, das eine Vorstufe zum Aspirin darstellt. Diese frühe Einstellung ist wichtig, weil sich ihre die Verdauung fördernden Bakterien im sehr langen Blinddarm daran anpassen müssen. Ein von äußeren Umständen erzwungener plötzlicher Wechsel in der Rindennahrung kann dazu führen, dass diese die Jungen nicht verkraften, sondern durch Verdauungsstörung sterben. Biber leben in Familien. Die Jungen des vorausgegangenen Wurfes bleiben häufig noch beim Elternpaar, auch wenn die neuen geboren werden. Doch nach zwei Jahren verlassen sie die Familie, obwohl sie erst im dritten oder im vierten Jahr geschlechtsreif werden. Abwandernde Jungbiber begründen neue Ansiedlungen. Das Revier einer Familie wird mit Bibergeil markiert. Es ist fast immer groß genug, um die Familie langfristig, über Jahre und Jahrzehnte, zu ernähren. Je nach Häufigkeit der bevorzugten Weichhölzer erstreckt sich ein Biberrevier entlang von Fluss- oder Bachufern über 300 oder 400 Meter oder wird bis zu drei Kilometern ausgedehnt. Im günstigen Fall mit Inseln voller Silberweiden in Stauseen reichen an die 200 Meter Uferlänge. Offenbar bestimmt die Verfügbarkeit der Nahrung die Revierausdehnung. So wird die Übernutzung der Baumbestände verhindert und eine langfristige Existenz der Biberfamilien ermöglicht. Das alte Paar kann darin bis zu 15 Jahre lang immer wieder Nachwuchs bekommen.

Betrachten wir nun, was das Umnagen von Bäumen für die Biber selbst bedeutet. Dies geschieht ja nicht nur gelegentlich. Jeden Herbst und Winter braucht eine Biberfamilie die Rinde Dutzender Bäume. Daher wurde befürchtet, dass die Biber die bei uns nur noch in Restbeständen vorhandenen Auwälder vernichten und in nicht allzu ferner Zukunft am selbst verursachten Ruin ihres Lebensraumes zugrunde gehen würden. Tatsächlich war dies ein Argument gegen die Wiedereinbürgerung des Bibers, als diese Anfang der 1970er-Jahre in Südbayern gestartet wurde. Längst seien die Flüsse und ihre Auen so dezimiert und denaturiert, dass die Ansiedlung von Bibern nicht zu rechtfertigen sei und die armen Tiere nur das Leben kosten würde. Diese vielfach bekannte und geradezu bezeichnend gewordene »Ja, aber«-Haltung erwies sich jedoch als so falsch, wie sie nur falsch sein konnte. Die rund fünfzig Biber, die in den 1970er-Jahren aus Schweden nach Bayern gebracht worden waren, überlebten problemlos. Sie vermehrten sich zunächst langsam und starteten dann aber eine geradezu lehrbuchhaft verlaufende Bestandszunahme. Diese hielt eineinhalb Jahrzehnte an. Dann flachte die Kurve, die sich aus den Befunden ergab, s-förmig ab und entwickelte sich zu einem Grenzwert hin. Die Biber breiteten sich aus, ohne in ihren Ansiedlungen die vorhandene Menge der Uferbäume an den Flüssen und Bächen übermäßig zu nutzen. Die Größe ihrer Reviere erwies sich auf die Nahrungskapazität bezogen, so dass nicht mehr als der jährliche Zuwachs genutzt wurde. Ein Revier, das schon 1972 im Auwald am Inn nahe der Mündung der Salzach besiedelt worden war, ist bis heute, 2021, besetzt – und der Auwald steht immer noch. Zahlreiche weitere Biberreviere am unteren Inn gibt es ununterbrochen seit 30 oder 40 Jahren. Wie forstliche Untersuchungen ergaben, wählen die Biber ihre Reviere so groß, dass das, was sie pro Jahr an Weichhölzern fällen, unter dem jährlichen Zuwachs bleibt, auch wenn uns die einzelnen umgenagten Bäume auffallen. So betrachtet, betreiben die Biber also nachhaltige Forstwirtschaft.

Wenn es dennoch da und dort Probleme gibt, dann liegt dies häufig am Unverständnis der Menschen. Fällen Biber Bäume am Flussufer und gibt es dort einen Weg, werden die gefällten Bäume als Gefahr für die Radfahrer und Spaziergänger eingestuft und entfernt. Zwangsläufig benagen die Biber daraufhin den nächsten geeigneten Baum und legen ihn um. Dieser wird ihnen gleich wieder weggenommen. Das steigert die Menge der von Bibern benagten und gefällten Bäume und drängt sie oft zu solchen hin, die sie besser nicht benagen sollten. Ein vernünftiger Umgang mit Biber-Bäumen wäre so einfach: Sie müssten nur zum Wasser hingedreht werden, wo die Biber in Ruhe die Rinde oder das Astwerk abnagen können. Das macht weniger Arbeit, als den Baum zu zersägen und abzutransportieren. Die Biber haben nichts gegen eine solche Hilfe. Sie werden vom Weg entfernte Stämme und Äste entrinden wie üblich. Sind sie fertig, kann das Holz immer noch abtransportiert werden. Biber fügen sich ohne größere Schwierigkeiten in unsere Welt ein. Sie leben längst schon in

Großstädten, wie Berlin und München, an kleinen Bächen gerade so wie an größeren Flüssen, an Stauseen und Seeufern.

Nachtaktiv sind sie nicht etwa aus Menschenscheu, sondern aus biologischer Notwendigkeit. Ihr Fell hat, wie schon betont, den Wärmwert von drei Kleidereinheiten. Das Durchnagen von Baumstämmen, die durchaus Dicken von mehr als einen Meter haben können, erfordert Kraft und setzt Wärme frei. Bei stundenlangem Nagen wird ihnen zwangsläufig warm in ihrem »Biberpelz«. Das macht die Arbeit in der Kühle der Nacht notwendig. Auch die Fortbewegung an Land ist für sie bei ihrem plumpen Körperbau beschwerlich. Die kleinen Füße müssen 20 und mehr Kilogramm Biber tragen. Astwerk zum Benagen der Rinde über Land zu schleppen, strengt an. Die Biber vermindern den Aufwand durch weitgehenden Transport der Äste und Zweige im Wasser. Im Spätherbst legen sie in der Nähe ihrer Burg aus dickeren Ästen sogenannte Nahrungsflöße an, die auch im Eis einfrieren können. Die Kälte, auch die des Wassers im Winter, hält die Rinde frisch. Zur Nutzung müssen sie nur eine kurze Strecke vom Bau zum Floß tauchen, um sich handliche Stücke zu holen. Diese benagen sie in der kühlen Atmosphäre des Baues. Das Wasser bewirkt, dass sich die Biber nach anstrengender, den Körper stark aufwärmender Tätigkeit rasch herunterkühlen können. Dazu verhilft sehr wahrscheinlich auch der flache, unbehaarte Schwanz. Denn ein besonderes Netzwerk von Blutgefäßen durchzieht ihn und wirkt dabei als Wärmeaustauscher. Das gleiche Prinzip ist von den Beinen und Füßen der Enten bekannt, wenn sie im Winter auf Eis stehen oder überhaupt im kalten Wasser schwimmen müssen. Den Bibern trug der Schwanz sogar in gewisser Weise etwas Schutz ein, weil Mönche in früheren Zeiten daran die Fischnatur des Bibers zu erkennen glaubten. Was dazu führte, dass Biberbraten als Fastenspeise in Klöstern zugelassen war. Da diese vielerorts Teichwirtschaften betrieben, an denen auch Biber lebten, ergaben sich bestens passende Fastenspeisepläne: Karpfen und Biberbraten. Die Mönche hatten damit durchaus Interesse, sich ihre besondere Fastenspeise zu erhalten. Weit mehr setzte den Bibern zu, die nicht in klösterlichem Schutz lebten, dass Drüsenabsonderungen nahe ihrer Afteröffnung, Bibergeil genannt, als die Potenz steigerndes Mittel feilgeboten und umso begehrter wurden, je seltener die Biber geworden waren. Die Verfolgung der Biber zur Gewinnung von lukrativem Bibergeil trug maßgeblich zu ihrer großflächigen Ausrottung bei. Unsere Vorfahren in Europa waren in dieser Hinsicht auch nicht anders als gegenwärtig Ostasiaten, die meinen, potenzsteigernde Mittel nötig zu haben, und damit selten gewordene Arten in die Vernichtung treiben.

In den Wirrungen historischer Entwicklungen ergab es sich, dass europäische Biber in drei kleinen Restvorkommen erhalten blieben: in einer abgelegenen Ecke in Südnorwegen nahe der schwedischen Grenze, an der unteren Rhône – wo sich die Biber nicht von Baumrinde ernähren, da an den Ufern keine vorhanden ist, sondern unauffällig von Uferpflanzen leben, weshalb man sie »Grasbiber« nannte – und an der Elbe zwischen Dessau und Magdeburg. Dass dort, an der zur DDR-Zeit extrem mit Chemikalien belasteten Elbe und der unteren Mulde Biber überlebten, bewies hinlänglich, dass sie überall an unseren Flüssen leben können, wenn man ihnen die Chance dazu gibt und sie leben lässt. Das bestätigte sodann ihre Wiedereinbürgerung. Gegenwärtig fallen die meisten Biber dem Straßenverkehr zum Opfer, weil sie auf der Suche nach weiteren Flüssen und Bächen unser so dicht gewordenes Straßennetz überqueren müssen. Doch mancherorts haben sie bereits gelernt, den Straßenverkehr zu meiden. Sie leben seit Jahren an Bächen neben viel befahrenen Straßen. Die Biber sind eine der großen Erfolgsgeschichten des Artenschutzes. Sie in später Dämmerung zu beobachten, gehört zu reizvollen Abenderlebnissen. Seit vielen Jahren haben die Biber, die sich in München an der Isar nahe dem Deutschen Museum ansiedelten, eine große Fangemeinde.

*Ondatra zibethicus*
# BISAMRATTE

Wo Biber vorkommen, wird die Bisamratte oft für einen Jungbiber gehalten. Tatsächlich wirkt sie mit ihrer Körperlänge von 30 bis 40 Zentimetern und einer Körpermasse von ein bis zwei Kilogramm oder etwas darüber wie ein solcher. Denn Größe und Körperform stimmen ganz gut mit Jungbibern überein, die angefangen haben, selbstständig herumzuschwimmen. Aber ein Merkmal hilft meistens zur Unterscheidung: Die schwimmende Bisamratte wedelt mit dem Schwanz. Und dieser sieht ganz anders aus als beim Biber. Er ist rattenartig rundlich, »hochkant« etwas abgeflacht und fast körperlang. Doch weder mit Ratten, wie es der deutsche Name vermuten ließe, noch mit den Bibern, mit denen sie viel in ihrer Lebensweise gemeinsam haben, sind die Bisamratten näher verwandt. Sie stellen eine eigenständige Nagetierform aus Nordamerika dar. Von dort hatte sie im Jahr 1905 ein österreichischer Adeliger, Fürst Colloredo-Mannsfeld, von einem Jagdausflug mitgebracht und an Teichen auf seinen Besitzungen rund vierzig Kilometer südwestlich von Prag ausgesetzt. Vier Paare Bisamratten waren es, die per Schiff in fürstlicher Obhut aus den USA, aus der Gegend von Cincinnati, Ohio, in die Mitte Europas gebracht wurden. Dort gefiel es ihnen so sehr, dass sie sich nach Nagerart vermehrten und vermehrten und die weiteren Lebensmöglichkeiten in Europa zu erforschen anfingen. 1915 erreichten erste Bisamratten Bayern, wo man, in den Jahren des Ersten Weltkrieges, andere Sorgen hatte, als sich um diese Neulinge zu kümmern. So auch in Österreich, der damals gerade untergehenden Donau-Monarchie, so dass sich die Bisamratten während des Krieges ungehindert nach Niederösterreich und weiter nach Ungarn ausbreiten konnten. Nord- und westwärts taten sie sich erheblich schwerer: Berlin erreichten sie gegen Ende des Zweiten Weltkriegs, Baden-Württemberg 1957. Dabei waren sie 1930 schon in Belgien. Diese ungleichen Ausbreitungsgeschwindigkeiten beruhen wohl nicht auf unzureichender Dokumentation. Vielmehr existiert ein besonderer Hintergrund: In Deutschland wurde alsbald ein Bisambekämpfungsdienst eingerichtet. Dieser hatte die Aufgabe, die Ausbreitung des Schädlings zu verhindern. Das gelang nicht. Also musste dieser Dienst behördlicherseits die weitere Bekämpfung organisieren. Dazu gehörten Prämienzahlungen an die Bisamfänger. Im Bayerischen Landesamt für Bodenkultur existierte zur Bisamrattenbekämpfung bis mindestens in die frühen 1980er-Jahre hinein eine Wissenschaftlerstelle. An der Zoologischen Staatssammlung gab und gibt es lediglich eine solche für »alle Säugetiere der Welt«. Daraus geht hervor, wie hoch die Bedeutung der Bisamratte eingeschätzt worden war. Anders sah das in Österreich und in den allermeisten anderen europäischen Ländern aus, über die sich die Bisamratte ausbreitete. Die Bekämpfung blieb den eventuell Betroffenen überlassen. Teichwirte konnten sie fangen, wenn die Gefahr bestand, dass die Dämme ihrer Anlagen unterwühlt werden. Ansonsten kümmerte man sich nicht allzu sehr um die neuen

Nager von drei- bis vierfacher Größe der an den Teichen und Fließgewässern seit jeher vorkommenden Schermäuse *Arvicola terrestris*, die man Wasserratten nannte und die nicht minder ihre Gänge in die Ufer und Deiche gruben. Die Gänge der Bisamratte sind nur etwas größer. Doch an flachen Gewässern baut sie meistens Wasserburgen aus Röhrichthalmen und Wasserpflanzen, die wie übergroße Maulwurfshügel ein bis zwei Meter hoch aus dem Wasser ragen. Darin befinden sich ähnlich wie bei den viel größeren Biberburgen die Wohnkessel, in denen die Jungen zur Welt gebracht werden: zwei bis sieben oder acht, bis zu dreimal im Jahr mit einer Tragzeit von etwa einem Monat und einer Betreuungszeit von knapp drei Wochen. Nach gut fünf Monaten werden die Jungen selbst fortpflanzungsfähig. Bei der Geburt sind sie blind und nackt und wiegen 20 Gramm. Unter normalen Freilandbedingungen können Bisamratten fünf Jahre alt werden, unter besonders günstigen Umständen auch ein paar Jahre mehr. Man benötigt keinen Taschenrechner, um nachzuvollziehen, was für ein hohes Vermehrungspotenzial in den Bisamratten steckt, wenn sie an Gewässer gelangen, die noch nicht von Artgenossen besiedelt sind. Den kleineren Schermäusen sind sie im Schwimmen und in der Dauer des Tauchens weit überlegen. Mit dem ungleich größeren, rund zehnmal schwereren Biber konkurrieren sie nicht, weil dieser in der nahrungsknappen Winterzeit Baumrinde nutzt, die für die Bisamratte uninteressant ist. In ihrer nordamerikanischen Heimat ist der Kanadafischotter, *Lutra canadensis*, der weitaus bedeutendste natürliche Feind. Den sehr ähnlichen »Zwillingsbruder«, den Fischotter, hatte man in Europa bereits weitestgehend ausgerottet, als sich die Bisamratten hier auszubreiten anfingen. Beste Bedingungen also für den Neuling aus Nordamerika, wo die Bisamratten unter sehr ähnlichen klimatischen Bedingungen leben.

Der Unterschied in Ausbreitungsgeschwindigkeit und Bekämpfungserfolg in den verschiedenen Ländern Mitteleuropas wird klar, wenn wir eine weitere Eigenheit der Bisamratte mit in die Betrachtung einbeziehen: Sie tauchen nämlich in den Wintermonaten nach Großmuscheln, die sie öffnen und das Muschelfleisch verzehren. Dazu setzen sie zwei Techniken ein: Bei den dünnschaligen Teichmuscheln der Gattung *Anodonta*, deren Gattungsname, »zahnlos«, sich auf das Fehlen einer schlossartig wirkenden Zahnleiste bezieht, hebeln sie mit den unteren Schneidezähnen einfach größere Stücke aus der Schale, bis sie das Muschelfleisch erreichen. Die dickschaligen Malermuscheln, *Unio pictorum*, lassen sich jedoch nicht auf diese Weise öffnen. Die Bisamratten beißen bei ihnen nur ganz kleine Ecken aus dem Schalenrand, so dass dieser wie gezähnt aussieht. Dann legen sie die Muschel an ihrem Fressplatz am Ufer aufs Trockene. Über die gezähnelte Schalenkante, die nicht mehr dicht schließt, verliert die Malermuschel Wasser. Spätestens nach einigen Stunden öffnet sie sich, und die Bisamratte kann auch ihr Fleisch verzehren. Größere Mengen, mitunter Hunderte von Muschelschalen sammeln sich an Bisamfressplätzen an. Sie zeugen von der Häufigkeit und Artzusammensetzung der Großmuscheln im Gewässer ebenso wie von den Bisamrattenvorkommen. Im Zusammenhang mit der Bekämpfung ist dies bedeutsam, wie wir gleich sehen werden.

Bisamratten wurden vorzugsweise im Spätherbst gefangen, weil sie in dieser Zeit das dichtere, für Pelzbekleidung verwertbare Winterfell tragen. Die Fangmengen fielen hoch und damit für die Fänger gut aus, weil sie zusätzlich Fangprämien erhielten. Am »schäbigen« Sommerfell bestand hingegen geringes Interesse. Zudem ist es da viel schwieriger, an den dicht bewachsenen Ufern die Stellen zu finden, an denen Bisamratten aktiv sind, und die

Fallen in geeigneter Weise zu platzieren. Bisamratten vermehren sich aber den Sommer über. Wird zu Beginn der nahrungsknappen Zeit dem Bestand ein größerer Teil entzogen, kommen die überlebenden Weibchen deshalb in besserer Kondition durch den Engpass Winter. Mit winterlicher Muschelnahrung legen sie Proteinvorräte in ihrem Körper an, die ihnen frühe Schwangerschaften und große Jungenzahlen ermöglichen. Die Bisamrattenbekämpfung hielt, so wie sie eingeführt und mit Prämien gefördert wurde, die Bestände hochproduktiv. Da rasch abwandernde Bisamratten am wenigsten betroffen waren, begünstigte die Bekämpfung zudem die Ausbreitung. Die Selbstregulierung der Bestände war außer Kraft gesetzt. Nach Jahrzehnten ohne nachhaltige Dezimierung der Bisamratten nahm ihre Häufigkeit ganz unerwartet von selbst so stark ab, dass sich vielerorts der Fang nicht mehr lohnte. Verursacht wurde dies von Kläranlagen. Die Reinigung der häuslichen Abwässer vermindert seit den 1980er-Jahren so wirkungsvoll die darin enthaltenen organischen Restbestandteile, dass die Muschelbestände zusammenbrachen, die die Bisamratten herausgefiltert und davon bestens gelebt hatten.

Vorher hatte sich die Bisamratte schon über das gesamte Gewässersystem Europas ausgebreitet. Das kam dem Fischotter zugute, denn Gewässer mit Bisamratten boten ihm bessere Überlebenschancen als solche ohne. Das wird im nächsten Kapitel behandelt. Die Bisamratten entwickelten ganz ähnlich wie in ihrer amerikanischen Heimat eine Größenanpassung an die klimatische Umwelt der europäischen Gewässer. Ihre Körpergröße nahm nordostwärts in derselben Weise wie in Nordamerika zu. Die natürliche Selektion wirkte hier offenbar stärker als die von der intensiven Verfolgung durch die Menschen bewirkte. Um die Bisambekämpfung zu rechtfertigen, wurden diesen »Amerikanern« alle möglichen Schäden angedichtet. Doch diese waren bei

Weitem nicht so groß wie behauptet. Denn auch die heimischen Schermäuse graben Gänge in die Dämme und der wiedereingebürgerte Biber eventuell auch. Die Bisamratte passte ökologisch zwischen die beiden heimischen Nagerarten, die kleine Schermaus und den großen Biber. Wäre es ihr in der letzten Zwischeneiszeit gelungen, von Nordamerika nach Asien herüberzukommen, hätte es sie auch »ursprünglich« in Europa gegeben. »Ursprünglich« und »fremd« besagen recht wenig, wenn es um ökologische Beziehungen geht. Durch nichts, durch absolut nichts, sind wir berechtigt, den Zustand unserer Natur in der Zeit des 19. Jahrhunderts, als die ersten umfassenden Bestandsaufnahme der Tier- und Pflanzenarten vorgenommen wurden, für den »echten« und einzig richtigen zu halten. Tatsächlich war die europäische Natur damals schon, wie auch zu noch früheren Zeitpunkten, längst in eine Kulturlandschaft umgewandelt. Seit diese existiert, macht die Unterteilung in »heimisch« und »fremd« keinen rechten Sinn mehr. Wirtschaftliche Vorteile oder Schäden unterliegen aber Wertungen und sind damit Vor-Urteile. Die wissenschaftliche Ökologie muss sich davon distanzieren und versuchen, möglichst neutral Befunde zu ermitteln. Über ein Jahrhundert nach Einführung der Bisamratte in Europa ist dieser Befund eindeutig. Ihr sind keinerlei »Naturschäden« anzulasten. Teichwirtschaft und wasserbauliche Ufersicherung sind kein ökologisches Naturkriterium. Schermäuse und Biber können ganz ähnlich und sogar in größerer Dimension an Ufern und in Dämmen wühlen als Bisamratten. Die Fischotter »betrachten« diese ohnehin als Bereicherung. Dass die Großmuschelbestände stark abgenommen haben, ist nicht den Bisamratten anzulasten. Das war die Folge der modernen Gewässerreinhaltung.

*Lutra lutra*

# FISCHOTTER

Fischotter sind Marder, Wassermarder, und spezialisiert auf Fischfang. Was nicht ausschließt, dass sie auch Bisamratten, Schermäuse, Frösche und anderes Getier passender Größe am und im Wasser erbeuten. Nach Marderart sind sie lang und schlank gebaut, sehr wendig, und ihr Fell ist sehr dicht. Das muss es sein, um das Wasser nicht allzu schnell zur Haut durchdringen zu lassen. Denn das Verhältnis zwischen Körpermasse und Körperlänge liegt ungünstig: Fischotter werden fünf bis zehn Kilogramm schwer und knapp einen Meter lang. 30 bis 50 Zentimeter Schwanz kommen dazu, der am Körper recht dick ansetzt und zum Ende spitz ausläuft. Wasser leitet Wärme viel besser ab als Luft. Otter, die sehr schnell schwimmen und tauchen können müssen, um Fische zu fangen, benötigen daher im Verhältnis weit mehr Nahrung pro Tag als ein gleich schwerer Biber, der nur schwimmt und Rinde abnagt. Das Problem einer möglichen Überhitzung entsteht beim Otter nicht. Nahrungsknappheit droht ihm dagegen sehr wohl. Fischotter legen daher pro Nacht oft viele Kilometer auf der Suche nach Nahrung zurück. Die Reviere, die sie an Flüssen oder Seeufern durchstreifen, sind groß. Ihre Auswirkung auf den Fischbestand bleibt dadurch gering, auch weil die Fische lernen, sich auf die Verfolgung durch Otter einzustellen. Fischotter dezimieren einen natürlichen Fischbestand nicht. Eher wirken sie günstig darauf ein, weil sie schwächere Fische rechtzeitig wegfangen, bevor diese Krankheiten verbreiten können. Doch abgesehen von wenigen unregulierten Bächen ohne nennenswerte angelfischereiliche Nutzung gibt es bei uns längst keine Gewässer mit natürlichem Fischbestand mehr. Überall werden Nutzfische eingesetzt, um die Fangerfolge der Angler auf der gewünschten Höhe zu halten. Die in Fischzuchtanstalten herangewachsenen Fische haben keine Erfahrung in den Gewässern, in die sie plötzlich ausgesetzt werden. Das prädestiniert sie geradezu als Beute für von Fischen lebende Wasservögel und den Fischotter. Die größte Gefahr für den Otter geht vom hohen Fischbesatz in Fischteichen und Fischzuchtanlagen aus. Solche Fischmengen kommen nirgends in der Natur vor. Sie locken viele Fischotter in die Falle, weil sie in den Anlagen gefangen und getötet werden, ob das erlaubt ist oder nicht. Anders als die Biber erholen sich die EU-weit streng geschützten Fischotterbestände nur sehr langsam, weithin gar nicht. Denn in den meisten Flüssen gibt es gegenwärtig nicht annähernd mehr so viele Fische wie im 19. Jahrhundert und in den Jahrhunderten davor. Diese (Vor-)Zeit wird häufig als Bezugsmaß für die »Dezimierung der Fischbestände« verwendet, obwohl damals keineswegs natürliche Verhältnisse in den Fließgewässern geherrscht haben. Vielmehr ging es schon vor über hundert Jahren steil abwärts mit den Otterbeständen. Die speziell zur Fischotterjagd gezüchteten Hunde wurden arbeitslos. Um die heutige Situation zu verstehen, müssen wir versuchen, wenigstens eine grobe Vorstellung davon zu gewinnen, wie es im 19. Jahrhundert und davor um die Flüsse stand. Es war dies die Zeit der großen Flusskorrekturen.

Jahrhundertelang lief das Abwasser der Städte und Dörfer ungereinigt in Bäche und Flüsse. Für die Fische war dies nährender Dünger, für die Menschen eine beständige Gefahr, mit dem Trink- und Brauchwasser Krankheitserreger aufzunehmen. Da die Fließgewässer unreguliert flossen, waren sie reich an Sauerstoff. Daher wurde dieser den Fischen nicht knapp, obwohl das Wasser so verschmutzt war. Die organischen Reststoffe förderten ein üppiges Kleintierleben, von dem sich die Fische ernährten. Außerdem versorgten die Auen mit Laub und pflanzlichem Abfall die Flüsse beständig mit Nährstoffen. Es gab daher viel mehr Fische als in natürlichen Flüssen.

Mit den Regulierungen änderte sich dies. Das Abwasser wurde schnell abtransportiert; die Bäche und Flüsse waren zum »Vorfluter« gemacht worden, so der vielsagende Ausdruck der Wasserwirtschaft. Mit der Begradigung verloren die Flüsse einen Großteil der Auen und damit auch die natürliche Zufuhr von Nährstoffen. Wehre und Staue unterbrachen die Fischwanderungen, die Fangerträge gingen zurück. Umso mehr wurden nun die Fischotter verfolgt, weil man nicht mehr aus dem Vollen schöpfen konnte. Katastrophal wurden die Verhältnisse, als nach dem Zweiten Weltkrieg die Flüsse zu schäumen anfingen, weil mit dem häuslichen Abwasser die Rückstände der neuen chemischen Waschmittel hineingelangten. Aus der Landwirtschaft kamen hochgiftige Quecksilberverbindungen hinzu. Diese erreichten die Fischotter über die Nahrungskette, die von den Mikroorganismen im Wasser über die kleinen und größeren Fische verläuft. Die Waschmittel machten ihr Fell wasserdurchlässig. Das führte zu schnellerem Wärmeverlust im Wasser und zu noch höherem Nahrungsbedarf. Ein Teufelskreis, bei dem der weiterhin stark verfolgte Otter nur verlieren konnte. Die Bestände brachen zusammen. Kleine Restvorkommen überlebten nicht an den großen Flüssen, wie man hätte annehmen können, sondern in entlegenen Waldbächen, in die keine Waschmittel und keine Gifte aus der Landwirtschaft gelangten. Mit der Abwasserreinigung, die ab den 1970er-Jahren vorangetrieben wurde, und dem Verbot quecksilberhaltiger Pflanzenschutzmittel besserte sich zwar die Lage für den Fischotter, nicht aber entsprechend für die Fische. Denn das organische Restmaterial aus dem Abwasser fehlt nunmehr dank der Wirkung der Kläranlagen. Die Fischbestände normalisierten sich auf dem Niveau natürlicher Eigenproduktion von Fischnahrung in den Bächen und Flüssen. Dieses liegt viel niedriger als in den mit Abwasser überdüngten Fließgewässern. Das einzusehen, fällt der Fischerei schwer. Am Bodensee wurde sogar gefordert, wieder zu düngen, weil die Fischerträge wegen des »zu sauberen Wassers« zu stark sanken. Die Fischotter werden selten bleiben. Und weiterhin hoch bedroht, weil sie von den Fischzuchtanstalten und gedüngten (!) Teichwirtschaften angelockt werden.

Am Fischotter zeigt sich die Problematik der Spezialisten. Verschlechtern sich die Verhältnisse in ihrer speziellen Ernährungsgrundlage, können sie nicht ausweichen auf Alternativen. Die Otter sind sosehr auf den Fang von Fischen angewiesen, dass sie keinen festen Jahresrhythmus in ihrer Fortpflanzung ausbilden. Wann die Fähen schwanger werden können, hängt von ihrem Körperzustand ab. Die Rüden nutzen bis zu zwanzig Kilometer lange Streifgebiete, die mehrere Reviere von Weibchen einschließen, um rechtzeitig zur Stelle zu sein, wenn ein Otterweibchen mit Duftmarken Paarungsbereitschaft signalisiert. Ein bis drei Junge werden in unterirdischen Wurfkesseln geboren, die auch abseits vom Wasser liegen können. In einem alten Fuchs- oder Dachsbau zum Beispiel. Die Augen öffnen die Kleinen erst nach über einem Monat, und es dauert rund ein Dreivierteljahr, bis sie selbstständig sind. In der Übergangzeit begleiten sie die Mutter beim Fischfang. Im zweiten oder dritten Jahr werden sie geschlechtsreif. Sie können zwanzig Jahre alt werden.

*Mustela lutreola*
# NERZ

Den »kleinen Otter«, den Nerz, trafen die für den Fischotter geschilderten Veränderungen an den Flüssen noch stärker. Sein wissenschaftlicher Name *Mustela lutreola* verweist auf engere Verwandtschaft mit der Wieselgruppe (*Mustela* = Mausjäger) und
die Ähnlichkeit seiner Lebensweise zum Otter (*lutreola* = Verkleinerungsform von *lutra*). In Mitteleuropa ist er nach wie vor weithin ausgestorben. Gejagt wurde er wegen seines begehrten Fells,
das zu Nerzmänteln verarbeitet wurde. Hergestellt werden solche zwar immer noch, aber nunmehr mit Farmnerzen, bei denen
es sich zumeist um die amerikanische Zwillingsart unseres Ner-
zes, den Mink *Mustela vison*, handelt. Beide sehen einander sehr
ähnlich. Nerze werden 30 bis 40 Zentimeter lang und bis zu
einem Kilogramm schwer. Sie sind also größenmäßig wirklich so
etwas wie eine Kleinausgabe des Fischotters. Dieser hat aber
einen viel breiteren, zum Ergreifen der Fische günstiger gestalte-
ten Kopf als der Nerz. Dessen Name ist abgeleitet vom Slawi-
schen ›Nörc‹, was wohl auf eine rumänisch-lateinische Wurzel
zurückgeht und »Schwimmer« bedeutet. Früher wurde er Kreb-
sotter genannt.

Die Jagd nach Flusskrebsen, ihrer Hauptbeute, zeichnete die
Nerze bis zu ihrem Niedergang im 18. und 19. Jahrhundert aus.
Daher auch der spitze Kopf, mit dem sie besser in die Schlupfwin-
kel der Flusskrebse am Ufer hineinkommen als der breitmäulige
Otter, der Krebse durchaus auch schätzt. Der Zusammenbruch

der Flusskrebsbestände durch Überfischung und Begradigung der Bäche dezimierte die Nerzbestände. Sie hielten sich nur dort, wo dies nicht geschah: in Südwestfrankreich und in Osteuropa, aber auch dort in erheblich zu geringen Restbeständen. Eine rasche Wiederausbreitung war nicht möglich, als sich die Lebensbedingungen an den Bächen besserten, weil amerikanische Krebsarten den weithin ausgestorbenen europäischen Flusskrebs *Astacus astacus* ersetzten. Dessen Wiedererholung verhindert die mit den amerikanischen Krebsen eingeschleppte Krebspest, gegen die diese immun sind, nicht aber der europäische (Edel-)Krebs. Mit der Zeit wird sich bei unserem Flusskrebs zwar auch Immunität entwickeln, eine rasche Wiedererholung wird jedoch kaum möglich sein. Denn seine früher so hohen Bestände hatten gleichfalls von der Wasserverschmutzung profitiert, und zwar insbesondere von den vielen größeren und kleineren Tierkadavern, die einfach in die Bäche und Flüsse geworfen worden waren. Darunter auch die mit Fallen getöteten Mäuse und Ratten in großer Zahl.

Die gegenwärtigen Verhältnisse unterscheiden sich sehr stark von den früheren. Es geht nicht, einfach anzunehmen, es müsse nur das Wasser wieder sauber und der Lauf der Bäche und Flüsse wieder renaturiert werden, dann stellt sich von selbst die Vielfalt von Fischen und anderem Wassergetier wieder ein. Ebenso vorschnell ist die Annahme, der europäische Nerz würde sich wieder ausbreiten, wenn die Vorkommen des amerikanischen Minks ausgerottet würden, weil dieser durch seine Konkurrenz den angestammten europäischen Vetter ausschließe. Der Mink nutzt ein viel breiteres Nahrungsspektrum als der Nerz. Er ist nicht so eng spezialisiert. Sein Vorteil ist vielleicht, dass er etwas größer wird als der Nerz und damit bei Nahrungsknappheit länger durchhalten kann. Mit konsequenter Renaturierung der Bäche bekäme der Nerz aber zumindest eine neue Chance.

*Rupicapra rupicapra*
# GÄMSE

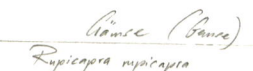

269

Wie das Hausschwein vom Wildschwein, so stammen auch Rind, Pferd, Schaf und Ziege von Wildformen ab, die sich aber, anders als das Wildschwein, nach der Domestizierung in freier Natur nicht mehr (er)halten konnten. Das Wildpferd ist ausgerottet, Wildschaf und Wildziege ebenfalls. Aber nahe Verwandte davon gibt es noch, sehr eindrucksvolle sogar, wie ein Blick auf den Steinbock zeigt. Auf den Alpensteinbock, um es genauer auszudrücken, und nicht auf die der Wildform der Hausziege sehr nahestehende Bezoarziege *Capra aegagrus* östlicher Mittelmeerinseln. Doch die wesentlichen biologischen Eigenschaften der Ziegen finden sich auch im Steinbock, den wir in den Alpen an verschiedenen Stellen bei Bergtouren erleben können. Der Gattungsname *Capra* bedeutet Ziege. Das bekannte wunderschöne Inselchen Capri bedeutet »Ziegeninsel«. *Rupicapra* heißt Felsziege. Aber im Deutschen gilt ihr ursprünglich alpenländischer Name Gämse (»Gams«). Auch sie gehört in die, allerdings weitere Ziegenverwandtschaft, wie die Schafe. Manche ihrer Formen lassen sich gar nicht leicht von Ziegen unterscheiden. In unserem Zusammenhang repräsentieren Gämse und Steinbock die wenigen größeren, speziell an Hochgebirge angepassten Säugetierarten Europas. Die Gämse ist sogar so etwas wie »das Gebirgstier« der Alpen. Sie sieht im Körperbau ziegenähnlicher als der Steinbock aus, lässt sich aber eher mit einem Reh vergleichen, obwohl zu diesem keine engere Verwandtschaft besteht. Aber mit einem Gewicht von knapp 20 bis an die 50 Kilogramm entsprechen die Gämsen in der Körpermasse den Rehen. Der Steinbock wird erheblich schwerer. Böcke erreichen 100 Kilogramm und mehr, die Steingeißen die Hälfte.

Diese Gewichtsangaben sortieren bereits ganz gut. Das kleinere Reh geht im Gebirge bis in den unteren Höhenbereich der Gämsen. Der Steinbock übersteigt diese bis hoch in die Felsre gionen. Dort klettert er mit geradezu traumwandlerischer Sicherheit, die bei den Jungen, den ziegenartig munteren Steinböckchen, wie ein höchst riskantes Spiel aussieht, wenn sie an steilen Felswänden herumtollen. Speziell kissenartig geformte Zehenballen an den stark spreizbaren Hufen sichern den festen Griff. Sehr gut steigen können auch die Gämsen. Doch sie halten sich mehr in der Krummholzregion und in der lichten Grenzzone des Bergwaldes auf, wo sie Gräser abweiden oder Knospen verzehren. Der Knospenfraß an Jungbäumen macht sie unbeliebt bei Förstern und Waldbesitzern, die die Gämsen gegenwärtig für ähnlich schädlich halten wie die Rehe. Entsprechend stark werden sie bejagt. Das macht sie sehr scheu und für Bergwanderer fast unsichtbar. Da die Steinböcke höher im Fels weiden, legt man ihnen weniger oder keine Waldschäden zur Last. Daher sind sie auch wenig scheu. Ihnen zu begegnen, ist ein eindrucksvolles Erlebnis.

Gämse und Steinbock sind Wiederkäuer und Hornträger. Wiederkäuer bedeutet, dass sie wie die Rinder die abgeweideten Pflanzen zunächst in den Pansen aufnehmen, in diesem vorfermentieren, den Brei wieder ins Maul hochwürgen und ihn erneut gut durchkauen. Erst dann wird er »richtig« verschluckt und im mehrkammrigen Magen weiterbearbeitet. Die Fermentierung mit Mikroben im Pansen ermöglicht es den Wiederkäuern, von recht dürftiger, oft bereits dürrer Pflanzenkost zu leben. Zu den Wiederkäuern gehören unter unseren Wildtieren auch Reh und Hirsch. Aber anders als diese tragen die »Hornträger« keine Geweihe, sondern echte Hörner, die nicht wie Geweihe alljährlich abgeworfen werden, sondern lebenslang wachsen. Denn sie sitzen auf durchbluteten Knochenzapfen, die aus dem Schädeldach herauswachsen und das Horn abscheiden, aus dem die äußere Hülle der »Hörner« besteht. Dieses gleicht unseren Fingernägeln, die Geweihe der Hirsche hingegen im Ansatz einem Überbein, das wir nicht bekommen wollen. Diese seltsamen Gegebenheiten haben wichtige Konsequenzen, weshalb der Unterschied hier so betont wird. Denn weil der Knochenzapfen lebendig bleibt, auf dem das Horn sitzt, und durchblutet ist, geben die Hörner Wärme ab. Wir können diese selbst spüren, wenn wir im Winter einer entsprechend »braven« Kuh an ein Horn fassen. Es fühlt sich sehr warm an. Genau dies ist der entscheidende Punkt. Die Abgabe überschüssiger Wärme ohne Wasserverlust ist ein großer Vorteil für ein kompakt gebautes Säugetier mit viel innerer Wärmeerzeugung. Wie viel Wärme über die Hörner abgeführt werden soll, ergibt sich aus der Durchblutung. Beim Herumspringen im Fels erreicht ein 50 oder 100 Kilogramm schwerer Körper schnell den Wert, bei dem es zum Wärmestau kommen könnte, weil dichtes Fell und eine Reserven bietende Fettschicht darunter gegen die kalte Bergluft gut isolieren. Eine der größten Anstrengungen kommt bei der Brunft zustande, zumal wenn die Steinböcke miteinander kämpfen. Mit gewaltigen Stößen ihrer nach hinten geschwungenen Hörner prallen sie zusammen, so dass man als Zuschauer meint, es müsste ihnen der Schädel zerspringen. Die Brunft strapaziert die Steingeißen auch mehr als das Leben im Spätsommer und Herbst, wenn die Kitze schon selbstständig grasen. Ohne Berücksichtigung ihres Energiehaushaltes wäre es unverständlich, ja geradezu widersinnig, dass die Brunftzeit der Steinböcke im Winter liegt, im Januar, wenn es üblicherweise besonders kalt ist. Allerdings bedenkt man als »Flachländler« nicht, dass gerade dann die Wolkendecke im Hochgebirge so niedrig liegt, dass die Hochlagen oft viel Sonne bekommen. Stellen sich die Steinböcke in besonnte Felswände, trifft sie die Wärmestrahlung nahezu senkrecht. Das macht das Sonnen besonders wirksam. An den Felsbändern fegt der Wind den Schnee fort, und die Sonne zehrt ihn auf, so dass die Steinböcke besser an die Pflanzen herankommen als die viel tiefer im Bergwald stehenden Gämsen. Diese zwingt oft die Schneehöhe dazu, Knospen und Endtriebe von den Bäumchen abzubeißen. Bergwaldverhältnisse gibt es viel mehr als sonnige Felswände, die für die Steinböcke geeignet sind. Die Gämsen sind daher viel weiter verbreitet und insgesamt erheblich häufiger als die Steinböcke. Es liegt auf der Hand, dass felsiges Gelände im Winterregengebiet des Mittelmeerraumes generell den steinbockartigen Wildziegen mehr zusagt als das alpine Hochgebirge. Die Hausziegen stammen in all ihren Zuchtformen von solch mediterranen Wildziegen ab und nicht vom Steinbock. Und auch nicht von den Gämsen, die wir als noch ausgeprägtere Bergform des Ziegentyps betrachten können.

*Capra ibex*
# STEINBOCK

Das Eindrucksvollste an den Steinböcken sind ihre großen, bei alten Böcken geradezu riesigen Hörner, die bogenförmig nach hinten geschwungen sind. An der Zahl der Knoten auf der Vorderseite lässt sich das ungefähre Alter ablesen, denn jeder Jahreszuwachs erzeugt so eine Vorwölbung. Leider steigern große Hörner den Trophäenwert, so dass alte, starke Böcke, »kapitale« in der Jägersprache, begehrtes Jagdziel sind. Hörner von einem Meter Länge wirkten unwiderstehlich. Die Folge dieser Trophäensucht war die nahezu vollständige Ausrottung der Steinböcke in den Alpen. Lediglich im Gran-Paradiso-Massiv in Norditalien nahe der Grenze zu Frankreich überlebte ein Restbestand im strikt geschützten Jagdgebiet des italienischen Königs. Aus diesem Bestand stammen die verschiedentlich in den Alpen wieder eingebürgerten Steinböcke ab. Da sie im Gran Paradiso über hundert Jahre lang nicht bejagt, allenfalls vereinzelt gewildert wurden, verminderten sie ihre Scheu und wurden erlebbar für die Bergwanderer. Es gehört zu den unvergesslichen Eindrücken, auf nur 20 oder 15 Meter Distanz zu sehen, wie im Gran-Paradiso-Nationalpark Steinböcke Edelweiß fressen. Sie schädigen die Bestände dieses so besonderen Hochgebirgssymbols nicht. Vielmehr erhalten sie die Bergwiesen in einem Zustand, in dem das Edelweiß *Leontopodium alpinum* besonders gut gedeiht.

Steinböcke und Gämsen leben in lockeren Rudeln. Bei den Gämsen beginnt die Brunftzeit deutlich früher, im Oktober oft schon, und geht im Dezember zu Ende. Da sie kaum jemals am Berg über die Wolkengrenze steigen, können sie die winterlichen Sonnenvorteile des Hochgebirges nicht nutzen. Ihre Brunft setzt folgerichtig zu einer Zeit ein, in der noch kein oder nur wenig Schnee liegt. Im Januar wären die Schneehöhen im Bergwald bereits zu hoch. Dennoch bringen die Gämsen ihr Junges nach rund neun Monaten Tragzeit ebenso im April oder Mai zur Welt wie die sich zwei Monate später paarenden Steingeißen. Die Kitze werden mit einem wollig dichten Fell geboren. Sie erhalten sehr fettreiche, Wärme spendende Milch, die weit mehr »von würzigen Alpenkräutern stammt« als die der auf Almen weidenden

Kühe in der Werbung. Gämsen geben laute, weithin schallende Pfiffe von sich, die eine interessante Konvergenz zu den Murmeltierpfiffen darstellen, mit denen oder gar mit Pfiffen von Menschen man sie, noch ungeübt, leicht verwechseln kann. Gämskitze wie auch Steinbockkitze können von Steinadlern, *Aquila chrysaetos*, erbeutet werden, doch diese Verluste spielen für die Bestandsentwicklung keine Rolle. Bedeutendere Feinde sind für beide, insbesondere für die Gämsen, die Wölfe. Ihre Rückkehr ins Gebirge betrachten Förster und Naturschützer als Unterstützung im Bemühen, die Verbissschäden im Bergwald zu verringern. Die Schaf- und Rinderhalter auf den Almen befürchten hingegen, dass sich die Wölfe an die leichtere Beute der frei weidenden Haustiere halten werden. Gegenwärtig »pfeifen die Gämsen noch drauf«, so ließe sich mit einem Quäntchen Ironie die Lage charakterisieren. Die große Zeit der Wildschützen im Gebirg' haben sie auch überstanden.

Zwergfledermaus
*Pipistrellus pipistrellus*

Großer Abendsegler
*Nyctalus noctula*

277

Von den 23 im zentralen Mitteleuropa vorkommenden Fledermausarten sehen wir am ehesten den Großen Abendsegler. Vor allem im Herbst kurvt diese ziemlich große Fledermaus, Flügelspannweite bis 40 Zentimeter, Gewicht 20 bis 40 Gramm, mitunter nachmittags über den Ortschaften und fällt dabei mit ihrem zackigen Flug auf. Dies umso mehr, wenn auch Schwalben herumfliegen und wie der Abendsegler Insekten jagen, die mit den warmen Luftströmungen über den Häusern aufsteigen. Auch über Flüssen und Feuchtwiesen sind die Abendsegler im September und Oktober zu beobachten. Was sich ihrer Flugweise nicht entnehmen lässt, ist die Besonderheit, die diese Fledermaus und mehrere weitere Arten von bei uns lebenden Fledermäusen auszeichnet: Sie machen großräumige Wanderungen wie die Zugvögel. Nicht gleich bis Afrika, aber doch Hunderte Kilometer über Europa hinweg mit genereller Richtung nach Süden oder Südwesten im Herbst und, weit weniger auffällig, zurück nach Norden und Nordosten im Frühjahr nach ihrer Überwinterung. Sehen wir uns diese Eigenheit näher an, wird besser verständlich, was die Fledermäuse ganz allgemein und die häufigeren Arten bei uns charakterisiert und warum ihre Lebensweise derjenigen der uns viel vertrauteren Singvögeln durchaus ähnelt.

Beim herbstlichen Jagdflug am Tag sind die Abendsegler hinter Kleininsekten her. Das lässt sich mit einem hinreichend guten Fernglas direkt beobachten, weil die Insekten bei entsprechendem Winkel zur Sonne aufglänzen und daher größer erscheinen, als sie sind. Warum die gleichzeitig mit ihnen ebenfalls Insekten jagenden Schwalben aber viel glatter, weit weniger eckig und zackig fliegen, ergibt sich aus einem grundlegenden Unterschied: Die Schwalben fangen die Insekten auf Sicht und passen die Flugbahn entsprechend an. Die Fledermäuse hingegen senden auch am Tag Peilrufe aus Ultraschalltönen aus, deren Echo ihnen Position und Fluggeschwindigkeit der Beute vermittelt. Daran müssen sie sich sehr plötzlich anpassen. Daher die zackige Flugweise. Die Augen helfen dem Abendsegler auch am Tag so gut wie nicht beim Fang von Insekten im freien Luftraum. Wie alle echten Fledermäuse sind sie auf die Nacht eingestellt. Der Abendsegler stellt eine Abweichung dar, eine der wenigen und eine riskante dazu. Denn am helllichten Nachmittag umherzufliegen, und zudem relativ langsam, macht ihn zu einer durchaus attraktiven Beute zum Beispiel für Falken. Mit ungleich größerer Geschwindigkeit und einer Zielpeilung aus einer Ferne, die die Fledermäuse mit ihrem Ultraschall-Sonarsystem nicht erreichen können, schießen sie auf am Tag fliegende Abendsegler zu und versuchen, sie blitzschnell zu greifen. Nur durch unvorhersehbare Wendungen, dem Hakenschlagen flüchtiger Hasen vergleichbar, gelingt vielleicht das Entkommen. Untersuchungen der Falkenbeute zeigten jedoch, dass Abendsegler durchaus gefangen werden. Sie tun also gut daran, am Tag erst dann nach Insekten zu jagen, wenn die schnellen Baumfalken *Falco subbuteo* und die früher oft auch Abendfalken genannten Rotfußfalken *Falco vespertinus* bereits in ihre afrikanischen Winterquartiere fortgezogen sind. Die bei uns verbleibenden Turmfalken *Falco tinnunculus* sind nicht schnell genug und jagen gerade im Herbst eher nach Mäusen auf den abgeernteten Fluren. Doch wenn Falken, mitunter sogar die niedriger jagenden Sperber *Accipiter nisus* für die Abendsegler gefährlich sind, warum fliegen sie im Herbst früher und ausgeprägter am Tag als im Sommer? Wäre es nicht besser, sie blieben im Schutz der Nacht, in der sie von Eulen kaum etwas zu befürchten haben, weil diese einfach zu langsam sind? Fragen wie diese lassen sich nur beantworten, wenn wir weiter ausgreifen und die Umstände betrachten, unter denen die verschiedenen Arten ihr Leben zu bestreiten haben. Die an dunstig schönen Oktobernachmittagen fliegenden Abendsegler vermitteln Einblicke in die größeren Zusammenhänge.

Nicht der Tag ist die Domäne des weitaus größten Teils der Insekten, die umherfliegen, sondern die Nacht. Darauf wurde im Einführungsteil des Buches bereits hingewiesen. Generell gilt, dass die sogenannten Lebensgrundlagen entscheiden sind. Für Vögel wie für Fledermäuse, die von Insekten leben, bedeutet dies die Sonderung in zwei große Nutzungsbereiche: Am Tag kommt das Sehen zum Einsatz, in der Nacht das Hören. Das ist die generelle Aufteilung zwischen Singvögeln, die Insekten zum Leben brauchen, und Fledermäusen, die noch abhängiger von den Fluginsekten sind, weil sie das Blattwerk der Bäume und Sträucher etwa nicht nach Insektenlarven absuchen können. Aber die fliegenden Insekten sind im Jahreslauf höchst ungleich verteilt. Natürlich schwirren sie in größter Menge im Sommer durch die Luft. Das sehen wir immer noch, obwohl seit Jahrzehnten die Häufigkeit der Insekten bei uns und nahezu global stark schwindet. Was wir nicht sehen, allenfalls über die Rückstände an der Frontscheibe des Autos bei nächtlichen Fahrten mitbekommen, ist die Insektenmenge, die nachts unterwegs ist. Von dieser leben unsere Fledermäuse. Aber mit den im Herbst rasch kühler werdenden Nächten nimmt die nachts fliegende Insektenhäufigkeit stark ab. Unter zehn Grad Celsius Lufttemperatur können nur noch wenige, sehr robuste Nachtschmetterlinge fliegen. Und unter fünf Grad lediglich die auf so niedrige Temperaturen eingestellten, sehr bezeichnend sogenannten Frostspanner. Für Fledermäuse, die im frühen Herbst noch nicht mit dem Winterschlaf begonnen haben und sogar auf langen Flügen zu für die Überwinterung geeigneten Höhlen unterwegs sind, bringt dies Probleme. Der Flug kostet Energie. Verlieren sie dabei zu viel von ihrem für die Überwinterung im Körper gespeicherten Fett, überstehen sie die Wintermonate nicht. Sie müssen gleichsam nachtanken, wie bei einer langen Autofahrt in den Süden. Die Möglichkeit bieten die im Herbst am Tag fliegenden Insekten. Da ist es noch warm genug. Und über den Gebäuden der Ortschaften saugt die aufsteigende Luft aus der Umgebung insbesondere Kleininsekten an und zieht sie mit in die Höhe. Genau diese Gegebenheiten nutzen die letzten Schwalben und die Abendsegler. Die gefährlichen Falken sind bereits fort. Die weniger wendigen, die Turmfalken, interessieren sich für Mäuse, obwohl das Lebendgewicht der Abendsegler durchaus dem der Feldmäuse vergleichbar ist. Meistens bleiben die Abendsegler bei ihren Flügen am Tag unbehelligt.

Ihr größtes Problem ist es, geeignete Winterquartiere zu finden. Dass es von diesen zu wenige gibt, schränkt Vorkommen und Häufigkeit all unserer Fledermäuse stark ein. Und zwingt sie auf Gedeih und Verderb ganz direkt in unsere unmittelbare Menschenwelt, in die Städte, in die Gebäude und auch, besonders wichtig, in die Gewölbe und Stollen, die von Menschenhand gebaut worden sind. Natürliche Höhlen mit einem geeigneten Klima sind selten. Sie bildeten sich in Karstgebieten, wo Wasserströme den Kalk auflösten und unterirdische Höhlungen und Systeme von Höhlen gebildet hatten. Wasserströme, das ist ein Schlüsselbegriff. Denn die Feuchtigkeit in den Höhlen muss hoch genug bleiben. Ansonsten würden die mit stark vermindertem Stoffwechsel und kalten Körpern überwinternden Fledermäuse vertrocknen. Kleine Arten finden eher entsprechende Nischen, die größeren und großen, wie die Abendsegler, müssen je nach Region weit fliegen, bis sie die im Innenklima passenden Höhlen finden. In diesem Aspekt ihres Lebens bekommen wir einen facettenhaften Einblick, wenn »eine Fledermaus« am sonnigen Oktobernachmittag über den Dächern im Zickzackflug herumkurvt.

Hätten die Abendsegler und einige weitere Fledermausarten die Bauwerke der Menschen nicht, gäbe es sie noch seltener. Der Schwund der Insekten trifft alle Fledermäuse noch stärker als die kleinen Singvögel. Zu diesen ist bekannt, dass ihre Bestände europaweit, d. h. im EU-Gebiet, in den letzten drei bis vier Jahrzehnten um mehr als die Hälfte abgenommen haben. Die Bestandserhebungen zu den Singvögeln zeigen auch, dass in den Städten, sogar und ganz besonders in den Großstädten, bessere Lebensbedingungen herrschen als draußen auf den Fluren. Auch in den zu Hochleistungsforsten umfunktionierten Wäldern ist dies häufig der Fall. Diese Befunde können, ja müssen wir direkt auf die Fledermäuse übertragen. Denn diese sind, wie schon betont, noch viel unmittelbarer von der Verfügbarkeit von Insekten abhängig als die Singvögel. Sie können sich auch nicht wie einige Kleinvögel, insbesondere die Meisen, auf Körnernahrung umstellen und von der Winterfütterung profitieren. Die Fledermäuse nehmen über die Insekten zudem viele Giftstoffe auf, die in der Land- und Forstwirtschaft oder im Gartenbau eingesetzt werden und in den Körpern der Insekten angereichert sind. Daher steht es insgesamt schlecht um die meisten unserer Fledermäuse. So absurd dies klingen mag: Sie brauchen die Städte zum Überleben. Auch dies ist die Botschaft der Abendsegler über den Dächern.

*Plecotus auritus*
# BRAUNES LANGOHR

Braunes Langohr
Plecotus auritus

Große Hufeisennase
Rhinolophus ferrumequinum

JOHANN BRANDSTETTER
2021

283

Anders als der Abendsegler fliegt das Braune Langohr erst mit einsetzender Dunkelheit. Wir werden es daher allenfalls als geisterhaften Schatten sehen, wenn es ins Licht einer Gebäudebeleuchtung gerät. Das geschieht deshalb gelegentlich, weil diese Fledermaus verhältnismäßig bodennah jagt und Insekten, die auf Pflanzen sitzen, aus einem kurzen Rüttelflug heraus erbeutet. Ihre auffallend großen Ohren, die Bezeichnung Langohr drückt dies aus, ermöglichen auf kurze Entfernung eine zielgenaue Orientierung anhand von Ultraschall. Die mit moderner Analysetechnik fortschreitende Forschung an den Fledermäusen legt die Annahme nahe, dass sie im Gehirn etwas Vergleichbares wie ein Bild, ein Hörbild nämlich, erzeugen. Der kurzwellige Ultraschall wirkt dabei ganz ähnlich wie die Lichtwellen beim Zustandekommen eines Bildes. Vorstellungen dazu fallen uns schwer, weil wir sosehr auf das Sehen eingestellt sind. Daher verstehen Blinde sehr wahrscheinlich viel besser, wie die Fledermausorientierung funktioniert, weil sie ihren Tastsinn sosehr verfeinert haben. Sehen wir uns in dieser Hinsicht, in einem Bestimmungsbuch für Fledermäuse am besten oder auch anhand von Internetbildern, die Gesichter unserer Fledermäuse vergleichend an, so fällt sicherlich am meisten auf, wie sehr sie sich in Größe und Form der Ohren voneinander unterscheiden. Und wir gehen nicht fehl, spontan anzunehmen, dass besser hört, wer größere Ohren hat; größere und auf ihrer Innenseite stärker strukturierte Ohren. Sie nehmen die Echos auf, die von den Strukturen und auch von den Insekten selbst im vollständigen Dunkel der Nacht von den ausgestoßenen Ultraschalllauten zurückkommen. Die Art des Echos vermittelt, ob es sich um etwas Festes wie das Astwerk von Bäumen, eine Wand oder Felsen handelt, oder ob Tierisches in der Luft ist, insbesondere Insekten oder Artgenossen und andere Fledermäuse. Letztere stellen meist Konkurrenten um die Fluginsekten dar. Je nach Art der Beute, um die es geht, und je nachdem, ob diese in größerer Menge oder vereinzelt vorhanden ist, tun die verschiedenen Arten der Fledermäuse gut daran, einander auszuweichen oder gemeinsam vom Überfluss zu zehren. Zum Beispiel wenn Ameisen schwärmen oder Wasserinsekten.

Am Braunen Langohr, einer der wenigen bei uns noch einigermaßen häufigen Fledermausarten, lässt sich die Bedeutung der Spezialisierung auf verschiedene Jagdtechniken und unterschiedliche Vorkommensgebiete gut erläutern, auch wenn wir von ihm und den anderen Fledermäusen wenig sehen. Zunächst zur Spezialisierung: Die Größen unserer Fledermäuse schwanken beträchtlich, gleichwohl nicht allzu stark. Das soll heißen, dass die kleinen Arten, deren kleinste die Zwergfledermaus *Pipistrellus pipistrellus* ist, nur zwischen sechs und 15 Gramm wiegen, während die größten fast 50 Gramm erreichen. Die Spannweite des knapp Zehnfachen vom Minimalgewicht ist aber nicht groß, denn auch die großen Fledermäuse sind letztlich klein und nicht mit ihren fernen Verwandten tropischer Regionen, den Flughunden, zu vergleichen. Sie wiegen nur zwischen zehn und 20 Gramm. Dieses Gewicht entspricht der Körpermasse kleiner, von Insekten lebender Singvögel. Insofern gleichen die Vögelchen und die Fledermäuse einander. Der Hauptunterschied drückt sich in der Art der Ortung und der Fangtechnik aus. Was wir an den Ohren der Fledermäuse sehen, ist nur ein vager Ausdruck der Feinheit, mit der die Ultraschalllaute erfasst und im Gehirn ausgewertet werden. Wir wissen dies, seit es möglich ist, auf elektrotechnischem Weg die Tonfrequenzen und Lautstärken des Ultraschallbereichs in Schallbilder umzusetzen und durch präzise Veränderung der Tonhöhen in den für unser Ohr erfassbaren Bereich auch hörbar zu machen.

Konkret heißt dies, dass wir mit technischen Mitteln sichtbar machen können, was die Fledermäuse »sagen« und »wie« sie es sagen. Das Ergebnis sind Bilder, wie wir sie in gleicher Weise auch von, im Wortsinne, aufgezeichneten Vogelgesängen und -rufen erhalten. Oder auch von unseren eigenen Stimmen. Es war für die Fledermausforschung keine große Überraschung, dass sich die verschiedenen Arten klar und eindeutig an ihren Stimmen unterscheiden (lassen). Viel aufregender war, die in den hörbaren Bereich transformierten Fledermausstimmen auch zu hören. Die Geräte bekamen sogleich eigene Bezeichnungen: Bat-Detektor im Englischen und Fledermaus-Ohr im Deutschen. Durchgesetzt hat sich Bat-Detektor. Mit so einem (kleinen) Gerät und Kopfhörern ausgestattet, können wir nunmehr losziehen, und »ganz Ohr« für Fledermäuse werden. Nach einiger Übung und unter Anleitung Kundiger wird es gelingen, die verschiedenen Arten akustisch zu unterscheiden, wie man singende Vögel erkennt, ohne sie sehen zu müssen. Die Bat-Detektoren sind nicht mehr teuer. Was sie uns vermitteln, geht weit über das bloße akustische Identifizieren herumfliegender Fledermäuse hinaus. Mit ihrer Hilfe lässt sich ermitteln, wo es überhaupt noch Fledermäuse gibt, in welchen Typen von Lebensräumen sie vorkommen und wie häufig oder wie selten sie geworden sie sind. Dies ist der zweite Aspekt. Die Fledermäuse gliedern sich als Artengruppe der Säugetiere mit sehr ähnlichen Flugfähigkeiten bei Nacht und ihrer Ernährung von Insekten nicht nur durch ihre unterschiedlichen Fangtechniken, sondern auch durch die Nutzung ganz verschiedener Biotope. Bezeichnungen wie Wasserfledermaus weisen mit den deutschen Namen bei einigen Arten darauf hin. Tatsächlich teilen sich die Fledermäuse hierzulande und global die Natur ganz klar nach diesen beiden Grundkriterien »Jagdtechnik« und »Biotop« auf. Die Ergebnisse der Bat-Detektor-Untersuchungen zeigen, dass sich Großstädte und Gewässer als besonders wichtige und artenreiche Lebensräume für unsere

Fledermäuse herausstellen. Der Grund, weshalb sich die Städte als vollständig von Menschen geschaffener Lebensraum für Fledermäuse hervortun, wurde beim Abendsegler bereits angesprochen. Dass die Gewässer, genauer ihre Randbereiche, auch so bedeutsam sind und zumindest regional noch viele Fledermäuse an ihnen nachgewiesen werden können, liegt an den Insekten, die in mehr oder weniger dichter Folge aus dem Wasser kommen, weil ihre Larven darin leben. Insektenträchtig sollten auch die Wälder sein. Sie wären es, wären sie halbwegs natürliche Wälder und keine Holzplantagen wie die meisten Forste. Die Abhängigkeit von Höhlen und Schlupfwinkeln wurde zwar auch beim Abendsegler schon kurz behandelt, muss hier aber für die aktive Zeit der Fledermäuse, das Sommerhalbjahr, um etwas kaum minder Wichtiges ergänzt werden: Wie die Vögel Schlafplätze für die Nacht brauchen, so benötigen die Fledermäuse geeignete Tagesrastplätze und – das unterscheidet sie von den meisten Vögeln – auch geschützte Räume mit geeignetem Innenklima, in denen die Weibchen ihre Jungen zur Welt bringen können. Als Säugetiere gebären die Fledermausweibchen ihre Kinder auf aus unserer Sicht ganz normale Weise und ernähren sie mit Milch aus ihren Brustdrüsen. Die Kleinen sind für Einflüsse von außen, wie Temperatur und Wetterextreme, noch empfindlicher als die erwachsenen Fledermäuse. Diese können nötigenfalls eine größere Strecke fliegen, um ungünstigen Verhältnissen auszuweichen. Die Kleinen hängen fest in ihren Kinderstuben. Solche Fledermausquartiere zu erhalten und zu schützen, gehört daher zu den besonders wichtigen Aufgaben des Fledermausschutzes. Dass all unsere Fledermäuse, ausnahmslos, unter Artenschutz stehen, nützt ihnen wenig bis nichts, wenn dieser Schutz nicht auch umfassend die Kinderstuben, die Tagesrastplätze und die Winterquartiere umfasst. Das Spektrum reicht von selten bewegten Fensterläden, hinter die sich tagsüber Fledermäuse zum Ruhen hängen, bis sie mit Einbruch der Nacht wieder losfliegen, und Baumhöhlen, die nicht von Vögeln besetzt sind, bis zu Speichern, Kellern, Stollen und Schächten. Fledermausquartiere zu ermitteln, gehört daher zu den höchst schwierigen Herausforderungen für Naturschützer. Ohne die umfassende Mitwirkung engagierter Privatpersonen würde der behördliche Artenschutz hoffnungslos scheitern.

Gegenwärtig haben die Fledermausschützer mit einem neuen, recht unerwartet zustande gekommenen Problem zu kämpfen. Nachdem die mittelalterlichen Ängste vor den nachts umhergeisternden Fliegern mit dem mäuseartigen Gesicht einigermaßen abgebaut und die Verdammung der Fledermäuse als Begleiter des Teufels in die Horrorfilme abgeschoben schienen, haben die Corona-Viren eine neue Furcht ausgelöst. Die von diesen ab Ende 2019 verursachte, noch nie dagewesene globale Pandemie stammt möglicherweise von Fledermäusen, und zwar von Angehörigen einer Teilgruppe, die Hufeisennasen genannt wird. Ihre Nasen sind so merkwürdig, entfernt an ein Hufeisen erinnernd geformt. Durch die kompliziert gebauten Nasen stoßen diese Fledermäuse sehr gezielt ihre Ultraschalllaute aus; präziser als einfach durch den geöffneten Mund. Von Hufeisennasen gibt es auch bei uns zwei Arten, die Große und die Kleine Hufeisennase *Rhinolophus ferrumequinum* und *Rhinolophus hipposideros.* Beide sind sehr selten. Die wenigen Vorkommen befinden sich vornehmlich in unzugänglichen ehemaligen Bergwerksstollen. Das Corona-Virus, das die Pandemie ausgelöst hat, und COVID-19 genannt wird, ist allerdings in unseren Fledermäusen nicht vorhanden. Es gibt auch berechtigte Zweifel, ob es 2019 in China so direkt von Fledermäusen auf Menschen »übergesprungen« ist, wie von einigen angenommen wird. Diese brisante Frage ist hier nicht zu erörtern. Wichtig ist, dass es bislang keinen Hinweis auf das Vorkommen ähnlicher Corona-Viren in unseren Fledermäusen gibt. Wir brauchen sie nicht zu fürchten, auch die Hufeisennasen nicht, selbst wenn in chinesischen Hufeisennasen ähnliche COVID-Viren vorhanden sind. Die Fledermäuse brauchen allesamt Ruhe, Ruhe von uns und Schutz ihrer Stätten, die sie zum Leben brauchen. Respektvolle Distanz hilft beiden Seiten. Das gilt übrigens auch für die Haustiere. Nahezu alle gefährlichen Krankheiten und Seuchen, die die Menschheit heimsuchen und bedrohen, stammen von Haustieren. Als sogenannte Zoonosen sind sie übergesprungen, weil wir zu wenig Distanz hielten und Nutztiere, insbesondere das Stallvieh, in viel zu großen Mengen viel zu dicht halten.

## ZUR LAGE UNSERER SÄUGETIERE – EINE SCHLUSSBEMERKUNG

Ziehen wir Bilanz. Rund hundert verschiedene Arten von Säugetieren kommen frei lebend in Deutschland vor. Vertreter jeder Gruppe wurden in diesem Buch exemplarisch behandelt – doch keineswegs ist damit alles gesagt. Das vorhandene Wissen ist viel größer und passt nicht in ein einzelnes Buch. Doch um die »Lage« unserer Säugetiere abschließend zu charakterisieren, müssen wir etwas beachten, das sogar in professioneller Säugetierliteratur oft unbehandelt bleibt: Den weitaus größten Teil der bei uns vorhandenen Säugetiere stellen die »Haustiere« im weitesten Sinne. Die frei lebenden sind längst eine Minderheit; bei den größeren Arten gar eine sehr kleine Minderheit. So haben wir kein einziges echtes Wildrind in unseren Landschaften, aber eineinhalb Millionen Abkömmlinge davon in Ställen oder auf der Weide. Den über dreißig Millionen Schweinen stehen weniger als drei Millionen Wildschweine gegenüber. Auf eine Million Schafe kommen nicht einmal tausend (weitgehend) frei lebende Mufflons *Ovis ammon musimon*, ihre nächsten Verwandten. Rund 170 000 Ziegen gibt es in Deutschland, aber nur ein paar Hundert Steinböcke als den Wildziegen nahekommender Art. Noch krassere Verhältnisse herrschen bei Hund und Katze: Zehn Millionen Hunde, aber allenfalls 2000 Wölfe, 15 Millionen Hauskatzen und wenige Tausend Wildkatzen. Nicht einmal Kleinsäuger kommen in der Natur häufiger als in Ställen vor. Der Stallkaninchenbestand in Deutschland wird statistisch gar nicht erfasst. Er geht hoch in zweistellige Millionenbereiche, denn allein die als Heimtiere gehaltenen machen mehrere Millionen aus. Das ist ein Vielfaches der Vorkommen von Wildkaninchen. Und Ratten und Mäuse? Die Zigmillionen, die für medizinische Tests und wissenschaftliche Untersuchungen gehalten werden, übertreffen gewiss die Mengen ihrer Wildarten bei Weitem.

Vom »Wild« beanspruchen die Jäger alles, was nach dem Jagdgesetz in die Kategorie »jagdbar« fällt. Sie managen die Bestände auf ihre Weise. Die meisten bejagten Arten werden buchstäblich dezimiert, also gezehntet, so dass sie in viel geringerer Häufigkeit vorkommen, als dies natürlich wäre und der vorhandenen Nahrung entspräche. Einige wenige profitieren von der jagdlichen Hege der Zahl nach und werden auf sehr hohem Bestandsniveau gehalten. Nur eine einzige Art größerer Säugetiere gibt es bei uns, die nicht bejagt wird und damit in ihren Vorkommen und der Häufigkeit den naturgegebenen Verhältnissen entspricht: den Biber. Wie lange das noch so bleibt, muss man fragend hinzufügen, denn die Begehrlichkeiten, auch Biber bejagen zu dürfen, sind groß. Mit der übertriebenen Darstellung von Biberschäden begründen Jäger die vermeintliche Notwendigkeit, »regulierend« eingreifen zu müssen. Maus & Co werden nach wie vor formal uneingeschränkt mit Fallen gefangen oder vergiftet. Für Land- und Forstwirtschaft wurden spezielle Mäusegifte, verschleiernd »Rodentizide« genannt, entwickelt, weil Füchse, Marder und Greifvögel besser nicht regulieren sollen, denn dazu müssten diese ja vor jagdlicher Verfolgung geschützt werden. Und so gibt es nur einen Bereich, in dem unsere Säugetiere verhältnismäßig gut leben können: die Großstadt. Der jagdlich weitgehend befriedete Siedlungsraum nimmt gut zehn Prozent unserer Landesfläche ein. Darin sind die Säugetiere am besten geschützt. Darin kann sich die positive Einstellung der weitaus überwiegenden Mehrheit der Bevölkerung zu den Säugetieren entfalten. Arten, die das können, zieht es in die Stadt.

# LITERATURHINWEISE

Unübersehbar handelt es sich um Fachliteratur über Säugetiere. Dabei ist das Neueste nicht immer auch das Beste. Die nachfolgend aufgeführten Bücher stellen eine persönliche Auswahl dar. Dass sich darunter zahlreiche Werke aus den 1970er- bis 1990er-Jahren befinden, liegt jedoch nicht allein an persönlichen Vorlieben. Tatsächlich war dies die große Zeit der Feldforschung zu Säugetieren, speziell auch zu den in Europa vorkommenden Arten. Doch auch noch viel ältere Werke enthalten viele wichtige Befunde und »Sichtweisen«. Denn die Einstellung zu Säugetieren hat sich sehr gewandelt im Lauf der letzten gut 200 Jahre. Das zeigen Einblicke in die alten Ausgaben von »Brehms Tierleben« am besten. Darin zu lesen ist ein Vergnügen; gleichwohl eines, das kritische Distanz verlangt. Eine solche ist insbesondere auch bei der Jagdliteratur über Säugetiere geboten. Davon wird nachfolgend nichts angeführt, obgleich sie selbstverständlich ebenfalls wichtige Befunde enthält. Aber da es mir in diesem Buch darum geht, Interesse an den Säugetieren zu wecken, die man in Mitteleuropa beobachten und erleben kann, und nicht um ein eine wissenschaftlich konzise Zusammenfassung ihrer Lebensweise, wurde ohnehin auf die spezielle Fachliteratur verzichtet, die in säugetierkundlichen Journalen veröffentlicht wird. Manche Arten, wie Wolf und Fischotter, sind im Literaturverzeichnis auffällig stark vertreten. Das rührt daher, dass sie seit geraumer Zeit besondere, auch öffentliche, Aufmerksamkeit erregen. Andere Bevorzugungen drücken mein persönliches Interesse aus.

Viele englischsprachige Bücher sind auch deswegen zitiert, weil sie sich durch ihre Lesbarkeit auszeichnen. Wer die englischen Texte genießen kann, wird mehr als in den meisten deutschsprachigen zum Beobachten und Studieren von Säugetieren angeregt werden. Die Originale sind meistens besser als die Übersetzungen.

Letztlich dient das Literaturverzeichnis zwei Zwecken: Der eine besteht in der Vertiefung dessen, was in den kurzen Texten im Buch ausgeführt worden ist. Der zweite enthält den Dank für die Nutzung der vielfältigen Informationen, auf denen die eigenen Erfahrungen und Studien basieren. Dass die jeweiligen Ansichten keineswegs übereinstimmen müssen, liegt in der Natur der naturwissenschaftlich-kritischen Betrachtungsweise. In allen Werken steckt persönliches Engagement. Das macht sie so reizvoll – allesamt.

Bacon, Philip J. ed. (1985): Population Dynamics of Rabies in Wildlife. – London.

Baumgartner, Hansjakob, Sandra Gloor, Jean-Marc Weber & Peter A. Dettling (2011): Der Wolf. Ein Raubtier in unserer Nähe. – Bern.

Bibikow, Dimitrij I. (1988): Der Wolf. – Wittenberg.

Bibikow, Dimitrij I. (1996): Die Murmeltiere der Welt. – Magdeburg.

Bloch, Günther & Elli H. Radinger (2017): Der Wolf kehrt zurück. Mensch und Wolf in Koexistenz? – Stuttgart.

Boyle, Leofric ed. (1981): RSPCA Book of Mammals. – London.

Brand, Adele (2020): Füchse. Unsere wilden Nachbarn. – München.

Briedermann, Lutz & V. Still (1976): Die Gemse des Elbsandsteingebirges. – Wittenberg.

Briedermann, Lutz (1983): Der Wildbestand – die große Unbekannte. – Stuttgart.

Burrows, Roger & Knut Matzen (1972): Der Fuchs. – München.

Bützler, Wilfried (1972): Rotwild. – München.

Chanin, Paul (1985): The Natural History of Otters. – London.

Clutton-Brock, T. H. & S. D. Albon (1989): Red Deer in the Highlands. – Oxford.

Clutton-Brock, T. H., E. E. Guiness & S. D. Albon (1982): Red Deer. Behaviour and Ecology of Two Sexes. – Edinburgh.

Cooper, Simon (2017): The Otter's Tale. – London.

Corbet, G. B. & H. N. Southern eds. (1977): The Handbook of British Mammals. – Oxford.

Corbet, Gordon (1982): Pareys Buch der Säugetiere. – Hamburg.

Deutsche Wildtier Stiftung (2004): Ein Leitbild für den Umgang mit dem Rothirsch in Deutschland. – Hamburg.

Dietrich, Uwe (1984): Populationsökologie des in Argentinien eingebürgerten Europäischen Feldhasen (Lepus europaeus). – Univ. Wien.

Djoshkin, W. W. & W. G. Safonow (1972): Die Biber der Alten und Neuen Welt, – Wittenberg.

Ellenberg, Hermann (1978): Zur Populationsökologie des Rehs (Capreolus capreolus L., Cervidae) in Mitteleuropa. – München.

Flowerdew, J. R. ed. (1987): Mammals. Their Reproductive Biology and Population Ecology. – London.

Fuhr, Eckhard (2014): Rückkehr der Wölfe. Wie ein Heimkehrer unser Leben verändert. – München.

Gorman, Martyn L. & R. David Stone (1990): The Natural History of Moles. – London.

Görner, Martin & Hans Hackethal (1987): Säugetiere Europas. – Leipzig.

Görner, Martin Hrsg. (2020): Schwarzwild in unserer Kulturlandschaft. – Jena.

Gurnell, John (1987): The Natural History of Squirrels. – Bromley, GB.

Hart, Martin (1982): Rats. – London.

Hinze, Gustav (1950): Der Biber. Körperbau und Lebensweise, Verbreitung und Geschichte. – Berlin.

King, Carolyn (1989): The Natural History of Weasels & Stoats. – London.

Kotrschal, Kurt (2012): Wolf, Hund, Mensch. Die Geschichte einer jahrtausendealten Beziehung. – Wien.

Kurt, Fred (1970): Rehwild. – München.

Kurt, Fred (1991): Das Reh in der Kulturlandschaft. Sozialverhalten und Ökologie eines Anpassers. – Hamburg.

Labhardt, Felix (1990): Der Rotfuchs. – Hamburg.

Macdonald, David & Priscilla Barrett (1993): Collins Field Guide Mammals of Britain & Europe. – London.

Macdonald, David (1987): Unter Füchsen. Eine Verhaltensstudie. – München.

Macdonald, David (1995): European Mammals. Evolution and Behaviour. – London.

Marra, Peter P. & Chris Santella (2016): Cat Wars. The Devasting Consequences of a Cuddly Killer. – Princeton.

Matthews, L. Harrison (1982): Mammals of the British Isles. – London.

Ménatory, Gérard (1992): Das Leben der Wölfe. Mythos und Wahrheit. – Bergisch-Gladbach.

Mohr, Erna (1950): Die freilebenden Nagetiere Deutschlands. – Jena.

Müller, Jürg Paul (2021): Die Mäuse und ihre Verwandten. Das verborgene Leben der Insektenfresser und Nagetiere. – Bern.

Neal, Ernst (1976): The Badger. – London.

Neal, Ernst (1986): The Natural History of Badgers. – London.

Niethammer, Jochen & Franz Krapp Hrsg. (1978 ff): Handbuch der Säugetiere Europas. – DVD-Ausgabe

Niethammer, Jochen (1979): Säugetiere. Biologie und Ökologie. – Stuttgart.

Ognew, Sergej I. (1959): Säugetiere und ihre Welt. – Berlin.

Oloff, Hans-Bernhard (1951): Zur Biologie und Ökologie des Wildschweins. – Frankfurt.

Pearce, Fred (2016): Die neuen Wilden. Wie es mit fremden Tieren und Pflanzen gelingt, die Natur zu retten. – München.

Pegel, Manfred (1986): Der Feldhase (Lepus europaeus) im Beziehungsgefüge seiner Um- und Mitweltfaktoren. – Stuttgart.

Petzsch, Hans & Rudolf Piechocki (1986): Säugetiere. Urania Tierreich. – Leipzig.

Piechocki, Rudolf (1990): Die Wildkatze. – Wittenberg.

Reeve, Nigel (1994): Hedgehogs. – London.

Reichholf, Josef H. (1993): Comeback der Biber. – München.

Reichholf, Josef H. (2007): Eine kurze Naturgeschichte des letzten Jahrtausends. – Frankfurt.

Reichholf, Josef H. (2007): Stadtnatur. Eine neue Heimat für Tiere und Pflanzen. – München.

Reichholf, Josef H. (2011): Der Ursprung der Schönheit. – München.

Reichholf, Josef H. (2019): Das Leben der Eichhörnchen. – München.

Reichholf, Josef H. (2021): Die Bereinigung der Natur. – Berlin.

Santoianni, Francesco (1998): Von Mäusen und Menschen. – München.

Schicht, Maartje (1985): Der Igel. – Jena.

Schilthuizen, Menno (2018): Darwin comes to town. How the urban jungle drives evolution. – London.

Schneider, Eberhard (1978): Der Feldhase. Biologie – Verhalten – Hege und Jagd. – München.

Schober, Wilfried & Eckard Grimmberger (1987): Die Fledermäuse Europas. – Stuttgart.

Sedlag, Ulrich (1988): Wie leben Säugetiere? – Leipzig.

Skiba, Reinald (2003): Europäische Fledermäuse. – Hohenwarsleben.

Sonvilla, Christine (2021): Europas kleine Tiger. Das geheime Leben der Wildkatze. – Salzburg.

Tabor, Roger (1983): The Wildlife of the Domestic Cat. – London.

Vaughan, Terry, A. (1986): Mammalogy. – Philadelphia.

Wagenknecht, Egon (1996): Der Rothirsch. – Magdeburg.

Warnecke, Lisa (2017): Das Geheimnis der Winterschläfer. Reisen in eine verborgene Welt. – München.

Wayre, Philip (1976): The River People. – London.

Weinberger, Irene & Hansjakob Baumgartner (2018): Der Fischotter. Ein heimlicher Jäger kehrt zurück. – Bern.

Wilsson, Lars (1966): Biber. Leben und Verhalten. – Wiesbaden.

Winkler, Adolf (1988): Das praktische Igel-ABC. – Rüschlikon-Zürich.

Witte, Günter R. (1997): Der Maulwurf. – Magdeburg.

Yalden, B. W. & P. A. Morris (1975): The Lives of Bats. – London.

Zimen, Erik (1990): Der Wolf. Verhalten, Ökologie und Mythos. – München.

Zörner, Herbert (1981): Der Feldhase. – Wittenberg.

# DANK, WEM WIRKLICH VIEL DANK GEBÜHRT ...

... auszudrücken fällt schwer, wenn das, was in einem Buch zusammengefasst wird, auf Jahrzehnten an Erfahrungen, Austausch von Wissen und Kontakten mit den unterschiedlichsten Menschen beruht. Wesentliches kann dabei vergessen werden, zumal wenn die betreffenden Personen nicht mehr leben. Wie mein früherer Kollege Dr. Theodor Haltenorth, Leiter der Sektion Säugetiere an der Zoologischen Staatssammlung München. Oder, noch viel früher, alles, was mir die Vorlesung über die Biologie der Säugetiere von Prof. Dr. Herman Kahmann während meines Zoologiestudiums an der Universität München vermittelt hatte. Vermutlich wirkten beide als Weichensteller. Speziell wichtig war meine Einbindung in die Wiedereinbürgerung des Bibers in Bayern, die Hubert Weinzierl initiierte, und die dann ein Jahrzehnt lang in »meinem Gebiet« an den Stauseen am unteren Inn vorgenommen wurde. Dort entstand in den 1970er-Jahren das Kerngebiet des Biber-Vorkommens in Bayern. Von dort strahlten die Aktivitäten auch nach Österreich aus. Prof. Otto Koenig von der Forschungsstation Wilhelminenberg in Wien griff sie auf und führte die Wiedereinbürgerung in Österreich weiter. Freunde im Saarland und Hessen schlossen sich an. Die Biber-Wiedereinbürgerung wurde ein großer Erfolg des Artenschutzes. Noch zur DDR-Zeit konnte ich zu den ursprünglichen Biber-Vorkommen an die Elbe bei Dessau reisen und diese vom dortigen Biber-Betreuer Karl-Andreas Nitsche vorgeführt bekommen. Langjährige Aktivitäten beim WWF Deutschland und in der Deutschen

Wildtier Stiftung schlossen sich an, häufig bezogen auf größere und große Säugetiere. Besonders beeindruckte mich das Engagement von Haymo Rethwisch, dem Gründer der Deutschen Wildtier Stiftung. Sein Anliegen war es, die Vielfalt der heimischen Säugetiere der Öffentlichkeit nahe zu bringen. Aus vielen Gesprächen mit ihm formte sich so etwas wie eine Rohfassung dessen, was dieses Buch enthält. Es bedrückt mich, dass er es nicht mehr erleben konnte; ich hätte es ihm gern gewidmet!

Konkret wurde das Konzept sodann mit den Säugetierbildern von Johann Brandstetter und der freundschaftlich-guten Zusammenarbeit mit ihm. So lebten die alten, diffusen Vorstellungen von einem »Säugetierbuch« wieder auf. Dass sie verwirklicht werden konnten, lag schließlich am Engagement von Dr. Martin Brinkmann sowie an der Bereitschaft von Christian Koth vom Aufbau-Verlag, aus der Grundidee das Buch »Stadt, Land, Fuchs« zu machen. Nun hegen wir gemeinsam die Hoffnung, dass es neues Interesse an den heimischen Säugetieren weckt. Sie dürfen Jägern und Schädlingsbekämpfern nicht allein überlassen bleiben. Die Naturschutzverbände sollten sich an den Beispielen britischer Organisationen orientieren und sich viel mehr als bisher für unsere Säugetiere insgesamt einsetzen.

Am meisten habe ich meiner Frau Miki Sakamoto-Reichholf zu danken. Sie ermöglichte nicht nur die unmittelbare Arbeit an diesem Buch, sondern beteiligte sich auch umfassend an vielen Freilanduntersuchungen, obgleich es dabei überwiegend um Spuren und Hinterlassenschaften ging. Es ist ja nicht gerade selbstverständlich, dass der Fund von Trittsiegeln eines Fischotters im Uferschlamm ähnliche Begeisterung auslöst, wie die Beobachtung einer Rohrdommel am Schilfrand. Die Welt der Säugetiere erschließt sich schwerer als die der Vögel. Das macht sie aber auch besonders reizvoll.